빛보다 느린 세상

빛보다 느린 세상

수식 없이 이해하는 상대성이론
R E L A T I V I T Y

최강신 지음

MID

빛보다 느린 세상
수식 없이 이해하는 상대성이론

초판 1쇄 발행　　2016년 3월 3일
초판 6쇄 발행　　2022년 10월 12일

지 은 이　　최강신
펴 낸 곳　　(주)엠아이디미디어
펴 낸 이　　최종현
기　　　획　　김동출

주　　　소　　서울특별시 마포구 신촌로 162, 1202호
전　　　화　　(02) 704-3448
팩　　　스　　(02) 6351-3448
이 메 일　　mid@bookmid.com
홈페이지　　www.bookmid.com
등　　　록　　제313-2011-250호 (구: 제2010-167호)

I S B N　　979-11-85104-63-8 03420

추천사

최강신 교수의 깊이 있는 상대성이론 책에 추천사 쓰는 것을 영광으로 생각한다. 1999년 〈Time〉지가 'Time 100: The Most Important People of the Century'를 선정하면서 아인슈타인은 'The Person of the Century'로 선정된 바 있으며, 갈릴레이 및 뉴턴과 더불어 일반 대중에게 가장 가까이 다가온 물리학자이다. 실험적으로 확인된 것에만 주어지는 노벨물리학상이 아인슈타인에게는 광전효과로 주어졌지만, 아인슈타인의 대표적 업적은 특수상대성이론과 일반상대성이론이다. 1905년에 발표한 특수상대성이론으로 시간과 공간을 통합한 4차원 세계를 연 이후 10년 만에 일반상대성이론이라 불리는 중력의 법칙을 발표하게 되었고, 지난 2015년은 아인슈타인의 중력 법칙 발표 100주년 되는 해이다.

이 책에서는 일반인들을 위하여 상대성이론을 수식 없이 그림을 많이 사용하여 직관적으로 설명하려 노력하였다. 쉬운 설명을 하고는 있으나 상대성이론의 본질에 충실하려 하고 있어서 다소 이해하기 힘든 면도 있을 수 있지만, 틀린 것에 고개를 끄덕끄덕 하고 넘어가는 것보다는 나을 것이다. 수식을 가지고 공부하는 사람도 그 안에 작동하는 물리를 이해하는 데 도움이 될 것이다. 빛의 속력이 관찰자에 따라 변하지 않는다는 것이나, 빛보다 빨리 가는 대상은 시간이 거꾸로 흐른다는 것, 중력이 센 곳에서 시간이 느리게 흐른다는 것을 그림으로 표현한 것 등은 다른 책에 나오지 않은 새로운 점이라고 생각한다.

상대성이론은 시간과 공간에 대한 가장 근본적인 이론으로 우리의 생각을 송두리째 바꾸어 놓았고 20세기 사상사에서 중요한 역할을 하였다. 일반 상대성이론은 특수상대성이론을 포함하고 있을 뿐만 아니라 그 방정식은 간단명료하고 아름답다. 방정식의 구성이 간단하고 아름답다는 것은 원리principle가 단순하고 아름답다는 것이다. 대칭성이 있는 물체가 아름답게 보이듯이. 물론 이 아름다움을 이해하기 위해서는 미분기하학과 같은 어려운 수학을 알아야 한다. 어떻게 보면 아주 어려운 이 일반상대성이론을 수식을 쓰지 않고 주로 그림으로 이해시키려 한 이 책을 읽으면 중력을 가지고 우주를 이해하려는 현대 물리학자들이 무엇을 하고 있는지 알 수 있을 것이다. 아니, 거기에서 그치는 것이 아니라 궁극적으로 독자 스스로 자신이 존재하는 우주를 만든 기본 방정식을 대하게 된다는 경이로움을 느낄 수도 있겠다.

서울대학교 명예교수
김진의

서문

이 책에 대하여

이 책의 목표는 수식을 사용하지 않고 상대성이론을 논증하는 것이다. 과학을 명확하게 서술하는 방법은 수식을 쓰는 것이다. 수식은 가끔 사람보다 똑똑해서, 조건을 주면 답을 돌려주며, 우리가 그 뜻을 이해하기는 어려워도 오해를 일으키지는 않는다. 그래서 연구자들은 되도록 수식을 쓴다. 문제는, 수식에 익숙해지려면 오랜 시간 따로 훈련을 해야 한다는 것이다. 수식에 익숙하지 못한 우리는 엄밀한 내용을 따라가기가 힘들다.

이 책에서는 상대성이론을 가능한 한 그림을 활용하여 직관적으로 이해할 수 있도록 하였다. 사실은 수식을 잘 다루는 사람도 수식이 이야기하는 내용을 마음속에 그리는 것은 쉽지 않다. 상대성이론 공부를 시작하면서 처음 접하는 말은 이렇다. "빛의 속력은 보는 사람에 관계없이 일정하다." (본문에서 더 정확한 설명을 만나게 될 것이다.) 이 말이 쉬워 보여도 이를 이해하는 것은 완전히 다른 이야기이다. 빛의 이 성질을 처음 그림으로 나타내보고 나서, 글쓴이는 너무 이상해서 한참을 들여다보아야 했다.

이 책의 독자는 대부분 과학자가 아닌 일반인일 것이다. 그래서 논리적인 절차를 밟는 한에서 되도록 빨리 주요 결과를 이해할 수 있도록 설명의 최단거리를 찾으려고 노력하였다. 따라서 '들어가며' 장으로도 상대성이론을 맛볼 수 있는 소책자를, 1부만으로도 특수상대성 이론을 다루는 책을 완결할 수 있도록 하였다. 책의 구성에 대해서는 뒤의 '읽는 방법을 제안해보면'을 참조하라.

상대성이론의 결과들을 여러 곳에서 소개하고 있지만 상대성이론 자체를 설명하는 책은 적다. 이 책은 결과를 이끌어내는 과정을 따라가기 위해 노력하였다. 무엇보다 로렌츠변환Lorentz transformation을 사용하지 않았으며, 관성기준틀(관성계)과 같은 용어의 사용도 최소화하였다. 또 유명한 $E = mc^2$를 비롯한 수식도 3부까지는 나오지 않는다.

이 책을 평이한 언어로 썼다고 해서 상대성이론이 결코 쉽다는 것은 아니다. 수식을 쓰지 않는 만큼 명료함은 떨어진다. 그래도 글쓴이는 읽는 이를 전혀 얕보지 않고 모든 절차를 보여줄 것이다. 그 기준은 이 책의 내용만을 가지고도 상대성이론이 맞는지를 확인할 수 있는 것이어야 한다. 수식을 쓰지 않는 대신 기차와 빛 그림을 많이 사용할 것이다. 따라서 지루해하지 않고 철저히 논리를 따라가겠다는 마음의 준비가 필요하다. 제일 어려운 점은 논리적으로 타당하게 얻은 결과가 상식과 충돌하여 받아들여지지 않는 것이다. 운동, 시간, 크기와 같은 익숙한 개념들을 다시 새롭고 면밀하게 살펴보는 것은 버거운 것이 사실이다. 상대성이론의 원 논문도 이를 다시 정의하는 것에 많은 공간을 할애하는데, 그만큼 우리가 기존에 가졌던 생각을 다시 따져보는 것이 중요하기 때문이다.

보통 상대성이론을 역사적인 흐름에 따라 설명한다. 상대성이론은 19세기 말~20세기 초에 빛을 전자기파로 이해하면서 생긴 모순(처럼 보이는 점)을 해결하기 위해 탄생했다. 아인슈타인도 이러한 맥락에서 특수 상대성이론을 연구했지만, 그 결과가 역설적으로 보여주는 것은, 상대성이론 자체는 전자기학에 기댈 필요가 없는 더 근본적인 현상이라는 것이다. 빛의 속력이 일정하다는 가정도 필요하지 않다. (따라서, 다행하게도 이 책에는 에테르[Aether, Ether]라는 말이 나오지 않는다).

상대성이론은 시간과 공간의 대칭에 대한 이론이다. 따라서, 가령 움직이는 물체에서 시간이 느리게 흘러간다는 것을 아인슈타인이 했던 방법으로 유도할 필요가 없다. 이그나토브스키[Ignatowski]와 머민[Mermin] 등이 지적했듯, 빛의 속력이라는 개념을 사용하지 않고 공간의 균일성만을 가지고도 빛의 속력을 유도할 수 있다. 물론 빛의 속력을 고려하면 논의를 더 간단하고 직관적인 모양으로 진행할 수 있으므로 이를 활용하였다.

이 밖에도 최대한 현대적인 관점을 반영하였다. 지금

은 쌍둥이 역설이 특수 상대성이론만의 문제라는 것, 움직이는 물체를 직접 보면 길이가 줄어들기보다는 돌아가 보인다는 것이 잘 알려져 있지만 아직도 많은 대중적인 책에서 소개되지 않고 있어 이러한 사실을 조금 더 강조하였다. 마지막 부분에는 상대성이론의 검증에 대한 과학철학의 논쟁도 간단히 다룬다.

읽는 방법을 제안해보면

이 책은 4부로 나누어져 있다. 1부만 읽어도 특수 상대성이론에 대한 완결된 책을 이룰 수 있게 했다. 2부는 특수 상대성이론을 깊게 이해하고 싶은 독자를 위한 보충 설명이다. 3부에서는 일반 상대성이론을 소개한다. 4부는 내용을 더 깊이 이해하고 싶은 독자들을 위한 부록에 해당한다.

앞의 '들어가며' 장을 이해하려는 노력에 많은 시간을 들여도 아깝지 않을 것이다. 책의 첫 장만 이해하면 내용의 대부분이 이해되는 경우가 많다. 과학을 배우는 것도 언어와 다르지 않다는 생각이 든다. 그 분위기에 처음 익숙해지는 것이 어렵지, 쓰다 보면 어느 순간 내가 이해했다고 착각하게 된다. 이해했는지 몰라도 나는 익숙하게 과학이라는 언어를 구사하고 있다.

처음에는 그림과 해설만 보면서 공부하는 방법이 있다. 잠시 머물러 보기도 하면서 계속 앞으로 나갈 수 있다면 본문은 필요할 때만 읽어도 좋을 것이다.

1부에서 특수상대성이론을 다룬다. 중학교 과학을 배워, 관성이라는 말과 속도가 더해진다는 것을 이해한 사람은 바로 상대성이론 논의가 시작되는 5장부터 시작해도 될 것이다. 6장, 7장, 9장, 10장이 이 책의 가장 중요한 부분이다. 여기에 아무리 오래 머물러도 아깝지 않다. 아마도 처음 상대론을 공부하는 사람은 7장에서 한번 막히게 될 수도 있다. 그래도 그냥 앞으로 나아가기 바란다. 어떻게 시작했든 8장에서 잠시 멈추어 모든 내용을 정리하고 다시 본격적인 논의로 넘어갈 수 있겠다. 10장까지 읽고 나서, 움직이는 기차의 길이가 짧아지고 시간이 천천히 흐르는 것이 이해된다면 특수상대성이론을 거의 이해한 것이라고 할 수 있다. 이후 11장과 12장은 일반상대성이론을 이해하기 위해서는 익혀둘 필요가 있다.

2부에서는 상대성이론이 우리 직관과 부딪히는 요소들을 점검해볼 것이다. 13장에서 16장까지는 시간과 공간의 대칭에 대한 잘 알려진 문제들을 다루어본다. 대부분의 모순처럼 보이는 것은 동시성이 파괴된다는 것을 충분히 생각하지 못한 데서 나온다. 길이와 시간이 정말 변하는가를 살펴볼 좋은 기회가 될 것이다. 17장에서부터 19장까지는 1부에서 너무 간단하게 가정한 것을 실제로 적용해볼 때 생기는 현상에 대하여 더 깊게 설명하였다.

3부는 일반상대성이론을 다룬다. 역시 중학교 과학을 통해 뉴턴의 중력을 공부한 사람은 22장까지는 건너뛰어도 되겠지만, 그래도 22장은 간단히 복습하기 바란다. 24장부터 27장까지 이해했다면 일반상대성이론을 개념적으로 이해한 것이다. 28장은 일반상대성이론을 더 깊게 공부하려는 독자들에게 아인슈타인 방정식의 개략적인 모습을 소개한다. 이후 응용을 지나 30장 이후는 과학철학에서 다루는 개념 문제를 간단히 다룬다. 시간과 공간이 존재하는지, 과학이 맞는다는 것을 확인하는 것이 무슨 뜻인지에 관심 있는 독자들은 30장 이후의 내용을 따로 읽어도 될 것이다.

4부는 앞의 내용과 달리 보충 설명을 담았다. 이 부분을 반드시 읽을 필요는 없으며, 보다 자세한 설명이나 정량적인 사항을 원하는 독자가 필요에 따라 읽으면 되겠다. 자세한 수식을 유도하는 것은 다른 책에 맡긴다.

중력파의 검출

이 책의 마지막 교정을 보는 동안(2016년 2월 11일), 라이고LIGO, Laser Interferometer Gravitational-Wave Observatory(레이저 간섭계 중력파 관측소)에서 실험 결과를 발표하였다. 일반 상대성이론에서 예견하는 중력파를 처음으로 직접 검출하였다는 보고이다.

사과가 땅에 떨어지는 것과 달이 지구 주변을 도는 것은 달라 보이는 현상이지만, 뉴턴은 모든 물체가 서로 끌어당긴다는 중력을 도입하여 이들이 같다는 것을 설명하였다(22장). 일반 상대성이론은 물체들이 서로 끌어당기는 것을, 시공간이 물체의 영향을 받으면서 변형되어 이들의 위치가 자연스럽게 재배치되는 것이라고 더 근본적으로 설명한다(26, 27장). 이 시공간의 휘어짐은 아인슈타인 방정식(28, 39장)으로 기술되며, 즉시 전파되지 않고 유한한 속력으로(빛의 속력) 퍼져나가는데, 이를 중력파gravitational wave라고 한다. 연못 가운데 있는 돌을 살짝 밀면 거기서부터 물결파가 퍼져나가는 것을 상상하면 되겠다. 이 중력파는 뉴턴의 중력이나 이를 수정한 이론(30장)으로는 설명되지 않는 매우 특별한 형태로 퍼져나간다. 즉, 공간을 좌우로 일그러뜨렸다 상하로 일그러뜨렸다를 반복하면서 퍼져나간다(https://en.wikipedia.org/wiki/Gravitational_wave의 그림을 참조하라. 물결파는 상하로 물이 흔들리는 것이 퍼져나간다). 이 성질을 가진 중력파는 아인슈타인 방정식으로 기술하는 것이 거의 불가피하다(28장).

이전에 헐스와 테일러는 펄사^{pulsar}라는 종류의 별 한 쌍에서 내는 중력파의 영향을 간접적으로 관찰하였는데, 이번에 라이고는 블랙홀 한 쌍이 서로 끌고 돌면서 만드는 특정한 형태의 중력파를, L자 형태의 실험 장치를 통하여 직접 검출하였다. 이 중력파 검출은 일반상대성이론을 탄생 100년 만에 검증했다고 볼 수 있는 실험이다.

감사의 말

이화여자대학교 스크랜튼학부에서 2012년부터 2015년까지 The Universe, Life and Light와 Science and

Civilization을 들었던 학생들의 슬기와 희생을 통해 이 책이 시작되었다. 상대성이론을 김진의, 조용민 선생님, 계범석, 이현민 선배님께 배울 수 있었던 것을 감사드린다. 또 이준규, 이수종, 노춘길 선생님과 박재헌 및 연구실 친구들에게 큰 도움을 받았다. 이외에도 토론을 통해 상대성이론을 자연스럽게 이해할 수 있도록 도와주신 선생님들과 선배들, 친구들에게 감사드린다. 이름을 일일이 언급하지 못하여 죄송하다. 이 책이 세상에 나올 수 있도록 도와주신 엠아이디 출판사의 최성훈 대표님과 편집위원 김동출 박사님, 그리고 편집실 여러분께 감사드린다. 늘 힘이 되어주었던 아내 지은에게 이 책을 바친다.

목차

추천사   5

서문   9

들어가며: 상대적인 시간   23

제 1 부
— 특수 상대성이론 —

1	가만히 있다는 것	39
2	자연스러운 상태	44
3	세상의 중심	48
4	속도가 변한다, 힘을 받는다	57
5	빛의 성질	62
6	빛의 속력은 변하지 않는 것처럼 보인다	68
7	동시에 일어난 두 사건은 보는 사람에 따라 동시가 아닐 수도 있다	77
8	길이와 시간은 절대적이지 않다	83
9	시간을 다시 생각해보다	91
10	길이를 다시 생각해보다	103
11	질량을 다시 생각해보다	115
12	시간과 공간의 대칭. 사차원 시공간	123

제 2 부

— 직관을 넘어서는 특수 상대성이론 —

13 누구의 시간이 느리게 가나: 쌍둥이 역설   141

14 누구의 길이가 짧아지나   150

15 길이가 짧아지는 것인가, 아니면 짧아 보이는 것인가   156

16 동시성 파괴에 모순은 없다   165

17 물체가 다가오거나 멀어지면 시간 흐름이 달라진다   169

18 물체가 다가오거나 멀어지면 돌아가 보인다   176

19 빛보다 더 빠르게 움직이는 것은 시간을 거꾸로 거슬러간다   181

제 3 부

— 일반 상대성이론 —

20 지상의 불완전한 운동과 하늘의 완전한 운동   189

21 달도 사과처럼 땅에 떨어진다   197

22 중력   203

23 빛도 땅에 떨어진다   216

24 모든 것이 떨어진다면, 그것이 자연스러운 상태가 아닐까   223

25 중력은 가속도와 구별할 수 없다   235

26 중력 때문에 달라지는 시간, 그에 따라 이동하는 물체   243

27 휜 공간에서 힘을 받지 않고 나아간다   258

28 아인슈타인 방정식의 내용   274

29 블랙홀   288

30 일반 상대성이론의 검증   307

31 시간과 공간   328

제 4 부
— 수식으로 이해하는 상대성이론 —

32 자연스러운 상태   344

33 얼마나 느리게 흐르나   348

34 질량과 에너지   355

35 빛의 속력이라기보다는 자연의 기본 상수   362

36 중력과 등가 원리   373

37 중력 때문에 빛이 휘는 효과   381

38 휜 시공간의 기술   384

39 아인슈타인 방정식의 형태   389

    참고자료와 간단한 해설   401

    용어 설명   413

    주석   427

상대적인 시간

뜨거운 불판에 손을 대고 있으면 일 분이 한 시간 같지만,
예쁜 여성과 함께 있으면 한 시간이 일 분 같을 것이다.
이것이 상대성이론이다.

— 알베르트 아인슈타인 *(1929)*

　　상대성이론의 결론 가운데 하나는 '보는 사람에 따라 시
간 흐름이 다르다'는 것이다. 이 장에서는 맛보기로 이 말
이 무슨 뜻인지를 간단히 이해해본다.

　　똑같은 시계 두 개가 있다. 둘이 똑같은 시각을 가리
키도록 맞춘다.

　　다음, 하나는 어떤 건물 1층에 가져다 놓고, 다른 하나

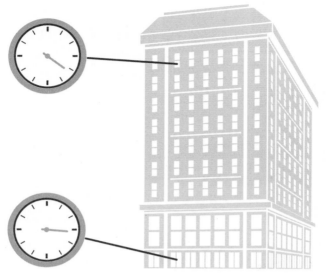

그림 1 같이 맞추어놓은 두 시계를 건물의 다른 층에 걸어놓으니 다르게 갔다. 어떤 일이 일어난 것일까.

는 건물 10층에 놓았다. 이 둘을 맞은편 건물에서 망원경으로 한꺼번에 볼 수 있다고 하자. 한참 지나고 난 뒤 보니 10층에 있는 시계 바늘이 1층 시계 바늘보다 많이 돌아가 있다. 무슨 일이 일어난 것일까?

1. 두 시계 가운데 하나가 고장나서 바늘이 빠르거나 느리게 돌아간다. 가령 건전지가 다 닳아 전류가 약하게 흐르면 시계가 느려질 수 있다.

2. 두 시계 모두 고장나지 않았고 정상적으로 작동하고 있다. 다만 어떤 이유로 10층의 시간이 1층의 시간보다 더 빨리 흐르는 상황이다. 그렇다면 시계의 문제가 아니라 높이의 문제이다.

문제: 이를 확인할 수 있는 방법은 무엇인가?

답: 두 시계를 떼내어 한 자리에 가져와 비교해보면 된다. 같은 곳에 모아 놓고 비교해도 1층에서 가져온 시계가 느리게 가거나 10층에서 가져온 시계가 빠르게 간다면, 시계가 고장난 것이다.

반면에, 한 곳에 모아서 비교하면 바늘이 같은 빠르기로 돌아가는데, 이 둘을 다시 1층과 10층에 가져갔을 때 바늘이 아까처럼 다르게 돌아가면 층마다 시간이 다르게 흐르는 것이다. 이 경우, 1층과 10층은 일종의 다른 세상이고, 두 세상의 시간은 다르게 흘러간다고 할 수밖에 없다. 맞은편 건물에서 망원경으로 보면, 시계가 있는 건물 1층에서는 시계만 느리게 갈 뿐 아니라 사람의 행동, 물의 흐름까지, 모든것이 그만큼 느리다. 마치 영상재생기의 '천천히 보기' 버튼을 누른것처럼!

그림 2 영화 중경삼림의 한 장면. 커피를 마시는 동작이 주변 동작에 비해 극적으로 느리다. 시간이 느려진다는 것은 이렇게 슬로우 모션처럼 보인다는 것이다. © Jet Tone Production

물론 일상생활에서 이런 일이 일어났다면 상식적인 결론은 시계가 고장났다는 것이다. 즉, 두 곳의 시간 흐름이 다르지 않을 것이다. 시계가 시간을 보여주는 도구이기는 하지만 우리가 보는 것이 시간 자체는 아니다. 고장난 시계가 왜 시간을 제대로 보여주지 못하는지를 생각해보면 된다.

놀라운 사실은, 완전히 똑같이 작동하는 시계를 가지고 실험한다고 하더라도, 정말로 10층의 시계가 1층의 시계보다 더 빠르게 간다는 것을 확인할 수 있다. 시간이 흐르는 정도가 정말 다르다. 예를 들어, 5층에 다른 똑같은 시계를 가져다 놓으면, 1층보다는 5층에서, 5층보다는

10층에서 시간이 빨라지는 것을 확인할 수 있다.

독자: 정말? 그렇다면 건물의 낮은 층에 사는 사람이 천천히 늙으니까 오래 살 것이다. 그런데 이러한 차이를 느꼈다는 사람을 한 번도 못 봤다.

보통 건물을 기준으로 (본문에 나올 방법으로 계산해보면) 1년 동안 1층 시계는 10층의 시계보다 약 0.000001초 느리게 진행한다. 100년이 지나도 만분의 일초밖에 차이가 나지 않을 미미한 차이이기 때문에 일상 생활에서는 이러한 효과가 느껴지지 않는다.

다만 이런 미세한 차이도 높이 차가 어마어마하게 나면 이야기가 달라진다. 가령, 지상의 시계와 엄청나게 높이 떠있는 인공위성의 시계는 시간 차가 클 수 있다. 이 효과 말고도 물체의 크기가 작아지고 무게가 무거워지는 것을 이야기할 것이다. 또, 시간과 공간은 따로 생각할 수 없을 만큼 밀접한 관계가 있다는 것도 다룰 것이다.

질문: 무엇 때문에 시간이 느려지나.

정말 시간 흐름의 차이가 있다면, 유일한 차이는 높이가 다르다는 것이다. 높이가 다르면 무엇이 다를까?

이 책을 통해 보일 것은 시간이 느려지는 것이 중력이라는 '힘'과 관계 있다는 것이다. 흔히 사과가 땅에 떨어지는 현상을 설명하는 그 힘이다. 중력은 높이를 구별해준다. 10층에서 사과를 가만히 놓으면 1층 높이로 이동하지만 (떨어지지만) 1층에서 사과를 가만히 놓는다고 해서 10층 높이로 이동하지는 않는다.

시간이 느려지는 정도는 중력이 작용하는 방향을 기준으로 어떤 높이에 있느냐와 관계가 있다. 따라서 지표면에 가까이 있을수록 시간이 느리게 간다는 말은, 지구 중력의 영향이 커질수록 시간이 느리게 간다는 것이다.

지구 중력 때문에 발생하는 백 년 동안의 0.0001초 차이는, 일상 생활에서는 전혀 느낄 수 없을 만큼 미미하다. 그러나 우주 어디엔가에는 중력이 센 별이 있을 수도 있다. 그 별에서는 중력이 너무 세서 시간 흐름의 차이가 확연해질 수 있다.

중력이 시간과 관계가 있다는 것을 가장 잘 설명하는 것이 이 책의 3부 주제인 일반 상대성이론이다.[*] 이것은 26장에서 본격적으로 보일 것이다. 이후에 이야기 되겠

---

[*] 그러나 상대성이론만이 이를 유일하게 설명하는 것은 아니다. 이것을 이해하는 것도 이 책의 목표이다.

지만, 아인슈타인의 일반 상대성이론의 설명은, 중력은 따로 있는 힘이 아니라 무거운 물체가 주변에 있어 시간과 공간이 변형되었기 때문에 가상으로 느껴지는 힘일 뿐이라고 한다.

질문: 높이에 따라 시간이 다르게 흐른다는 것을 실제로 확인할 수 있는가?

지구의 중력은 약하지만, 매우 높은 곳에 있는 시계와 지상의 시계를 비교하면 된다. GPS^{Global Positioning System, 범} _{지구 위치 결정 시스템}는 지구 상공에 떠있는 여러 인공위성으로부터 거리를 측정하여 나의 위치를 찾는 장치이다. 인공위성은 주기적으로 전파를 쏘는데 거기에는 시간에 대한 정보가 들어 있다. 인공위성이 전파를 쏜 시간과 내 시간을 정확히 알면 시간차와 전파의 속력을 곱한 것을 통해 인공위성과의 거리를 알 수 있다. 이런 거리를 세 개만 알면, 인공위성의 위치를 통해 내 위치를 알 수 있다.

GPS 위성은 지상으로부터 약 18000km 높이에 떠 있다. 남산의 높이가 262m밖에 안된다는 것을 생각하면 어마어마하게 높이 떠 있는 것이다. 따라서 중력의 영향이 확연하게 차이나고, 이 차이 때문에 시간이 덜 느리게(빨

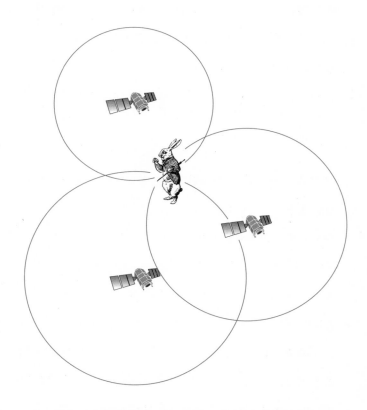

그림 3 GPS 위성의 위치를 알고, 각 위성과 나와의 거리를 알면, 이를 통하여 내 위치를 역으로 알 수 있다. 나와 위성이 정확한 시각을 알고 있으면, 위성이 보내는 시계와 내 시계를 통해 시간차를 알 수 있고, 이를 통하여 거리를 알 수 있다. 각 위성을 중심으로 '그 거리'에 해당하는 공을 그린다. 공 세 개는 언제나 한 점에서 만나기 때문에 그 점이 내 위치이다. 이 위성들은 워낙 높이 떠있고 정밀한 시계를 가지고 있기 때문에 높이에 따른 시간 흐름이 다르다는 것이 측정가능하다.

리) 가는 효과가 두드러진다. 위성들은 이렇게 높은 곳에 떠 있음에도 불구하고 지상의 수신장치를 통해 수 미터의 오차 이내에서 내 위치를 찾을 수 있도록 정밀한 시계를 가지고 있다. 따라서 시간 차가 생기는 것도 정밀하게 측정할 수 있는데, 실제 측정을 해보면 정확히 상대성이론에서 예측한 만큼 차이가 있다.

이 책의 뒷부분에서는 이 현상이 상대성이론이 옳다는 것을 증명하지는 않는다는 주장도 살펴볼 것이다. 상대성이론이 이 시간 흐름 현상을 가장 잘 설명하는 이론이지만, 이를 설명하는 다른 대안 이론도 있다.

상대성이론을 이해하기 위해

상대성이론은 시간과 공간에 대한 설명이다. 아마도 지금까지 인류가 생각해낸 것 가운데 가장 아름다운 설명일 것이다. 과학자들은 종종 '원리가 단순하여 많은 것을 한 번에 설명할 수 있고, 예측이 고도로 정확하다'는 것을 한 데 묶어 '아름답다'고 표현한다. 과학의 발전은 아름다움과는 별개로 이루어지지만, 최고의 과학적 성취는 아름다우며, 모든 과학책은 이 아름다움을 보여주기 위해 애쓴다.

시간과 공간은 너무나 자명한 개념인 것 같다. 시간보다 더 근본적인 개념이 있을까? 시간이 흘러간다는 말을 시간이라는 말을 쓰지 않고 표현할 수 있을까? 시계 바늘이 1초에서 2초로 바뀌는 동안 무슨 일이 일어날까? 마찬가지로, 여기에서 저기로 간다는 말은 너무 당연한 말 같아 더 쉬운 개념으로 설명하지 못할 것 같다.

시간과 공간을 이해하고 조작할 수 있다면 당장 하고 싶은 일도 많을 것이다. 일단 내 시간을 천천히 가게 해 오래 살도록 하고 싶은 사람이 있을 것이다. 또 과거로 시간 여행을 가고 싶은 사람도 있을 것이다. 영화 〈스타 트렉Star Trek〉이나 〈인터스텔라Interstellar〉에 나오는 것처럼, 이 공간에서 저 공간까지 차나 비행기를 타고 지루하게 갈 것이 아니라 순간이동을 할 수 있다면 훨씬 편리한 세상이 올 것이다.

우리는 시간과 공간에 기대어 살고 있다. 이 시공간을 설명하는 이론이 절대의 반대인 상대relative라는 이름을 가지고 있는 이유는 무엇일까. 우리가 상대성이론을 통해 배우는 것은 물체의 성질이 보는 사람에 따라 다르다는 것이다. 물체의 성질에는 크기, 질량, 빠르기 등이 있다.

보는 사람에 따라 물체의 크기가 다를 수 있다는 것은

그럴 수 있어 보인다. 술을 많이 마신 사람은 똑바로 서있던 전봇대가 기울어진 것으로 보이거나 한 개가 두 개로 보일 수도 있을 것이다. (이는 주관적이라고 볼 수도 있지만, 똑같은 경험을 한 사람들이 점점 늘어나면 문제가 달라질 수 있다.) 객관적인 성질이 정말 달라지는 경우도 있다. 물체가 멀리 있으면 크기가 작아진다. 이 세상의 모든 측정 도구를 통해, 모두가 동의할 수 있는 정확한 실험을 해도, 그 거리에 있는 누구나 똑같이 작은 크기를 본다.

상대성이론은 어떤 집단의 크기와 무게가 달라질 뿐 아니라 그 집단의 시간도 다르게 흐른다는 것을 예측한다. 물체가 멀리 있을 때 작아 보이는 것과는 다르게, 물체가 얼마나 빨리 움직이느냐, 관찰하는 사람이 어떻게 움직이느냐, 이들 주변에 어떤 물질들이 같이 놓여있느냐에 따라 물체의 성질이 달라진다.

물체가 움직인다고 크기가 바뀐다는 것은 상식과 맞지 않는 것처럼 보인다. 가령 야구공을 던진다고 해서 가만히 있을 때보다 작아진다면 야구를 하기가 더 어려워질 것이다. 사실은 크기가 정말로 바뀌는데, 일상 생활에서는 그 효과가 너무 미미해서 별 차이가 없어 보이는 것이다. 물체가 우리의 일상 생활에서 경험할 수 없을 만큼 빨리 움직여야만 그 효과가 보인다.

곰곰이 생각해보면 가만히 있던 야구공과 움직이는 야
구공의 길이가 다르면 안된다는 법칙은 어디에도 없다.
왜 가만히 있는 물체와 움직이는 물체의 길이가 같아야
하는가 질문해 보면 처음에는 당연하다고 생각하게 되지
만, 정말 깊게 생각해본 사람은 이 둘을 직접 비교해본 적
이 없다는 것을 깨닫게 된다. 이를 이해하기 위해서는 움
직인다는 것, 멈추어 있다는 것과 더불어 시간, 길이, 질
량 같은 개념을 다시 찬찬히 생각해보아야 한다. 상대성
이론을 공부하기가 어려운 이유가 여기에 있는데, 가만
히 있거나 움직이는 상태를 주의깊게 살펴야 할 뿐 아니
라 움직이는 물체들의 길이 따위를 실수없이 재는 방법을
생각해야 하기 때문이다.

더 놀라운 것은 보는 사람마다 다르게 보이는 이 현상
을 가만히 따라가다 보면 자연스럽게 중력에 대한 이해까
지 이르게 된다는 것이다. 중력은 사과가 땅에 떨어지게
만드는 바로 그것이다. 뉴턴은 사과와 지구가 서로 당기
기 때문에 사과가 떨어진다고 설명한다. 뉴턴의 중력 설
명이 위대한 것은, 사과 뿐만 아니라 달이 지구 주위를 도
는 것을 같은 이유로 설명하기 때문이다. 달이 지구 주변

을 도는 모양은 많이 달라도, 서로 당기기 때문에 달이 지구 주변을 돈다는 것을 설명할 수 있다.

상대성이론을 더 일반화하면 중력에 대해 이야기할 수 있다. 그리고 그 결과는 중력이란 것을 직접 생각하는 대신, 물체가 자신이 놓여있는 공간을 변형시킨다고 함으로써 같은 현상을 설명할 수 있다는 것이다. 상대성이론은 사과가 땅에 떨어지는 것은 사과가 어디로 끌려가는 것이 아니라고 설명한다. 다만, 사과는 아무런 영향을 받지 않는데 시간과 공간이 평평하지 않고 구부러져 있기 때문에 지구 중심으로 '떨어지는' 것이다. 비유하자면, 곧장 앞으로 가려는 기차가, 철로가 휘어있기 때문에 어쩔 수 없이 옆으로 돌아가는 것과 크게 다르지 않다. 그렇지만 이 비유는 한계가 있다. (사과가 공간 방향으로 돌아가고자 하는 것은 알겠지만 왜 시간이 흐르며 땅으로 이동하는지 이해하기 어렵다.) 이 책의 목표는 이를 최대한 비유가 아닌 사실대로 이해하는 것이다.

상대성이론을 통해 시간과 공간 자체의 본질을 이해할 수는 없다. 상대성이론은 시간의 본질이 무엇인가를 말해주지 않는다. 그러나 시간과 공간이 어떤 상황에서 어떻게 변하는지를 이해할 수 있기 때문에 물질을 어떻게 사용하여 시간 흐름의 물길을 바꿀 수 있는지를 알 수 있다.

LINK 🎥 GPS 원리에 대한 설명 MinutePhysics   https://www.youtube.com/watch?v=ky4RgRvVDoA

제 **1** 부

특수 상대성이론

SPECIAL RELATIVITY

1
가만히 있다는 것

이 책은 움직임에 대하여 이야기한다. 이를 위해서는 먼저 가만히 있다는 것이 무슨 뜻인지를 이해해야 한다. 가만히 있다는 것은 당연한 것이 아니다. 바로 이곳이 상대성이론 논의의 출발점이며, 상식이라는 장애물을 처음 만나는 곳이기도 하다.

일정하게 움직이는 기차를 타고 있어도
가만히 있는 것과 같다

속력을 일정하게 유지하면서 곧게 달리는 기차를 생각하자. 일정한 속력을 유지한다는 것은 빨라지거나 느려지지 않는다는 뜻이다. 곧게 달린다는 것은 방향을 바꾸지 않고 직선을 유지하며 나아간다는 뜻이다.

그림 4 일정한 빠르기로 곧게 가는 기차 안에서는 기차가 움직이는지 기차는 가만히 있는데 창밖 세상이 반대로 움직이는지를 알 수 없다.

갈릴레오(1564): 그 기차 안에서는 기차가 가만히 있는지 움직이는지 알 수 없다.

반론: 무슨 소리! 창밖을 보면 내가 움직인다는 것을 알 수 있지 않나.

그런 것 같다. 그런데 가만히 생각해보면, 여기에는 전제가 있다. 창 밖 세상이 움직이지 않고 가만히 있다는 것이다. 사실은 창문을 열고 밖을 보아도, 내가 움직이는지를 원칙적으로는 알 수 없다. 창밖에 풍경이 지나가고 있기는 하지만, 실제로는 내가 가만히 있고 풍경이 반대로

그림 5 바깥을 볼 수 없는 엘리베이터 안에서 엘리베이터가 움직이는지를 알아낼 수 있을까?

움직이고(가령, 사람들이 나무를 들고 반대로 뛴다든지) 있을 수도 있다.[1] 물론 내가 기차를 탈 때마다 온 세상이 쇼를 벌일 리는 없다. 그래도 여전히, 누가 가만히 있고 누가 움직이는지를 구별하는 데 대한 만족스러운 답을 얻은 것은 아니다.

반대로, 가만히 있는 것이 분명할텐데도 정말 내가 가만히 있는지 확실하지 않을 때가 있다. 기차역 승강장 의자에 앉아 천천히 들어오는 기차들을 가만히 보고 있으면, 어느 순간 기차가 멈추어 있고 내가 반대로 움직이는 것처럼 느껴질 수도 있다. 기차에 집중하면 이 느낌이 정말 생생해서 내가 가만히 있다는 것을 잊을 정도이다. 또, 자동차를 타고 있으면서 교통 체증이 심해 차창 밖으로 차만 보일 때, 다른 차들이 앞으로 움직이기 시작하면 내가 탄 차가 뒤로 밀려나가는 듯한 느낌을 받기도 한다.

창밖의 풍경이 착각을 일으켜 내가 옳은 판단을 할 수 없다면 창을 없애는 방법이 있다. 예를 들면 창이 없는 엘리베이터를 타볼 수도 있다. 내 감각에 충실히 의존해서 판단할 수도 있고, 정밀한 실험을 고안하여 움직임을 감지해볼 수도 있다. 엘리베이터를 타고 버튼을 누른 직후 움직이기 시작하거나 원하는 층에 멈추는 순간을 빼고는, 올라가거나 내려가는 동안 엘리베이터가 워낙 자연스럽게 움직여서 완전히 멈추어 있는 것과 같은 느낌을 받는다. 그럼에도 불구하고 층이 바뀌었으니 그동안 움직이기는 움직였을 것이다. 마찬가지로, 기차가 달리는 동안 창문을 닫고 바깥을 보지 않으면 기차가 움직이는지 멈추어있는지 알 수 없다.

속력이 느려서 그런 것이 결코 아니다. 우리가 살고 있는 이 땅은, 사실은 지구라 부르는 커다란 행성이다. 우리는 이 지구를 '타고' 태양 주변을 회전목마처럼 돌고 있는데(공전), 속력이 대략 시속 100000km이다.* 놀이동산의 롤러코스터보다 천 배 이상 빠른데도 우리는 멀미를 느끼지 않는다.[2]

그렇다고 태양이 가만히 있는 것도 아니다. 20세기에

그림 6 지구는 롤러코스터보다 천 배 이상 빨리 가는데도 우리는 움직임을 전혀 느낄 수 없다. 사진 Erik Ogan, Flickr CC BY-SA2.0

들어와 알게 된 것은 태양도 우리 은하의 여러 별들 가운데 하나일 뿐이며, 태양계 전체가 은하의 중심을 시속 792000km라는 빠른 속도로 공전하고 있다는 것이다.

그렇다면 우리 은하는 멈추어 있을까? 더 큰 무언가를 중심으로 돌고 있을까? 궁극적으로 멈추어 있는 곳을 찾는다면 그곳이 우주의 중심일 것이다. 그러나 이 문제를 다른 방식으로 생각할 수도 있다.

---

* 지구와 태양 사이의 거리는 대략 1억 5천만km이므로, 지구가 한 바퀴 공전하면 10억km가까이 되는 거리를 간다. 이 거리를 1년 동안 가므로, 한 시간 동안에 날아가는 거리를 계산할 수 있다. 10억km/(365일 × 24시) = 대략 시속 100000km. 또한 지구는 자전한다. 남극과 북극을 잇는 선을 축으로 하여 하루 한 바퀴 돈다. 지표면에서 이 속력은 공전속력보다 느리다.

2
자연스러운 상태

가만히 있다는 것이 자명하지 않다는 것을 보았다. 그 대신, 아무런 간섭을 받지 않는 상태를 자연스러운 상태라고 할 수는 있다. 바닥에 가만히 놓여 있는 공이야말로 이러한 자연스러운 상태라는 데 모두 동의할 것이다.

이제 공을 살짝 밀어보자. 공은 손을 뗀 뒤에도 계속 움직인다. 보통 마루 바닥에서는 일 미터쯤 굴러가다가 멈추겠지만 아주 미끄러운 얼음판이라면 수십 미터를 갈 수도 있을 것이다. 그래도 서서히 멈추겠지만. 공은 바닥이 미끄러울수록 멀리 가며, 미끄러울수록 구르기보다는 미끄러진다.

아리스토텔레스는 움직임이 일어나기 위해서는 움직이는 내내 누군가가 밀어주어야 한다고 했다. 가만히 있는 상태가 자연스러운 상태라면, 가만히 있지 못하도록 인위적인 조작이 필요하다는 설명이다. 공을 미는 동안 공이 움직이기 시작하는 것은 이해할 수 있는데, 손을 뗀 상태에도 공이 계속해서 굴러가거나 미끄러지는 것은 어떻게 생각할 수 있을까? 아리스토텔레스의 설명이 궁색해진다. 이 문제를 해결하기 위해 사람들은 여러가지 묘한 설명을 생각해냈지만 모순에 부딪혔다.

곰곰이 생각해 보면, 바닥이 미끄러울수록 공을 가만히 놓는 것이 어렵다. 주의를 기울여 사뿐히 놓지 못하면 휙휙 미끄러지며 굴러가기 마련이다. 일상 생활에서 공이 가만히 있는 이유는, 가만히 있는 상태가 자연스럽기 때문이 아니라 바닥이 거칠어 미끄러지기가 힘들기 때문이다.

계속 이렇게 생각해보면, 완벽하게 미끄러워 공이 영원히 느려지지 않는 바닥을 생각할 수 있다. 실제 세상에는 이렇게 완전한 바닥이 없을지라도, 머릿속으로 이상적인 상황을 생각할 수는 있다. 이 때 공이 일정한 속력을 유지하며 일직선으로 간다는 것은, 공이 어떤 영향도 받지 않고 나아가고 있다고 볼 수 있다. 누가 밀어주지 않아도 공이 계속 이 상태를 유지한다는 것이다.

갈릴레오는 이 상태도 가만히 놓여있는 상태와 대등하게 자연스러운 상태라고 결론지었다. 자연스럽다는 말은 누가 밀거나 당기는 외부의 간섭을 받고 있지 않다는 것이다. 이 때 외부의 간섭을 힘이라고 부른다. 가만히 있는 공과 일정한 속도로 움직이는 공은 모두 힘을 받지 않고 있다.[3] 공 뿐 아니라 더 복잡한 물체, 가령 기차나 행성이라도 일정한 속력으로 직선 운동을 한다면 아무런 간섭을 받지 않고 있는 상태이다.

기차가 가만히 있는지 여부는 보는 사람마다 다르지만, 기차를 누군가가 밀거나 당기지 않고, 아무런 영향을

받지 않는다는 것은 누구나 받아들일 수 있다. 둘 다 자연
스러운 상태이다.*

---

* 이에 대한 자세한 설명은 32장 '자연스러운 상태'로 미루었으나, 이 장의 내
용이 이해되지 않는 독자는 꼭 이해하고 넘어가기 바란다.

3
세상의 중심

자신이 탄 기차가 움직이는지를 알아내는 문제로 되돌아가보자. 기차의 흔들림이나 내 몸이 쏠리는 것을 느끼면서 판단할 수도 있겠지만, 그것은 주관적일 수 있다. 보다 객관적으로 움직임을 측정할 필요가 있다. 순전히 도구를 통해 할 수 있는 여러 가지 실험이 있을 것이다.

가령, 기차에 탄 사람이 공을 놓아보거나 굴려보아 가만히 있는지를 판별해볼 수 있지 않을까? 만약 공을 놓았는데, 기차가 가만히 있을 때 놓은 것과는 달리 움직인다면 이를 통해 기차의 움직임을 판단할 수 있을 것이다.

누가 보아도 가만히 있는 경우

가만히 있는 기차를 상상하자. 우리가 알고 싶은 것이 바로 기차가 움직이는지의 여부인데, 가만히 있는 기차를 생각하자니 이상하다. 일단은 우리가 흔히 가만히 있다고 여기는 것을 생각해보자. 역에 정차하고 있는 기차나, 가로수를 기준으로 하여 움직이지 않는 기차를 떠올리면 되겠다. 이 기차 안에서 그림 7과 같이 공 두 개를 양쪽으로 굴린다고 생각하자.

그림에서 왼쪽 공과 오른쪽 공은 모두 출발점에서 점점 멀어진다. 기차 바닥이 앞 장에서 보았던 것처럼 완벽히 미끄럽다면 공은 느려지지 않고 일정한 속력으로 직선

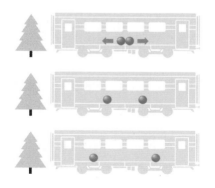

그림 7 이 세 그림은 일정한 시간 간격으로 찍은 사진처럼 생각하자. 위의 사진이 먼저고 아래로 갈수록 나중 사진이다. 기차는 가만히 있고 기차 바닥은 미끄럽다. 기차 안에서 두 개의 공을 양쪽으로 굴리면 공은 같은 속력으로 나아간다.

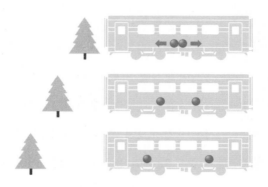

그림 8   일정한 속력으로 직선 운동을 하는 기차 안에서도 같은 결과를 얻는다. 창밖을 보지 않으면, 어떤 방법으로도 기차가 달리는지 알 수 없다.

운동을 한다. 기차가 가만히 있으므로, 기차 안에서 보나 기차 밖에서 보나 공이 굴러가는 모습은 똑같다.

다음, 일정한 속력을 유지하면서 한 방향으로 나아가는 기차를 생각한다. 그 기차에 타고 있는 승무원이 앞 장면에서처럼 공을 굴려본다면, 기차가 멈추어 있을 때와 움직일때 굴러가는 모습이 다를지도 모른다. 그러나 이 경우에도 같은 결과를 얻는다. 그림 8처럼, 언제나 왼쪽으로 굴러간 공이 오른쪽으로 굴러간 공과 같은 거리에 있으며, 같은 속력으로 나아간다. 창밖을 보면 배경이 움직이고 있는데도.

따라서 공을 굴리는 방법으로는 기차가 가만히 있는지

를 알아낼 수 없다. 공을 굴려 보고 나서 내가 멈추어 있고 창밖의 세상이 반대로 움직인다고도 할 수 있다.

너무 단순한 실험을 해보아서 그럴까? 이번에는 승무원이 공을 던진다. 그러나 공을 아무리 정교하게 던져봐도 자신과 기차가 가만히 있는지 움직이고 있는지 알 수 없다. 정지한 곳에서 던진 것과 똑같이 공이 날아가고 떨어진다. 공을 바닥에 튀겨 보아도 마찬가지이다. 다른 여러 가지 실험을 해 보아도, 가만히 있는 기차 안에서 할 때와 똑같은 결과를 얻는다.[4]

갈릴레오(1564): 앞서 이야기한 어떤 효과를 보더라도 차이를 찾지 못할 것이며, 어떤 것에서도 배(기차)가 움직이는지 가만히 있는지 구별할 수 없을 것이오.

왜 기차에 탄 사람이 기차 밖에서 가만히 있는 사람처럼 아무것도 느낄 수 없을까. 중요한 것은, 이 기차의 운동이, 완벽히 미끄러운 바닥 위에서 미끄러져가는 운동과 같다는 것이다. 즉, 이 기차와 이 기차를 탄 사람 모두 일정한 속력을 가지고 직선 운동을 하고 있다. 이 상태는 아무런 외부 영향을 받지 않는 상태이며, 영향을 받지 않는다는 점에서는 가만히 있는 상태와 대등하다. 따라서, 어떤 판별 실험을 하더라도 한 쪽이 더 우월하거나 더 '멈추어 있는 것'에 가깝다고 할 수 없다. 따라서 이들은 서로 자신이 관찰한 것이 옳다고 주장할 수 있다. 이를 요약하면

모든 등속도 운동을 하는 관찰자들은 가만히 있는 관찰자들과 대등하다. 역학적인 실험을 통해서 이를 구별할 수는 없다.

이를 상대성Relativity이라고도 부른다. 앞으로 나올 더 강한 상대성은 어떠한 경우에도 특별한 관찰자가 없고 모두가 대등하다는 평등한 관점이다.

질문: 기차가 열려 있다면 어디서부터 기차 안이고 어디서부터 밖일까.

편의상 기차 안에서 기차와 같이 움직이는 사람과 기차 밖에 가만히 있는 사람을 구분했지만, 중요한 것은 안과 밖이 아니다. 기차 지붕 위에 타고 있어도 기차와 같이 움직인다면, 기차가 멈추고 배경이 반대로 움직이는 것처럼 보일 것이다. 심지어는 자동차를 타고 기차 옆으로 나란히 같은 속력으로 움직인다고 하더라도 기차와 기차에

탄 사람, 자동차 모두가 서로 멈추어 있다고 관찰하며, 배경이 반대로 움직이는 것으로 관찰할 것이다.[*] 따라서 자동차도 '기차 안'과 같은 맥락 안에 있다고 보아야 한다.[**]

같은 현상을 다르게 보기

앞 장에서 보았던 현상을 기차 밖에서 보면 그림 9처럼 보인다. 그림 9에서 기차는 일정한 속력으로 오른쪽으로 가고 있다.

기차 안에서 공을 오른쪽으로 굴렸다면, 기차 밖에 있는 사람은 공이 기차의 운동에 실려, 그만큼 빠르게 나아가는 것으로 본다. 공을 천천히 왼쪽으로 굴려도, 기차 밖에 있는 사람이 볼 때 공은 기차의 운동에 실려 오히려 오른쪽으로 나아가는 것으로 본다. 운동에 실린다는 말은

---

[*] 이 책에서 '관찰'이라는 말은, '생각'이라는 말과 대비하여 쓴다. 생각한다는 것은 착각할 수도 있다는 것인데, 관찰한다는 말은 우리가 알고 있는 모든 객관적인 방법으로 측정하여도 같은 결과를 얻는다는 뜻이다.

[**] 이렇게 같은 속도로 나란히 가는 모든 물체들은, 동일한 기준틀(reference frame) 안에 있다고 한다. 가령, 기차 밖에서 날아가는 새도 기차와 같은 속력으로 간다면 자신과 기차가 멈추어 있다고 생각한다. 따라서 기차 밖에서 같은 속도로 움직이는 이 새도 기차와 같은 기준틀에 들어있다. 그러나 이 책에서는 기준틀이라는 말 대신, 쉽게 기차 안이라는 표현을 쓰겠다.

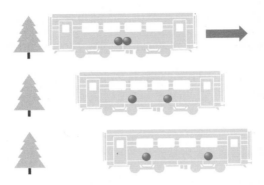

그림 9 그림 8을 기차 밖에 있는 역무원이 관찰한다. 공이 기차의 운동에 실려,
오른쪽으로 굴린 공은 더 빨리 굴러가고, 왼쪽으로 굴린 공은 더 느리게 굴러간다.

이 책에서 편의상 쓰는 말이다. 수학 용어를 빌려 쓰면,
각 공의 속력은 기차가 멈추어 있을 때 공의 속력에 기차
의 속력을 (방향을 고려하여) 더하면 된다는 것이다. 두 공
모두 기차의 진행 방향으로 나가고, 오른쪽 공이 가장 **빠**
르고 기차가 그다음 빠르며, 왼쪽 공이 가장 느리다.

아리스토텔레스의 후예: 자연스러운 상태는 가만히 있으
려는 상태이다. 기차 안에 탄 사람이 공을 가만히 내려놓
으면, 공은 제자리에 가만히 있으려고 한다. 따라서 기차
의 움직임을 따라가지 못하고 제자리에 있으려고 할 것이
다. 공을 굴려도 마찬가지로, 굴러가는 공은 그림 10처럼
기차의 운동에 실리지 않을 것이다.

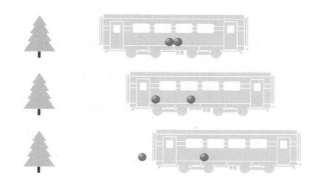

그림 10 틀린 그림. 기차 안에 탄 사람이 공을 가만히 굴리면 이 그림처럼 되리라고 예상할 수 있지만, 실제로 굴려 보면 앞 장의 그림처럼 된다.

　　그러나 실험을 직접 해보면 공은 그림 10처럼 되지 않고, 그림 9처럼 기차의 운동에 실린다.

　　다행일지도 모른다. 만일 그림 10처럼 된다면, 기차 밖에 가만히 있는 사람, 즉 나무와 함께 상대적으로 움직이지 않는 사람이 이 세상의 절대적인 운동의 기준이 될 것이다. 그 사람 기준으로 기차는 움직이는 것이고 나무는 움직이지 않는 것이다. 그러나 우리는 나무와 함께 서 있는 사람이 사실은 지구를 타고 있으며 엄청나게 빠른 속력으로 우주를 여행하고 있다는 것을 안다. 지구 어딘가에 나무와 함께 서있는 사람이, 우주 전체의 가만히 있는 기준이 된다면 곤란할 것이다.

또 아리스토텔레스의 후예들의 말이 맞다면, 기차 안에 탄 사람이 공을 차분히 내려놓으려 할 때, 바닥에 닿는 순간 기차가 움직이는 반대 방향의 저항을 느껴야 할 것이다. 그러나 여기에는 모순이 있다. 기차에 탄 사람은 그림 8처럼 자신이 멈추어 있으며, 세상 모두가 반대 방향으로 움직이고 있다고 느낄 것이기 때문이다. 그는 공을 바닥에 내려놓으면서 아무런 저항을 느끼지 않을 것이다.

세상의 중심은 없어도 된다.

4
속도가 변한다, 힘을 받는다

가만히 있다는 것 자체가 모호한 기준이라는 것을 보았다. 다음 조건을 만족하기만 하면 자신이 가만히 있는지 움직이는지를 알 수 없으며, 자신이 가만히 있다고 하는 것이 틀린 말이 아니다.

1. 일정한 속력(빠르기)으로 움직이고,
2. 직선으로 움직인다.

이를 모두 만족하면 일정한 속도로 움직인다고 하거나 등속도 운동을 한다고 한다. 이들 가운데 하나라도 만족하지 않으면 가속도가 있다고 한다.

속력은 빠르기를 나타내는 말로, 주어진 시간 동안 얼마나 멀리 가는가로 나타낸다. 예를 들면 보통 자동차는 한 시간에 약 60km를 가며 이를 시속 60km 또는 60km/h 라고 쓴다. 같은 한 시간 동안 100km를 갈 수 있는 자동차는 더 빠르다. 속력은 일정 거리를 시간으로 나눈 양이지만, 실제로 먼 거리를 직접 가보지 않아도 이 속도라면 한 시간에 얼만큼 갈 수 있을지 알 수 있는 순간 속력을 생각할 수 있으며 이것이 자동차 계기판에 나타나는 속력이다.

뉴턴(1687)[5]: 다음 두 가지 경우는 같은 것이다.

1. 외부 영향(힘)을 받는 것
2. 가속도가 있는 것

일정한 속도로 움직인다는 것은 아무 영향을 받지 않고 움직인다는 것과 같다. 외부 영향을 받으면 일정한 속도를 유지하지 못한다.

앞의 두 경우 가운데 첫 번째 경우를 더 생각해보자. 자동차의 가속 페달을 세게 밟으면 속력이 빨라지며, 브레이크를 밟으면 속력이 느려진다. 느려지는 것은 반대 방향으로 빨라지는 것이라고 생각할 수도 있다. 가속이 되면 차에 앉은 사람들은 의자 등받이쪽으로 쏠리며, 감속

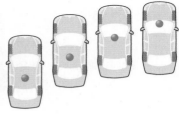

그림 11 　감속하는 차. 차 안에 떠있는 물건은 등속도 운동을 하려고 하는데 차가 이에 미치지 못하고 감속한다. 차 안의 물체는 창문에 부딪혔다.

을 하면 앞으로 넘어지듯 쏠린다. 그림 11은 감속을 하는 차를 그린 것이다. 외부의 영향을 받지 않는 가장 자연스러운 상태는 등속도 운동을 하는 상태이므로(자신이 볼때는 가만히 있는 것이다), 자동차가 감속을 하더라도 같은 상태를 유지하려고 한다.

　속력을 이야기할 때 방향은 생각하지 않는다. 곧은 길을 가는지 구불구불한 길을 가는지를 따지지 않는다. 속도는 방향까지 고려하는 말이다. 차가 동쪽으로 60km/h로 가는 것과 남쪽으로 60km/h로 가는 것은 속력은 같지만 속도는 다르다. 속도가 일정하면 외부의 영향을 받지 않는 것이다.

　따라서 두 번째 조건을 만족하지 않는 경우는 방향을 바꾸는 가속도가 있다고 할 수 있다. 차에 탄 사람은 방향

그림 12 일정한 속력을 유지하면서 방향만 오른쪽으로 틀었다. 차 안에 있는 물체는 등속도 운동을 하기 때문에 차가 방향을 바꾸면 차 안의 물체는 옆에 부딪힌다.

을 바꾸지 않고 자연스럽게 가려고 하므로, 방향을 바꾸는 반대 방향으로 넘어지듯 쏠린다. 오른쪽으로 가속 운동을 하는 경우와 비슷한 일이 일어나는 것이다.

조금만 생각해보면, 몸이 쏠리는 것과 공을 던지는 것은 같은 종류의 현상이라는 것을 알 수 있다. 속력이나 방향이 변하는 차 안에서, 공을 가만히 놓아보면 몸이 쏠리는 방향으로 떨어지는 것을 알 수 있다.

등속도의 두 조건을 보았다. 등속도로 움직이는 사람은 정말로 자신이 등속도로 움직이는지, 반대로 자신은 가만히 있는데 세상 모든 것이 반대 방향으로 움직이는지를 근본적으로 구별할 수 없다.

그러나 점점 빨라지는 자동차를 탄 사람은 자신이 가

속도 운동을 하고 있다는 것을 알 수 있다. 자신은 멈추어 있는데 세상이 반대 방향으로 가속도 운동을 하는 것이 아니라는 것을 안다. 점점 빨라지는 자동차에 앉으면 몸이 뒤로 쏠리는 것을 느낄 수 있다. 또 차 안에서 공을 떨어뜨려 보면 공이 바로 바닥으로 떨어지는 것이 아니라 뒤로 가서 떨어진다. 객관적인 관찰과 실험을 통해 자신이 가속도 운동을 하고 있다는 것을 알 수 있다.

이런 의미에서 가속도는 속도보다 절대적인 개념이다. 물체의 속도는 보는 사람에 따라 다르게 보인다. 하지만, 서로 일정한 속도로 움직이는 사람이라면 누구나 같은 가속도를 관찰한다. 물론 각 관찰자들에게는 가속되기 이전 속도도 다르고 가속된 이후 속도도 다를 수 있다. 그러나 이 속도가 변화된 양인 가속도는 누구에게나 같다.

여전히, 세상의 중심은 없어도 된다.

5
빛의 성질

손전등은 이불 속에서 책을 볼 수 있게 해주는 도구이다.

— 찰스 펫졸드, *Code*, (2000).

상대성이론은 빛을 탐구하면서 탄생했다.[6] 그러나 현대적인 관점에서는 빛은 중요하지 않으며 어떤 물체의 운동을 관찰해도 충분히 상대성이론의 결과를 얻을 수 있다. 그럼에도 불구하고 빛을 이용하여 상대성이론을 공부하는 방법이 가장 쉬우므로 이 책에서도 빛을 사용한다.

빛은 빠르긴 하지만 무한히 빠르지는 않다

먼저 알아야 할 것은 빛의 속력이 유한하다는 것이다.[7] 어두운 방에서 전등을 켤 때, 전등이 멀리 떨어져 있는데

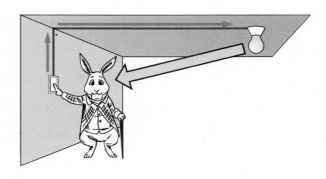

그림 13 스위치를 켜는 순간 전기가 벽과 천장을 타고 전등에 이르러 불을 켠다. 그리고 전등빛은 공간을 지나 내 눈에 들어온다. 이 모든 과정이 눈깜짝할 사이에 일어난다. 빛의 속력은 무한히 빠를까.

도 스위치를 누르는 즉시 전등에 불이 들어오는 것을 볼 수 있다. 따라서 빛의 속력이 무한히 빠르다고 생각할 수도 있다.

빛이 엄청나게 빠르긴 하지만, 어디에나 순간적으로 가는 것이 아니다. 빛의 속력은 유한하며 한 시간에 대략 1080000000km를 간다.* 보통 자동차가 한 시간에 60km, 비행기도 빨라봤자 1000km를 간다는 것을 생각하면 엄청나게 빠른 속도이다. 그런데 이처럼 빠른 빛조

* 정확히는 진공에서 1초에 299792458m를 간다. 진공이 아닌 다른 곳, 가령 물 속에서는 더 느리게 간다.

차 우주 크기에서는 느린 것처럼 여겨진다. 우리가 보는 해(태양)는 지금 이 순간의 해가 아니라 약 8분 30초 전의 해이다. 우리가 사는 지구가 그만큼 해와 멀리 떨어져 있기 때문이다. 그 사이에 무슨 일이 생겨 해가 사라져도 우리는 8분 30초 후에나 알 수 있다. 해가 사라졌다는 정보가 빛(이 없어짐)을 통해 우리에게 도달하기 때문이다.

일상 생활에서는 빛의 속력이 너무 빨라 그 유한함을 느낄 수 없다. 빛의 속력은 지구를 1초 동안 7바퀴 돌 수 있을 정도의 매우 빠른 빠르기다. 보통 비행기가 지구를 한 바퀴 도는데 3일이 걸리니 빛이 얼마나 빠른가를 조금이나마 비교할 수 있다. 소리의 속력은 충분히 느려 유한함을 느낄 수 있다. 번개가 번쩍 하는 것을 보아도 그곳에서 오는 천둥 소리는 조금 있다가 들린다. 빛의 속력에 비해 소리의 속력이 훨씬 느리기 때문이다.

빛을 관찰하다

다음은 손전등을 순간적으로 깜빡였을 때 손전등에서 출발한 빛이 눈에 이르는 과정을 그린 것이다. 이 그림에 등장하는 사람은, 중간에 알갱이처럼 그린 빛이 오

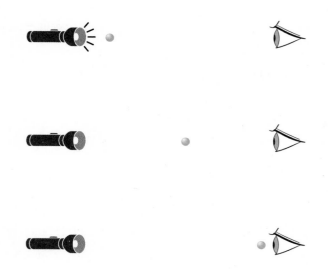

그림 14 빛이 날아가는 모습. 이 사람은 빛이 눈에 도달한 마지막 순간에야 손전등이 켜졌다는 것을 알 수 있다. 그러나 이 책의 모든 그림은 전지적인 입장에서 그릴 것이다.

는 모습을 중간중간 볼 수 있을까?[8] (주의: 이 질문은 빛이 엄청나게 빨리 움직이는데 재빨리 빛을 볼 겨를이 있냐는 질문이 아니다. 빛이 눈에 이르기 전에 중간 과정을 볼 수 있는가 하는 질문이다.)

빛이 눈에 도달하지 않으면 사물을 볼 수 없다. 우리 눈이 사물을 볼 수 있는 것은 사물에서 출발한 빛이 눈 안으로 들어와 시신경을 자극하기 때문이다. 그림 14의 맨 아래 그림 이후에나 이 일이 일어난다. 위쪽 두 그림은 전지적 시점에서 그린 것이지 실제로 이 상황을 관찰할 수는 없다. 물론 중간 중간에 카메라 등의 장치를 놓으면 그것들을 이용해서 볼 수 있다.

질문: 빛이 눈에 도달한 순간에야 볼 수 있다면, 그 때 이 빛을 눈 바로 앞에 있다고 느낄까?

극단적으로 단순화시키면 눈은 빛을 받아들이는 감지기일 뿐이다. 바라보는 방향에서 빛이 들어왔는지 안 들어왔는지의 여부만 알 수 있는 것이다. 따라서 우리는 불이 켜진 손전등 영상이시선 방향에서 왔다는 것밖에 느낄 수 없으며, 우리 마음속에는 그 방향으로 사진을 찍은 것과 같은 그림이 그려진다. 한쪽 눈만 뜨고 사물을 보면 물체의 거리를 알 수 없다. 물체가 작게 보인다면, 물체가 멀리 있어 원래 크기보다 작게 보이는지, 물체가 절대적으로 작아 가까이 있어도 작게 보이는지를 알 수가 없다. 물체의 배경을 통해 간접적으로 알 수 있지만 착각하는 경우도 많다. 따라서 손전등에서 출발한 빛이 온 방향만을 알 수 있다.

그렇다면 우리는 거리를 어떻게 느낄까? 눈이 두 개 있으면 거리를 알 수 있다. 두 눈은 떨어져 있기 때문에, 각각에서 본 영상이 조금 다르다. 뇌는 이 두 영상을 잘 처리해서 '아하, 두 영상이 이런 차이를 가진 것으로 보아 손전등은 저 멀리에 있어', 하고 느낄 것이다. 빛이 눈 안에 들어왔지만, 우리는 손전등이 그림처럼 멀리 있다는 것을 안다.

상대성이론의 이상한 결과를 받아들이기가 힘든 이유 중 하나는, 우리가 볼 때는 당연히 알아야 할 것을 그림 속에 있는 사람들이 모르기 때문이다. 빛의 속력이 유한하기 때문에 눈에 빛이 들어가기 전까지는 빛이 없는 것과 다름 없다. 눈으로 빛이 들어온 다음에야 무언가를 알 수 있는데, 우리는 전지적인 입장의 그림을 보고 '왜 모르지' 하고 생각하게 될 것이다.

빛 뿐만 아니라 이 세상 모든 것이 관찰하기 전까지 존재하지 않는다면?

6
빛의 속력은
변하지 않는 것처럼 보인다

지금까지 여러 상황에서 공을 굴려보며, 일정한 빠르기로 직선 운동을 하는 것은 가만히 있는 것과 같은 상태라는 것을 확인하였다. 이를 '등속도 운동을 하는 모든 관찰자는 대등하다'고 표현한다.

이 장에서는 빛으로 같은 실험을 해보면 이상한 일이 일어난다는 것을 살펴볼 것이다. 이를 통해 빛이 퍼져나가는 방식이 이상하다는 것을 깨닫기만 한다면, 상대성이론을 반은 이해한 것이다.

가만히 있는 기차

가만히 있는 기차 안에서 손전등 두 개를 동시에 켜 빛을 양쪽으로 비추면 빛이 퍼져나간다. 아무것도 이를 방해하지 않으므로 빛은 양쪽 방향으로 같은 속력으로 퍼져나갈 것이다.[*]

> **주의:** 여기서부터 등장하는 모든 그림은 한 관찰자의 입장에서 그린 것이다. 이 관점은 절대적이지 않아. 다른 관찰자가 똑같이 관찰하지 않을 수도 있다.

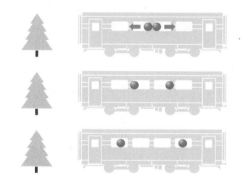

그림 15 (손전등으로) 빛을 양쪽으로 비출 때 빛이 퍼져나가는 모양. 기차가 가만히 있으므로 기차 안에서 보나 밖에서 보나 똑같다.

---

[*] 당분간 중력의 영향은 무시한다.

일정한 속도로 달리는 기차

다음은 일정한 속도로 달리는 기차를 생각하자. 여기에 탄 승무원이 방금처럼 양쪽으로 빛을 비추면 어떻게 될까. 기차 안에서 볼 때는 그림 16과 같이 퍼져 나간다.

기차에 탄 승무원이 빛의 속력을 재보면, 가만히 있는 기차 안에서 실험했을 때와 똑같은 속력이 나온다. 승무원은 자신이 가만히 있다고 관찰할 것이기 때문이다. 창이 없으면 자신이 움직이지 않는다고 생각할 뿐만 아니라, 창이 있어도 기차 안의 모든 것이 멈추어 있고 바깥 배경이 반대로 움직인다고 생각할 것이다. 여기까지는

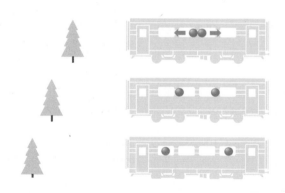

그림 16 일정한 속도로 달리는 기차 안에서 양 쪽으로 빛을 비출 때 빛이 퍼져 나가는 모양. 기차가 움직이는 대신 나무가 움직이는 것으로 보아, 기차 안에서 본 것이라는 것을 알 수 있다. 기차에 탄 승무원은 기차가 가만히 있다고 생각할 것이므로 가만히 있는 기차에서 실험했던 것과 같은 것을 본다.

공을 굴리는 앞의 실험과 다를 바가 없다.

기차 밖에 가만히 있는 역무원이 이 빛의 속력을 잰다면 어떻게 될까? 앞서 공 굴리는 예에서 배웠듯, 빛의 움직임이 기차의 움직임에 실릴 것이라고 예상할 수 있다. 즉, 그림 17과 같이 기차의 진행 방향으로 나아가는 빛은 더 빨라지고, 반대방향으로 나아가는 빛은 더 느려질 것이라고 예상한다.

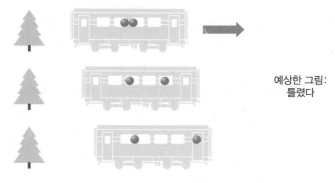

예상한 그림:
틀렸다

그림 17 그림 16을 기차 밖에 가만히 있는 역무원이 본 그림. 움직이는 기차에서 빛을 쏘았으므로, 빛의 움직임이 기차에 실릴 것이라고 예상할 수 있다. 그러나 실제로 실험을 해보면 다른 결과를 준다.

그런데 실제로 실험을 해 보면 그림 18과 같은 것을 관찰한다.

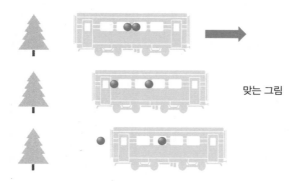

맞는 그림

그림 18 실제로 빛이 퍼져 나가는 방식. 기차는 움직이고 있는데, 빛의 속력은 그대로이다.

즉, 움직이는 기차에서 비추어도, 빛의 속력은 가만히 있는 사람이 비출 때와 같다.[9]

질문: 기차 안의 승무원이 던진 사과가 기차의 운동에 실려가야 한다는 것은 알겠다. 그런데 빛은 특별하기 때문에 기차의 운동에 실려가지 않는 것이 아닐까?

정말 이 상황을 보면, 빛은 가만히 있는 사람이 비출 때와 마찬가지로 퍼져나가는 듯 하다. 빛을 쏘는 승무원의 운동과 관계 없이 절대적으로 그 공간을 날아가는 것 같다. 그렇다면 왜 빛에 기차의 운동이 실려 속력이 더해지지 않았을까. 아니면 기차의 운동에 실리되, 속도의 합이 원래 빛 속력이 되는 것일까. 놀랍게도 답은 후자라는 것을 볼 것이다.

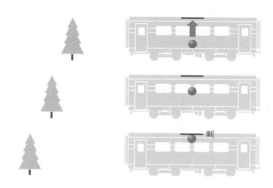

그림 19 상대성에 따라, 움직이는 기차 안에서 쏜 빛은 가만히 있는 기차 안에서와 똑같이 행동한다.

빛도 움직이는 기차에 실려 간다

빛을 운동하는 방향이 아닌 다른 방향으로 비추어보면 어떨까. 일정한 속도로 달리는 기차 안에서, 승무원이 빛을 기차의 운동방향에 대하여 수직으로 비추면 그림 19와 같은 결과를 볼 수 있다.*

이는 가만히 있는 기차 안에서 실험한 것과 같은 결과이다. 기차 안에 탄 승무원 입장은 멈추어 있는 기차 안과 대등하다. 여기에서 빛이 도달한 천장 지점에 주목하자. 가령, 그곳에 감지기를 놓고 빛이 도달하면 '삐' 소리가 나도록 할 수 있다.

---

* 역시 중력의 영향은 무시한다.

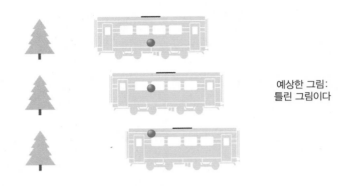

예상한 그림:
틀린 그림이다

그림 20   빛이 기차의 운동과 상관 없이 절대 운동을 하면 모순이 생긴다.

이제, 같은 장면을 기차 밖에서 가만히 있는 역무원이 본다. 만약 빛이 기차의 운동과 상관없이 절대 운동을 한다면 어떤 일이 일어날까? 그림 20처럼 날아가는 방향과 속력이 변하지 않아야 한다.

그런데 이 경우, 기차 바깥쪽에서 관찰한 역무원은 기차안의 승무원과 완전히 다른 경험을 한다. 기차 밖에서 볼 때는 빛을 쏜 곳 위의 감지기가 아닌 뒷부분의 천장에 부딪힌다. 기차 안에 있는 사람에게는 '삐' 소리가 남에도 불구하고, 기차 밖의 관찰자에는 '삐' 소리가 나지 않는다는 것이다. 따라서 빛이 기차의 운동에 실리지 않고 절대 운동을 하면 모순이 생긴다.

실제 실험을 해보면 다음과 같다.[10]

빛은 움직이는 천장의 감지기를 향해 비스듬하게 날아
간다. 따라서 바깥에 정지해 있는 사람에게도 '삐' 소리가
들리고, 기차 안에 있는 사람과 같은 경험을 한다. 이 사
실은 보는 사람에 따라 변하는 것은 아니다.

여기에서 주목해야 할 점은 빛도 역시 절대적인 공간을
날아가는 것이 아니라 기차의 이동에 '실린다'는 것이다.
그렇지 않다면 빛은 천장의 감지기에 다다르지 않을 것이
다. 그렇다면 이전 실험(그림 18)에서 기차 진행 방향으로 나
가는 빛의 속력이 변하지 않았던 것은 어떻게 설명할 수 있
는가. 기차의 운동에 빛이 실린다면 빛이 더 빨라졌어야
했다.

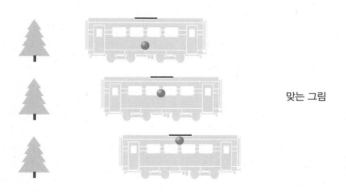

맞는 그림

그림 21　기차는 일정한 속도로 가고 있다. 기차 안에서 쏜 빛은 밖에서 보아
도 천장 감지기에 닿아야 한다. 이를 설명하려면 빛의 운동이 기차의 운동에 실
려야한다.

이와 관련된 관찰이 있다. 기차 밖에 있는 사람이 볼 때, 빛이 나가는 방향은 비스듬한 방향이다. 수직 방향의 빛의 속력에 기차의 속도가 더해지므로 빛은 더 빨라질 것이라고 예상할 것이다. 그러나 비스듬하게 나아가는 빛의 속력을 측정하면 다음과 같다.

(움직이는 기차에 실려 비스듬하게 나아가는 빛의 속력)
= (멈추어 있는 기차 안에서 수직으로 나아가는 빛의 속력).

즉, 빛이 날아가는 방향으로 재면 빛의 속력은 같다.

빛은 기차에 실려 운동하지만 언제나 속도의 크기인 속력은 같다. 모순처럼 보이는 결론을 얻는다!

7

동시에 일어난 두 사건은 보는 사람에 따라 동시가 아닐 수도 있다

빛의 속력이 누구에게나 같다는 사실을 받아들이는 순간부터 여러가지 어려움에 부딪히게 된다. 앞장의 그림 16과 그림 18을 비교해보면 이상한 것을 발견할 수 있다. 두 그림은 같은 사건들을 다른 이들이 관찰한 것이다. 두 그림에서 모두, 양쪽으로 비춘 빛은 동시에 출발한다. 그런데, 그림 16에서는 두 빛이 기차의 양쪽 끝에 동시에 닿고, 그림 18에서는 동시에 닿지 않는 것이다. 모순이 생긴 것 같다.

이 문제를 조금 더 명확히 이해하기 위해, 이번에는 움직이는 기차 양쪽 끝에서 빛을 비추어 가운데로 모이도록 해보자. 빛은 그림 22와 같이 진행한다.

그런데 관찰자가 어떤 상태인가에 따라 다른 결과를 얻는다.

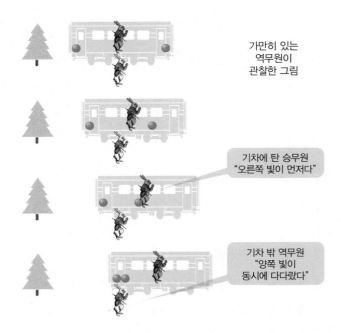

가만히 있는
역무원이
관찰한 그림

기차에 탄 승무원
"오른쪽 빛이 먼저다"

기차 밖 역무원
"양쪽 빛이
동시에 다다랐다"

그림 22　가만히 있는 역무원에게는, 기차 양 끝에서 출발한 빛이 동시에 도달한다. 빛이 눈에 도달했을 때에만 볼 수 있다는 것에 주의하자. 기차에 탄 승무원이 관찰할 때는 둘 중 한 빛이 먼저 도달한다. 이 그림은 역무원의 입장에서 그렸지만 (가만히 있는 나무를 보라), 승무원에게 한쪽 빛이 먼저 도달한다는 사실은 역무원도 알고 승무원도 안다.

1. 기차 밖에서 (나무와 함께) 가만히 있는 역무원이 볼 때는, 양쪽에서 비춘 빛이 동시에 역무원 자신에게 도달한다 (맨 아래 그림을 보라). 그가 기차 끝에서 번쩍인 빛을 볼 수 있는 것은 그 빛이 눈에 들어왔을 때 뿐이다. 따라서 그는 기차 양쪽에서 동시에 빛이 출발했다는 것을 관찰한다.

2. 그림 22는 이 역무원의 관점에서 그린 것이다. 따라서 그는 이렇게 말한다. "기차에 타고 있는 승무원은, 오른쪽에서 출발한 빛이 먼저 출발했다고 관찰할 것이다(세 번째 그림을 보라). 즉, 빛이 기차 양쪽에서 동시에 출발하지 않았다고 관찰한다." 이 그림에 따르면 오른쪽에서 출발한 빛이 승무원에게 먼저 도달하기 때문이다. 승무원은 잠시 후에 왼쪽에서 온 빛을 보게 된다.

3. 이렇게 빛이 승무원에게 도달하는 사건이 일어나는지의 여부는 누가 보아도 같아야 한다. 실제로 기차 안의 승무원은 오른쪽에서 온 빛을 먼저 본다.

질문: 어떻게 양쪽 끝에서 동시에 출발한 빛이, 기차 안의 승무원에게는 동시에 출발하지 않은 것으로 보이나?

그림 22를 기차에 타고 있는 승무원의 입장에서 다시 그려보자. 시간을 거슬러가면서 보면 더 명확하므로 시간 순서를 거꾸로 하여 그림 23과 같이 그렸다.

우리가 빛을 볼 수 있는 것은 눈에 들어왔을 때 뿐이다. 기차를 타고 있는 승무원은 처음에는 오른쪽에서 온 빛을 먼저 관찰하고, 시간차를 두고 왼쪽에서 온 빛을 관

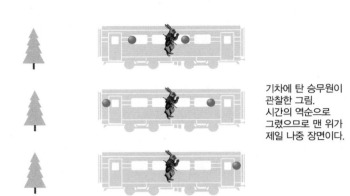

기차에 탄 승무원이
관찰한 그림.
시간의 역순으로
그렸으므로 맨 위가
제일 나중 장면이다.

그림 23 기차 안에서 본 빛의 자취. 기차에 탄 승무원은 자신이 멈추어 있으며, 도리어 밖의 배경이 반대방향으로 움직인다고 관찰한다. 주의: 시간을 거슬러가는 순으로 배열하였다.

찰한다. 이를 통해 이 승무원은, '기차의 오른쪽 끝에서 빛이 먼저 발사되었고, 조금 지나 왼쪽에서 빛이 발사되었다'고 결론짓는다.

따라서, 빛이 동시에 출발했는지 여부에 대해 두 사람 의견이 다르다. 누가 옳은 것인가?

역무원: 빛은 기차 양 끝에서 동시에 출발했다. 당연히 내가 옳다. 나는 가만히 있고 기차는 움직이고 있었다. 나는 누구의 방해도 받지 않았다.

승무원: 무슨 소리인가. 나도 기차도 가만히 있었다. 기차 밖 모든 세상이 뒤로 가고 있었다. 오른쪽 빛이 먼저 발사되었다.

두 관찰자는 서로 일정한 속도로 움직이므로 모두 대등한 관찰자이다. 둘 다 대등하게 옳다고 볼 수밖에 없다. 동시성이 파괴되었다. 모순이 없는지 살펴보자.

주먹씨: 이를 받아들일 수 없다. 두 선수가 열차 양 끝에서 가위 바위 보를 한다고 하자. 이들이 아무리 동시에 손을 내밀어도 보는 사람에 따라 동시에 내지 않은 것으로 볼 것 아닌가?

이상해 보이지만 사실이다. 그 이유는 빛의 속력은 관찰자에 상관없이 일정한데, 이는 두 관찰자가 서로 떨어져 있기 때문이다. 언제나 빛 때문에 정보 전달의 시간차가 생긴다면 보는 사람에 따라 동시성을 다르게 판단할 수밖에 없다.

가위 바위 보를 하는 사람이 아무리 가까이 있으려고 해도 어느 정도 떨어져 있어야 한다. 누구도 이 둘을 한꺼번에 볼 수 없다. 유일하게 할 수 있는 일은 그림 22에서 처럼 빛을 본 뒤에야(가위바위보를 하는 장면을 눈으로 보고) 판정하는 방법밖에 없다.

이에 항의가 잇따른다.

가위씨: 동시에 가위바위보를 하지 않아도 된다면, 한 선수가 다른 선수의 손을 보고 재빨리 이기는 손을 만들면 되지 않나.

보자기씨: 공을 한 사람이 던져서 다른 사람이 받는다. 보는 사람에 따라, 공을 받는 것이 먼저고 던지는 것이 나중일 수도 있나.

그러나 아무리 빛의 속력이 유한하여 사건을 다르게 인식하는 것을 감안한다고 하더라도, 사건의 선후는 바뀌지 않는다. 먼저 일어난 사건을 (원)인, 나중에 일어난 사건을 (결)과라고 불러, 순서가 바뀌지 않는다는 말을 인과율^{causality}이 성립한다고 한다. 이는 16장과 19장에서 더 자세히 설명할 것이다. 이 장에서 결과만 요약하면 다음 두 가지가 된다.

- 허용되는 것: 동시에 일어난 두 사건이 보는 사람에 따라 시차를 두고 일어났을 수 있다.
- 허용되지 않는 것: 두 사건이 발생한 순서가 뒤바뀔 수 있다.

LINK ☒ **동시성에 대한 실험** http://www.youtube.com/watch?v=tnQnAa VGPK0에 들어가면 Open University에서 제작한 상대성이론 영상이 있는데, 동시성에 대한 실험이 들어있다.

8
길이와 시간은 절대적이지 않다

나는 공간과 시간이 단지 상대적인 어떤 것이라고 본다.
공간은 공존하는 것들에 대한 질서이며
시간은 연달아 일어나는 것의 질서라고 본다.

— 고트프리트 라이프니츠,
『새뮤얼 클라크에게 보낸 세번째 편지』(1716)

지금까지 살펴보았던 빛과 물체의 운동을 다음과 같이 요약할 수 있다.

아인슈타인(1905)[11]:

- (상대적으로) 등속도 운동을 하는 관찰자들은 모두 대등하다.
- 진공에서 퍼져 나가는 빛의 속력은 대등한 관찰자에게 모두 같다.

첫번째는 지금까지 이야기했던 상대성을 요약한 것이

다. 이 문제가 중요한 이유는, 같은 현상이라도 보는 사람의 상태에 따라 다르게 관찰되기 때문이다. 가만히 있는 것과 등속도로 움직이는 것은, 아무런 외부 영향을 받지 않는다는 점에서 대등하다는 것을 보았다. 3장에서 갈릴레오가 보인 것은, 등속도 운동을 하는 관찰자들끼리는 공을 던지는 것과 같은 운동에 대한 실험으로 누가 가만히 있는지를 구별할 수 없다는 것이다. 아인슈타인이 말한 상대성은 더 대담한 가정인데, 서로 등속도 운동을 하는 관찰자들끼리는 공을 던지는 것과 같은 운동에 대한 실험뿐 아니라 빛과 전기를 사용한 실험을 통해서도 누가 더 옳은 기준인지 알아낼 수 없다는 것이다.[12]

두번째는 빛의 운동을 관찰한 결과이다. 진공을 날아가는 빛의 속력은 모든 대등한 관찰자에게 언제나 299792458m/s이다.* 이를 흔히 c라고 쓰기도 한다. 6장에서 알게 된 것은 빛의 속력이 변하지 않는 것이 아니라, 누가 보아도 c가 되도록 변한다는 것이다. 특히, 움직이는 기차에서 빛을 수직으로 비추면, 기차의 운동에 실려 속도

---

* 숫자가 중요한 것은 아니다. 특정한 단위를 쓰기 때문에 이 값이 300000000과 아주 가까워 보이는 것이며, 미터(m) 대신 마일(mile)을 쓰거나 초(second, s) 대신 시(hour, h)를 쓰면 다른 숫자가 된다.

가 어떤 방식으로든 더해진다는 것을 알았다. 그럼에도 불구하고 빛이 진행하는 방향의 속력은 변하지 않는다. 앞으로 볼 모든 문제가 여기에서 나온다. 이 문제를 이해하기 위하여 19세기말과 20세기 초에 많은 이야기가 오갔다.

주목할 만한 것은 다음과 같은 속력의 정의이다.

$$(속력) = \frac{(이동한\ 거리)}{(걸린\ 시간)}$$

이동한 거리와 걸린 시간의 상대적인 관계가 속력이다. 빛이 날아간 거리와 시간 간격이 우리가 지금까지 뻔하게 생각했던 것과 다르다면 어떨까? 이 두 변화가 정확히 상쇄된다면, 빛의 속력이 일정한 것처럼 보일 수 있다. 몇몇 경우가 아니라 언제나 이런 일이 일어난다면 시간과 공간이 특별한 관계를 가지고 있는 것이 아닐까?

엘피노: 어떻게 물체가 움직인다고 길이와 시간이 가만히 있을 때와 달라진단 말인가?

필로테오: 어떻게 길이와 시간이 안 달라진다고 확신할 수 있나?

아인슈타인(1905): 움직이는 물체의 길이와 시간이 달라지는지를 비교해본 사람이 없었다. 길이와 시간은 절대적인 것이 아니다. 움직이는 물체의 길이와 시간이 변하지 않는다는 생각을 버려야 한다.

움직이는 물체의 길이가 가만히 있을 때와 같을까? 당연히, 가만히 있는 물체의 길이가 움직인다고 달라질 리가 없지 않는가? 그럼에도 불구하고 이 두 길이가 같다는 것은 자명하지 않다.[13] 적어도 '가만히 있는 것'과 '움직이는 것'은 동시에 참일 수 없다. 움직이는 기차를 멈추게 하고 길이를 재면, 이는 가만히 있을 때의 길이일 뿐이다. 따라서 다음 장에서는 이를 꼼꼼히 따져볼 것이다.

역사적으로 이처럼 빛이 퍼져 나가는 현상을 이해하는 과정에서 특수 상대성이론이 탄생했다.[14] 대부분 상대성이론을 논의할 때는 빛의 속력이 왜 일정한지를 더 따지기보다는 이유는 모르지만 자연이 그렇게 행동한다는 것을 사실로 받아들이고 시작한다. 이 책에서도 빛의 속력이 일정하다는 것을 당분간 받아들이고, 그렇다면 거리와 시간에 대한 개념이 어떻게 바뀔 수 있는지를 생각할 것이다.

빛의 속력

빛은 무엇이 특별하기에 그 속력이 중요할까. 사과나 전자electron와 같은 다른 물질은 이러한 특별함이 없을까? 무엇보다, 왜 빛의 속력이 일정하다는 것을 가정해야 하는가? 특수 상대성이론을 점점 더 이해하게 되면서 사람들은 빛의 속력의 의미를 더 깊이 이해하게 되었다. 보편적으로 변하지 않는 것이 있다면, 무언가 뜻을 담고 있을 것이다.

생각의 방향을 바꾸어, 처음부터 시간 간격과 길이가 관찰자에 따라 다를 수 있다는 것을 받아들이면 어떨까? 길이를 주는 것은 물체의 위치이다. 지금까지 배운 것이 바로, 절대적인 기준이 위치로 주어지는 것이 아니며, 관점의 차이는 다른 속도에서 온다는 것이었다. 위치의 변화(변위라고 한다)와 시간이 주는 상대적인 관계가 속도이다. 따라서, 서로 다른 관찰자가 본 물체의 속도들이 어떤 관계가 있는가를 생각하는 것이 중요하다. 이들의 관계가 단순히 관찰자와 물체의 속도의 합이 아닌 다른 쉬운 (또는 형식적으로는 더 복잡한) 셈이 될 수도 있다. 공간이 단순하다는 가정만을 사용하여 가장 일반적인 속도 덧셈식을 구해보면 그 속에 (자세한 수식의 구조는 35장에 설명한다) 속력의 단위를 갖는 보편적인 상수가 있다는 것을 발견하게 된다. 이 상수가 비록 속력의 단위를 가지기는 하지만 원칙적으로는 빛과 관계가 없다.

이 상수를 직접 잴 수 있다. 속도 덧셈식에 따라 움직이는 물체의 시간이 얼마나 바뀌나를 예측하고, 실험으로 직접 재면 된다. 예를 들어 뮤온이라는 기본입자의 수명이 움직일 때 늘어난다는 것을 이용할 수 있다. 실제로 재어 보면, 이 보편 상수가 앞서 말한 빛의 속력 c라는 것을 알 수 있다. 역사적인 이유 때문에 c를 빛의 속력이라고 부르지만 '자연스러운 속력'과 같은 다른 이름으로 불러도 된다. 12장에서는 시간과 공간이 양적으로 빛의 속력으로 연결되는데 이를 보여주기 위해 '시공간 상수'라는 이름을 붙일 수도 있다.

이 상수가 c이므로, 우리가 앞으로 사용하는 빛의 속력 역할을 할 것이며, 시간간격과 길이가 얼마나 변해야 하는가를 보여줄 것이다. 따라서 상대성이론은 원칙적으로 빛과 관계 없이 시간과 공간의 구조와만 관계가 있는 보편 현상이다. 이 생각은 이그나토브스키가 1911년부터 발표한 일련의 논문을 통해서 시작하였고, 머민이 이를 부활시켰다.

빛이 특별한 것이 아니라면, 왜 하필 이 보편 속력 c로 날아다닌다는 것일까. 물리학자들은 점차 빛 뿐 아니라 모든 질량이 없는 입자들(중성미자*, 중력자 등)이 이 보편적인 속도 c로 움직여야 한다는 것을 알게 되었다. 세상의 변화는 결국 입자들이 충돌하는 사건들이고, 이들 가운데 일부가 나에게 와서 부딪쳐야만 비로소 그 변화가 일어났다는 것을 알 수 있다. 이처럼 힘이나 정보를 전달하는 입자의 질량이 없다면, 속력 c는

자연의 변화가 퍼져나가는 근본적인 빠르기

라고 할 수도 있을 것이다.

원리

인류가 알고 있는 사실을 가장 단순한 형태로 축약한 것을 원리principle라고 한다. 이 장 첫부분에 나온 두 항목 중 첫번째 것을 상대성 원리라고 하고, 두번째 것을 빛 속력이 변하지 않는(불변) 원리라고 한다. 그밖에 잘 알려

---

*   이제 중성미자는 질량이 있다는 것을 알고 있다.

진 원리로 에너지 보존 법칙(열역학 제1법칙이라고 부르기도 한다)이나 엔트로피 증가의 법칙(열역학 제2법칙)이 있다.

이들 원리가 정말 타당한지 틀릴 수도 있는지는 아무도 밝힐 수 없다. 이를 더 단순한 것으로부터 설명할 수 있다면 그 근거가 더 근본적인 원리가 될 것이다. 따라서 원리는 증명할 수 없다.

증명할 수 없는 원리들을 맞다고 믿는 것은 맹목적인 것이 아닐까? 그렇기는 하지만, 이 원리들은 지금까지 정밀한 측정과 혹독한 실험을 통과해왔으며, 틀리지 않은 생각으로 살아남았다. 원리는, 우리가 알고 있는 모든 사실들을 단지 몇 개의 더 단순한 개념으로 축약해놓은 것이므로, 더 맞는 생각이라고 할 수도 있다.

원리를 바라보는 다른 관점은 이 원리가 너무 '단순하고 아름다워서' 틀리거나 수정될 수 없다는 일종의 편견이다. 단순하거나 아름답다는 형용사는 과학에 어울리지 않는 주관적인 말인 듯하지만, 수많은 과학의 아이디어와 엄밀한 수학으로 훈련된 과학자들이 그 구조가 명확하고 정밀하며 응용 범위가 넓다는 것을 표현하는 말이다.

물론 아름답다고 평가된 원리가 버려진 경우도 있다.[15]

9
시간을 다시 생각해보다

한스 카스토르프: "시간을 인식하려면
공간에서 볼 수 있는 것으로 바꿀 수 밖에 없어."

— 토마스 만, 마의 산 (1924)

시간이란 무엇일까? 우리는 시간의 본질을 잘 모른다. 시간을 느낄 수 있다고 생각하지만 직접 보거나 만질 수 없다. 단지 뜨는 해를 보거나 떨어지는 낙엽을 보고 시간이 흐른다는 것을 알 뿐이다. 시간이 변하게 해주는 것을 통해 간접적으로밖에 알 수 없다.[16] 먼저 시간을 어떻게 정하는지 살펴보자.

시계

무언가가 규칙적으로 움직인다는 것을 알면 이를 이용해서 시간을 잴 수 있다. 움직임을 몇 번 반복했는지 세

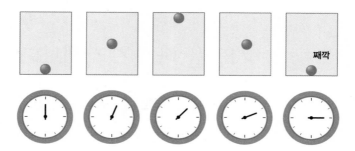

그림 24 (위) 빛으로 작동하는 시계 (아래) 보통 시계. 모두 제자리에 있는 시계를 시간 순으로 그린 것이다. 빛을 이용한 시계는 빛의 속력이 일정하다는 것을 쉽게 이용하여 시간이 흘러가는 것을 눈으로 보고 비교할 수 있으므로, 이 책에서는 빛 시계를 사용할 것이다.

면 되는데, 이 일을 하는 도구를 시계라고 부른다. 규칙적으로 진동하는 진동자를 이용하여 만든 시계는 일정한 정도로 바늘을 돌리므로, 움직인 시계바늘을 보고 시간을 확인할 수 있다. 또, 규칙적으로 째깍 째깍 소리를 내므로 몇 번 째깍 째깍을 반복했는지를 귀로 확인할 수도 있다. 물론 듣는 것과 보는 것은 일치해야 한다.

그림 24처럼 빛을 이용한 시계를 생각하면 여러가지 좋은 점이 있다. 바닥에 빛을 쏘아주는 장치가 있다. 빛이 천장에 도달하면 거울이 있어 즉시 빛을 반사한다. 반사된 빛은 다시 아래로 내려가, 바닥에 도달하는 순간 감지장치가 "째깍" 소리를 낸다. 그리고 그 즉시 빛이 다시 발사된다.

빛을 사용하는 시계는 무엇보다도 빛의 속력이 일정하다는 사실을 이용할 수 있다. 이 시계를 보고 주어진 기준에서 시간이 얼마나 흘렀는가를 판단할 것이다. 또 빛이 지나간 자취가 길고 짧은 것을 보고 시간이 흐른 것을 눈으로 볼 수 있다. 즉, 빛의 이동을 보고 거리를 재고, 그 거리를 빛의 속력으로 나누어 시간으로 환산하면 된다. 물론 보통의 시계도 빛을 이용하는 시계와 정확히 같은 결과를 주어야 한다.

바닥에서 쏜 빛이 천장의 거울에 반사되어 원래 시계로 되돌아온 시간을 한 째깍이라고 부르자. 째깍은 우리 마음대로 정한 시간 단위이다.* 하나의 시계를 가지고 계속 잰 시간을 고유 시간proper time이라고 한다.

---

* 확인 질문: 바닥에서 천장까지 빛이 가는 데는 반 째깍이 걸리나?
답: 그렇다.
재질문: 왜 빛이 천장에 부딪혔다가 되돌아온 시간을 쟀을까? 천장에 빛 감지기를 놓고 천장에 닿는 시간을 재도 같은 결과를 주지 않을까.
답: 그러면 골치 아픈 일이 생긴다. 천장에 빛을 감지하는 장치가 있다고 하자. 바닥에서 빛을 쏘는 순간을 재는 시계와 천장에 빛을 감지하는 시계가 동시에 같은 시각을 가리킨다는 것을 확인해야 한다. 편도로 보내는 빛으로는 이것을 영원히 합의할 수 없다. 바닥에서 보낸 신호로 천장에 있는 시간을 맞추고, 이를 다시 바닥으로 보내 확인하여야 한다.
그러나 거울에 반사되어 바닥에 되돌아온 순간은, 처음 빛을 쏘았을 때와 같은 시계로 잴 수 있다. 그래서 번거롭더라도 빛을 왕복하도록 한다.

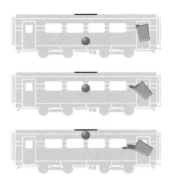

그림 25 빛 시계가 작동되는 도중 과학자는 물을 쏟았다.

시운전

이제, 시운전할 겸 빛 시계를 가동시키자. 그런데 정신 없는 과학자가 실험 도중 물을 쏟았다. 그래서 그림 25와 같은 장면들이 찍혔다.

기차가 가만히 있다면 그림 25는 기차 안에서 보나 밖에서 보나 같은 장면들로 보일 것이다. 기차 안 승무원은 여전히 같은 그림을 보지만 만약 기차가 등속도로 움직이고 있다면, 기차 밖 사람은 기차가 움직이는 다른 그림을 볼 것이다. 그러나 여전히 기차에 탄 과학자는 자신이 가만히 있다고 생각하며 그림 25와 같은 장면을 본다. 즉, 자신의 시계로, 빛이 천장에 도달하는데 드는 시간이 반 째깍이라고 관찰한다.

느려지는 시간

이제 빛 시계를 이용하여, 가만히 있는 물체와 움직이는 물체의 시간 흐름이 어떻게 다를지 알아보자. 물체가 움직인다고 시간이 다르게 흐른다는 것이 이상해 보인다. 그러나 이 당연해 보이는 것을 아인슈타인 이전까지는 아무도 확인하지 못했다. 가만히 있는 상태와 움직이는 상태는 다른 상태이다. 가만히 있으면서 동시에 움직일 수 없기 때문이다. 따라서 시간도 다르게 흐를 가능성이 있다.

똑같은 시계 두 개를 준비하자. 하나는 움직이는 기차 안에 두고 다른 하나는 기차 밖에 가만히 있는 역무원이 가지고 있는다. 이 둘을 동시에 작동시켜 서로의 시간 흐름을

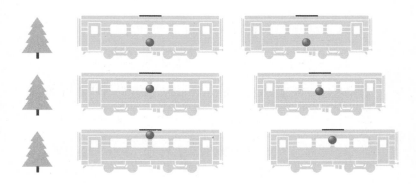

그림 26 시간 흐름을 비교하기 위하여 기차 두 대를 준비하였다. 왼쪽 기차는 가만히 있고, 오른쪽 기차는 움직인다. 두 기차에서 동시에 빛을 쏜다. 기차 밖 가만히 있는 관찰자가 본 것이다.

비교해볼 수 있다. 만약 두 시계가 모두 정상적으로 작동하고 있는데, 이 가운데 어느 하나가 느리게 간다면 그곳의 시간이 느리게 가는 것이다.

그림 26의 왼쪽과 오른쪽 그림은 쌍을 이루며 같은 시각에 그린 것이며 모두 기차 밖 가만히 있는 역무원이 관찰한 것이다. 오른쪽, 즉 움직이는 기차에서도 빛을 수직으로 쏘았다. 빛이 대각선으로 나가는 이유는 기차의 운동에 실려가기 때문이다(6장). 그럼에도 불구하고 빛은 나아가는 방향으로 속력이 일정하다(6장). 따라서 같은 줄에 있는 한 쌍의 그림에서, 각각 빛이 나아간 거리는 같다. 결국

왼쪽 기차의 빛은 천장에 닿았는데 오른쪽 빛은 아직 닿지 않았다.*

물론 시간이 조금 더 지나면 오른쪽 기차의 빛도 천장의 감지기에 닿을 것이다. 그리고 즉시 반사되며, 시간이 더 지나면 바닥의 감지기에 빛이 닿으며 째깍 소리를 낼 것이다.

감지기에서 내는 소리를 들으면서 두 빛 시계를 보자.

---

* 예리한 질문: 가만히 있는 기차(안의 시계)와 움직이는 기차의 높이가 같다고 가정하고 구한듯하다. 실제로 높이가 같다는 것을 독립적으로 증명해야 하지 않나. 답: 정말 그러한데, 이는 다음 장에서 증명한다.

가만히 있는 역무원이 볼 때, 왼쪽에 멈추어 있는 기차의 시계는 빛이 수직으로 오르락내리락 하면서

　째깍째깍째깍

하며 빨리 흘러간다. 반면에, 역무원이 볼 때 오른쪽 움직이는 기차의 시계는 빛이 비스듬하게 오래 이동하여 부딪히기 때문에 시간은

　째…깍…째…깍…째…깍…

하고 천천히 흘러가는 것을 측정한다. 즉, 플랫폼에 가만히 있는 역무원은 움직이는 기차의 시간 진행이 느리다고 관찰한다.

정말 시간이 느려지나?

질문: 그림 26의 오른쪽 기차의 시간이 천천히 흘렀다고 할 수 있는가? 왼쪽과 오른쪽 기차 모두 시간은 똑같이 흐르는데, 속력이 일정한 빛이 오른쪽 그림에서 비스듬하게 갔기 때문에 천장까지 더 오래 걸렸다고 이야기해야 한다.

누구에게나 시간이 똑같이 흐를 것 같지만(절대 시간의 개념) 이것이 당연하지는 않다. 시간 흐름을 잴 수 있는 유일한 방법은 빛 시계를 관찰하는 것뿐이다. 시계 속의 빛이

오르락내리락하는 간격을, 역무원과 승무원이 다르게 관찰할 수 있는지를 비교해 보아야 한다. 이를 위해

움직이는 기차를 기준으로 하는 1째깍,

즉 그림 26 오른쪽의, 기차 바닥에서 출발한 빛이 한번 왕복하는 시간간격을 비교해보자.

먼저 기차 안의 승무원에게는 빛이 그림 25처럼 수직으로 나아가는 것으로 보인다. 그는 시계가 '째깍째깍째깍' 소리를 내는 것을 들으며, 시간이 '정상적'으로 흐른다고 관찰할 것이다. 자신은 가만히 있고 오히려 세상이 반대로 움직인다고 관찰한다는 상대성 때문이다.

다음은 플랫폼에 가만히 있는 역무원의 입장에서 관찰하자. 그에게는, 빛이 그림 26의 오른쪽 그림과 같이 비스듬하게 나아간다. 빛이 (대각선으로 가기 때문에) 천장에 다다르는데 오래 걸린다. 자신을 기준으로 하는 1째깍(그림 26의 왼쪽 그림)에 비해서 그렇다. 기차의 운동에 실리는 것과 상관 없이 빛 속력은 일정하기 때문이다.

이제, 둘이 관찰하는 사건들을 순간순간 비교해보자.

바닥에서 빛을 쏜다는 것 자체는 기차 안에서 보나 밖

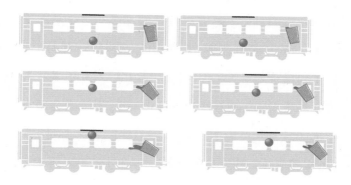

그림 27 그림 26에 컵을 넣어 다시 그린 것이다. 가만히 있는 사람이 관찰할 때, 움직이는 기차의 시간이 느리게 흐르고, 물도 천천히 쏟아진다. 오른쪽 기차와 그림 25와 비교해보면 정말 느려졌다는 것을 확인할 수 있다.

에서 보나 같은, 하나의 사건이다. 안에서 보았을 때 빛을 쏘았다면, 밖에서 보았을 때도 빛이 나와야 한다. 다른 가능성은 없다. 역시, 빛이 천장에 닿는 사건도 누가 보느냐와 상관없이 일어나는 일이다. 각 사건의 발생 여부는 보는 사람과 관계없다.

빛이 바닥과 천장의 중간 높이에 왔다는 것도 밖에서 보나 안에서 보나 같은 사건이다. 따라서 모든 과정이 모두 밖에서 보나 안에서 보나 같은 사건이어야 한다. 빛이 중간중간에 있는 순간 기차 안의 다른 풍경들도 함께 비교할 수 있다. 특히 그림 25와 그림 27의 오른쪽 그림을 비교해보자.

기차 안 사람들을 보면 마치 느린 재생 화면을 보는 것처럼, 행동이 굼뜬 것을 알 수 있다. 얼마나 느려지는지는 33장에서 정량적으로 계산할 것이다. 기차가 빛의 속력의 87% 정도로 빠르게 달린다고 하자. 컵의 물을 마시는데 기차 밖이라면 1초 걸리던 사람이, 기차 안에서는 2초가 걸린다.* 컵을 들어 올리는 동작이나 목이 움직이는 동작도 모두 두 배 느려진다. 사람에게 문제가 생겨 그런 일이 일어나는 것이 아니다. 모든 것이 두 배 느려졌다. 기차 안의 시계를 볼 수 있다면 시계가 느리게 돌아간다. 심지어는 물을 쏟아도 두 배 느리게 쏟아진다. 기차 안은 시간이 느리게 흐르는 세상이 되었다.**

---

*　다만, 2초 동안 기차는 말도 안되게 멀리 가므로(수억 미터) 일상적인 현상을 통해서는 이것을 계속 관찰할 수 없다. 일상적으로는 빛이 수직에 가깝게 이동하는 것을 관찰한다.

**　실제로 이렇게 극적인 효과를 볼 수 있는 경우가 있다. 우주에서 나오는 우주선이라는 물질 가운데는 뮤입자(muon)라는 기본입자가 포함되어있다. 이 뮤입자는 방사능물질이다. 방사능물질은 시간이 흐르면 다른 물질로 바뀌면서, 여러 가지 방사선을 발생시킨다. 뮤온을 가만히 놓고 보면 일정시간이 지나 전자로 붕괴하는 것을 관찰할 수 있다. 많은 뮤온을 관찰하면 평균 0.000002초가 지나서 붕괴하지 않은 뮤입자가 반 남고, 붕괴하여 전자가 된 것이 반이라는 것을 알 수 있다. 따라서 이 시간을 뮤입자가 반 남는 평균수명이라고 할 수 있다. 멈추어 있던 뮤입자는 이 수명을 가지고 있지만, 우주선에 포함되어 있는 뮤온은 이보다 훨씬훨씬 오래 산다. 우주에서 날아오는 뮤입자의 속도를 잴 수 있으므로 속도와 반감기의 관계를 얻을 수 있는데 이 관계가 바로 위에서 이야기한 시간의 관계와

질문: 그림 26의 왼쪽 오른쪽을 비교해보면, 빛이 동시에 출발했는데 오른쪽 그림의 빛이 천장에 늦게 닿는다. 이 그림의 왼쪽 그림의 빛이 천장에 닿는 순간과 그림 25의 빛이 천장에 닿는 순간이 다른가?

다르다. 동시성이 파괴되었기 때문이다. 가령, 두 관찰자가 동시에 빛이 바닥에서 출발하는 것을 본다고 하자. 그래도 천장에 닿는 것이 누가 봐도 동시인 것은 아니다. 같은 사건들에 대해 가만히 있는 사람이 본(그림 25) 시간 간격이 크고, 기차와 함께 움직이는 사람이 본(그림 26) 시간 간격이 작다. 기차를 타고 움직이는 사람과 기차 밖에 가만히 있는 사람의 관점이 같을 수 없다. 기차를 타고 움직이는 사람과 기차 밖에 가만히 있는 사람은 다른 사람이어야 한다. 따라서 모순이 없다. 시간 간격이 보는 사람마다 다를 수 있다. 이 모든 이상함은 빛의 속력이 일정하다는 것 때문이다.

질문: 그림 25로 돌아가 보면, 움직이는 기차에 탄 승무원은 자신의 시간이 정상적으로 간다고 관찰한다. 왜냐하

일치한다. 그렇다 하더라도 이것이 정말 시간이 늘어나는지, 아니면 늘어나 보이는지에 대한 근본적인 답을 줄 수는 없다. 이 둘은 구별되지 않는다.

면, 그는 그림 25처럼 자신이 멈추어 있고 이 세상 나머지가 반대로 움직인다고 관찰할 것이기 때문이다. 기차 밖에 있는 역무원은 기차에 탄 승무원들이 이렇게 '착각'하고 있다는 것을 알 수 있을까?

J.S. 벨(1976): (기차에 탄 승무원이) 물이 느리게 쏟아지는 것을 알려면 시계와 비교해보아야 하는데, 시계도 똑같이 느리게 돌아간다. 기차가 가만히 있을 때에 비해 시계가 느려졌다는 것도 알 수 없는데, 그만큼 천천히 생각하기 때문이다.

이 모든 것을 기차 밖의 역무원이 고려한다면, 기차에 탄 승무원이 같이 움직이는 모든 것이 느려졌다는 것을 못 깨닫고, 아무런 변화가 없다고 생각한다는 것을 이해할 수 있다. 13장에서 이 문제를 더 자세히 살펴보겠다.

> **우리는 사물들의 변화를**
> **시간의 축 위에서 측정할 수 있는 능력을 결코 갖고 있지 못하다.**
> **[중략] 우리는 사물들의 변화를 통해 그것에 도달한다.**
>
> — 에른스트 마흐. 『역학의 발달』 (1883)

10

길이를 다시 생각해보다

**길이는 주어진 대상에 대한 사실이라기보다는
그 대상과 관찰자의 관계라고 할 수 있다.**

— 릴리안 리버, 아인슈타인의 상대성이론 (1945)

앞 장에서 움직이는 물체의 시간이 천천히 흐른다는 것을 알았다. 자연스럽게 시간뿐 아니라 크기라는 개념도 다시 한번 점검해 본다.

가만히 있던 물체가 움직일 때 길이가 같으리라는 법이 없다는 것을 알아보았다(8장). 따라서 물체의 움직임을 유지하며 길이를 재는 방법을 생각해 보아야 한다. 그런데 길이를 어떻게 쟀더라?

자

길이는 자로 재면 된다. 먼저 재고 싶은 물체의 머리 끝을 자의 한 끝과 맞추어 놓은 뒤, 물체 꽁무니에 닿은 자

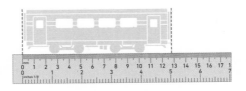

그림 28 길이는 자로 잰다. 절대적인 길이는 알 수 없고 자와 상대적으로 길이를 비교하는 것이다. 그런데 자의 길이는 누가 정할까?

의 눈금을 읽으면 될 것이다(그림 28).

그러나 물체가 움직이면 이 방법으로 길이를 잴 수 없다. 물체의 양 끝을 동시에 볼 수 있어서 자의 두 눈금을 한꺼번에 읽을 수 있으면 좋겠지만 우리에게는 그런 능력이 없다. 물체의 머리 끝을 맞추어 놓는다고 하더라도, 꽁무니 끝을 확인하려는 사이에, 머리가 이동한다.[17]

문제는 여기에 있다. 두 끝을 다 확인하는데 시간 차이가 생긴다. 내가 직접 다른 끝에 가보지 않고, 눈으로 눈금만 읽는다고 해도 최소한 빛이 전달되는 시간 만큼 눈금의 영상이 지연되어 전달된다.*

---

* 잘봄이: 나는 지금 그림 28을 보는데, 자의 여러 눈금과 기차의 양끝이 한 눈에 들어온다. 나는 길이를 한번에 잴 수 있다고 믿는다.
답: 기차 전체와 자를 한눈에(시야에 다 들어오게) 보려면, 기차와 자에서 꽤 멀리 떨어져야 한다. 그러면 이 그림과 내 눈 사이에 어느 정도 거리가 있게 된다. 빛의 속력이 유한하기 때문에, 기차 양끝이 자에 닿는 것처럼 보여도, 이 일이 일어나는 순간과 내 눈으로 보는 순간이 일치하지 않는 것이다.

그림 29 빛의 속력이 유한하므로 우리는 한 번에 한 부분만 볼 수 있다. 이 책의 모든 온전한 기차 그림은 이렇게 부분부분 본 것을 모아 그린 것이다.

물체의 한쪽 끝(가령 기차의 꽁무니)을 자에 고정시키는 것에 대해서는 모든 관찰자가 합의할 수 있다. 그러나 그 순간 물체의 다른 끝(가령 기차의 머리)이 어디에 있는가는 관찰자에 따라 다르게 본다. 다시 말해 길이가 관찰자마다 달라보인다. 다시 한번, 이 문제는 동시성에 문제가 생기기 때문(7장)이라는 것을 알 수 있다.

물론, 물체가 가만히 있다면 이런 일이 일어나지 않으므로 자로 길이를 잴 수 있다.

절대 길이와 상대 길이

다음은 자의 길이를 정하는 문제이다. 우리는 두 물체를 대어 보고 이것은 저것보다 길다, 짧다 또는 길이가 같다고 이야기할 수 밖에 없다. 자로 길이를 재는 것은 본질적으로 상대적인 길이를 비교하는 것이다. 세계 표준이 되는 자도 절대적인 기준이 있어 그렇게 만든 것이 아니라 누군가가 1m를 임의로 정한 것 뿐이다. 그 표준 자가 부서지면, 새로운 자나 단위를 만들거나 표준 자를 복원해야 한다.

우리는 절대적인 길이를 잴 수 있는 방법을 모른다. 시간과 공간의 본질을 모르고 있기 때문이다.[*] 이 세상 모든 것이 어느 순간 반으로 짧아졌다고 해보자. 그 차이를 알 수 있을까? 자로 재보면 알 수 있을지도 모른다. 모든 물체들이 짧아지더라도 자의 크기는 그대로라면, 길이가 줄어든 것을 발견할 수 있을 것이다. 그런데, 자마저도 반으로 짧아지면 자의 눈금의 간격들도 모두 반으로 좁아졌을 것이고, 글자 폭도 반으로 좁아졌을 것이다. 따라서 (줄어든) 물체의 길이를 재면서 같은 눈금을 보고 같은 숫자를 읽을 것이다.

---

[*] 자는 (뿐만 아니라 모든 물체는) 주어진 환경에 따라 길이가 변한다. 고무줄은 잡아당기면 길이가 늘어난다. 대부분의 물체는 외부에서 힘을 걸어주면 길이가 변한다. 단단한 쇠막대는 이런 문제가 거의 없다고 볼 수 있다. 그러나 쇠막대에 열을 가해 뜨거워지면 길이가 미세하게 늘어난다. 정확하게 길이를 재고 싶으면 열에도 늘어나지 않는 자가 있어야 한다. 같은 온도를 유지하고 외부의 힘을 없애는 등 외부 요인들을 없애면 이 난점을 피할 수 있다.

J. S. 벨(1976): 그렇다면 [줄어든] 그는 자가 줄어든 것을 볼 수 있을까? 볼 수 없다. 망막도 같이 줄어들어, 같은 자리의 세포들이 마치 자와 자신이 줄어들지 않은 것과 같이 상을 받아들이기 때문이다.[18]

움직이는 기차와 가만히 있는 기차의 길이를 함께 재는 방법

움직임을 유지하면서 달리는 기차의 길이를 재려면, 양 끝을 자에 대어 보는 대신 다른 방법을 써야 한다. 마침 우리는 앞 장에서 시간을 비교했으므로, 이를 활용할 수 있는 방법을 사용한다.

먼저, 가만히 있는 역무원이 플랫폼을 기준으로 막대를 세운다. 막대 옆에 시계를 놓고 본다. 특히 이 시계는 제자리에 가만히 있으므로 좋은 기준이 될 수 있다.

그리고 기차가 지나간다.

역무원은 기차 전체의 모습을 못 볼지라도, 기준선만 열심히 보면 기차의 길이를 잴 수 있다. 기차 머리가 기준선을 통과하는 순간 스톱워치를 켜고, 꽁무니가 기준선을 통과할 때 스톱워치를 끈다. 이를 통해 기차가 통과하는데 걸린 시간을 잴 수 있다.

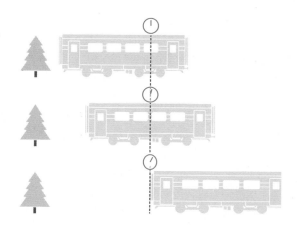

그림 30 가만히 있는 관찰자(역무원)가 세운 기준선을 기차가 통과한다.

여기에 기차 속력을 곱하면 움직이는 기차의 길이를 얻는다.

(움직이는 기차의 길이) =

(기차가 통과하는데 걸린 시간) × (기차의 속력)

이제 기차에 탄 승무원 입장이 되어 보자. 상대성에 따라, 승무원은 오히려 자신과 기차가 가만히 있고 기준선을 포함한 세상이 반대 방향으로 움직이는 것을 관찰할 것이다. 따라서 승무원은 가만히 있는 기차의 길이(고유 길이)를 잴 수 있다.[19]

(가만히 있는 기차 길이) =

(기준선이 지나가는데 걸린 시간) × (기준선의 속력)

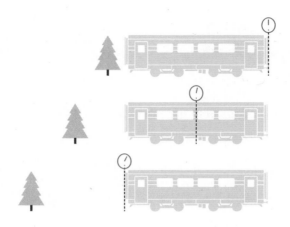

그림 31 움직이는 기차에 탄 사람(승무원)들이 기차의 길이를 재는 방법도 있
다. 이들은, 자신이 멈추어 있고 기준선이 반대로 지나간다고 관찰한다. 승무원
들은 시계를 보며 같은 눈금을 읽지만, 이 시계는 움직이기 때문에, 자신의 시
계보다 늦게 갔다.

승무원이 본 기준선의 속력은, 역무원이 본 기차의 속력
과 같다.* 남은 일은, 기준선이 통과하는데 걸리는 시간을
재는 것 뿐이다. 그러므로 길이를 비교하는 일은 시간을 비
교하는 일이 된다. 이때 주의할 것은 두 가지 시간이 있을
수 있다는 것이다.

1. 기차 밖 기준선과 함께 움직이는 시계를 보고 시각

---

* 상대성을 이용하여 가만히 있는 사람과 기차에 탄 사람을 바꾼 뒤,
그림을 180도 뒤집으면 된다.

을 기록하거나,

2. 자신들이 미리 맞추어놓은 시계를 사용하여 시각을 기록한다. 승무원 입장에서는 기준선 자체가 움직이므로 한 곳에서 시각을 잴 수가 없다. 승무원 두 명이 기차 머리에 한 명, 기차 꽁무니에 한 명 타야 한다. 기준선이 움직여 기차 머리를 통과하는 순간, 머리쪽에 있는 승무원이 시각을 기록한다. 다음, 기준선이 기차 꽁무니를 통과하는 순간, 역시 꼬리쪽에 있는 승무원이 시각을 기록한다. 다행히 두 승무원은 서로에 대해 가만히 있으므로 큰 어려움 없이 시계를 맞출 수 있다.

승무원이 재는 기차의 고유 길이는 2번을 통해 재어야 한다. 다시 한번, 가만히 있는 시계만이 제대로 작동한다는 것을 보장하기 때문이다.

승무원은, 기준선의 시계(1번)가 움직이므로, 자신들의 시계(2번)보다 느리게 작동하는 것을 관찰한다. 움직이는 시계가 느리게 작동한다는 것을 이전 장에서 배웠다.

승무원: 역무원은 움직이는 기차의 길이를 재기로 했다. 그는 느리게 작동하는 시계로 기차가 통과하는데 걸리는 시

간을 재었다. 더 긴 시간간격을 잰 것이다. 그러므로 속력을 곱해 얻은 기차의 길이도 우리들이 잰것보다 길 것이다.

역무원이 실수를 저지른 것은 아니다. 그에게는, 기준선의 시계는 가만히 있으며 제대로 작동하고 있다. 따라서 피할 수 없는 결론은,

움직이는 기차는 가만히 있는 기차보다 더 짧다.

승무원은 기준선 시계의 눈금을 읽을 수 있으므로, 자신의 시계와 비교하여 움직이는 기차가 얼마나 짧아졌는지를 알아낼 수 있다.

짧아진 길이는 시간 간격이 늘어난 것에 반비례한다.

* * *

왜 두 관찰자가 같이 기차 끝을 보는데 시간차가 나고 길이 차이가 날까. 역시 문제는 동시성이 깨졌기 때문이다. 기준선에 놓은 시계는 단 하나이지만, 승무원이 볼 때

그림 32   역무원은 움직이는 기차를 바로 앞에서 관찰하기 때문에 그림 29처럼 작은 부분만 볼 수 있으나, 다 관찰한 다음 기차 전체를 재구성한 그림이다. 맨 위에 가만히 있는 기차의 길이를 기준으로, 그 아래 기차는 빛 속력의 86%로 달려 길이가 반이 되고, 맨 아래는 99.5%로 달려 길이가 1/4이 되었다. 이 현상은, 기차의 이동 방향이 바뀌어도 마찬가지이다.

는 이 시계가 움직이고, 기준선이 기차의 머리를 지날 때와 꼬리를 지날 때 다른 시계를 본다. 이 둘의 시간이 맞추어졌는지는 확실하지 않다. 실제로는 맞추어지지 않았다. 이에 대해서는 14장에서 더 자세히 살펴보겠다.

33장에서 시간 간격이 얼마나 달라지나를 구하였다. 움직이는 물체의 시간 간격과 길이는 반비례 관계에 있으므로 기차가 빛의 속력의 86%로 달려가면, 시간은 두 배 천천히 흐르고 길이는 반이 된다. 또 기차가 빛의 속력의

99.5%로 가면 시간은 네 배 천천히 흐르고 길이가 1/4이 된다. 이러한 결과를 바탕으로 기차의 모양을 재구성하면 그림 32와 같은 모양이 됨을 알 수 있다.

이 줄어든 기차 그림은 부분 부분 측정한 것을 복원한 모습이지만, 멀리서 이 기차를 한꺼번에 보면 (특히 기차는 입체적이고) 빛의 속력이 유한하기 때문에 이 그림과 다르게 보인다. 이는 18장에서 논의한다.

움직이는 방향의 길이만 줄어든다

물체는 움직이는 방향으로만 길이가 줄어든다. 앞의 예에서는 기차의 길이만 줄어들고, 폭이나 높이는 변하지 않는다.

기차가 움직이는 방향이 아닌 다른 방향으로 길이가 변한다고 하자. 예를 들어, 다음 왼쪽 그림처럼 점점 멀어져가는 기차의 폭이 좁아진다고 가정할 수 있다. 기차가 너무 빨라지면 폭이 너무 좁아져 철로에 걸치지 않고 철로 사이로 갈 것이다. 기차 밖에서 관찰한 앞의 경우와 달리 이번에는 같은 상황을 기차를 타고 관찰하자. 그러면 기차는 멈추어 있는 것으로 보이고, 반대로 철로가

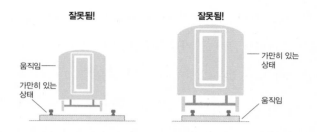

그림 33 보는 사람에 따라 철로의 폭이 다르면 모순이 생긴다. 경험의 동일성.
Wheeler & Taylor의 그림을 따랐다.

점점 다가오고 있는 것으로 보인다. 다가온다는 것이 이
전과 다르다고 생각되면 기차 반대편으로 가보면 철로가
점점 멀어지는 것을 볼 수 있을 것이다. 따라서 이번에는
똑같은 이유로 철로의 폭이 좁아져야 한다. 그렇게 된다
면 모순이 생긴다. 모순이 생기지 않기 위해서는 움직이
는 방향과 상관 없는 폭이 변하지 말아야 한다. 같은 이
유로 높이도 변하지 않는다.

11
질량을 다시 생각해보다

시간과 길이 이외에 이 세상 모든 물체는 질량을 가지고 있다. 질량은 무거움이다. 같은 힘을 주더라도 질량이 큰 물체가 움직이기 힘들다. 움직이기 힘들다는 것은, 힘을 주었을 때 생기는 가속도가 더 작다는 뜻이다(4장).

가만히 있는 사람이 움직이는 대상을 볼 때 시간이 천천히 가며 그 결과 움직임이 둔해 보인다고 했다. 이를, 움직이는 물체의 질량이 더 커졌기 때문이라고 해석할 수도 있을까? 이를 확인하기 위해서 질량을 직접 재는 실험을 해본다.

질량을 측정하는 방법

그림 34에서 가만히 있는 두 기차가 서로를 향하여 공을 쏘아 두 공이 부딪치도록 한다(이 장에서는 중력의 영향을 무

그림 34 우주 기차들이 우주에 떠있다. 위 기차의 바닥과 아래 기차의 천장에서 공이 튀어나와 부딪힌다. 어떻게 기차 바닥과 천장에서 공이 튀어나오는가 하는 문제는 무시하자. 중력의 영향도 무시한다.

시한다). 두 공의 질량이 같고, 반대 방향이지만 같은 속력으로 날아간다고 하자. 두 공이 끈끈하고 말랑말랑한 떡이었다면 충돌하면서 붙으며, 그 자리에서 멈춘다. 둘이 당구공이었다면, 충돌 후 각 공은 반대로 날아가며 멀어지지만 둘의 속력은 같다. 이를 거꾸로 이용하면 질량을 모르더라도, 충돌하기 전이나 충돌한 후 두 공의 속력을 재어보고 두 공의 질량이 같다는 것을 알 수 있다. 두 공의 재질이 달라도 상관 없다.

만약 두 공의 질량이 다르면, 충돌하고 나서 무거운 공의 속도는 적게 변하고 가벼운 공의 속도는 많이 변한다. 그림 35에서는 가벼운 공을 아래에서 위로 던지고, 두 배 무거운 공을 위에서 아래로 던지는데, 속력은 가벼운 공이 두 배 빠르다. 이 상황에서도 두 공이 붙으면 멈춘다(

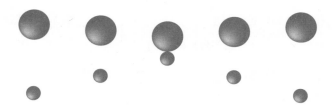

그림 35 무거운 공(위에서 내려오는)과 가벼운 공(아래에서 올라가는)의 충돌.
왼쪽에서 오른쪽으로 시간의 변화에 따라 다섯 개의 그림을 그렸다. 무거운 공이
충돌 전후 속도 변화가 작다. 각각의 속력을 질량에 반비례하게 맞추면 충돌 후
두 공 모두 되튕겨나와 원래 자리로 되돌아간다.

속력이 이와 달랐다면 두 공이 붙은 덩어리가 한쪽으로 날아
간다). 탄성이 있다면 충돌하고 나서 각각의 공이 되튀어
나온다. 이때 가벼운 공은 무거운 공보다 두배 빠르게 날
아간다. 역시 이를 거꾸로 이용하면 두 물체의 질량 비
를 알아낼 수 있다. 다만 꼭 필요한 것은, 속도를 조절해
가며 충돌 후 두 공이 모두 한쪽으로 밀려가지 않도록 하
는 것이다.

　질량을 이보다 더 직접적인 방법으로 잴 수는 없다.
힘이나 순간 가속도를 직접 측정하는 것은 개념적으
로나 기술적으로 불가능하다. 물론 물체를 충돌시키
면 바로 힘을 주고받기 때문에 속도가 바뀐다. 그러나
이 실험에서는 힘의 크기를 모르더라도, 각각의 물체

가 같은 크기의 힘을 주고받는다는 사실만 알면 된다. 힘을 받고 시간이 지나면 일정 속도를 유지하기 때문에, 속도는 문제 없이 측정할 수 있다. 이를 통해 다음을 얻는다.

생브낭(1851), 앙드라드(1898): 상대적인 질량은 속력의 역수에 비례한다.

절대적인 질량을 잴 수 있는 방법은 없으며, 우리가 일상생활에서 쓰는 질량은, 기준이 되는 추를 기준으로 비교한 상대적인 질량이다.

늘어나는 질량

이제 그림 34의 위쪽 기차가 움직이며 이전과 같이 공을 쏜다. 그림 36을 보면 위쪽의 기차가 움직인다는 것을 알 수 있는데, 움직이는 방향으로 길이가 줄어들었기 때문이다. 중요한 것은, 위쪽 기차에 탄 승무원은 자신이 가만히 있으며, 자신이 쏜 공의 움직임이 기차가 움직이기 전(그림 34)과 같다고 관찰한다.

가만히 있는 아래쪽 기차에서 볼 때는, 이 공이 기차의 움직임의 실려 그림 36처럼 보인다. 이 때문에 공은 가로 방향으로도 움직이지만, 충돌 과정에는 아무런 영향을 미치지 않는다. 즉, 가로 방향으로는 충돌 전과 충돌 후의 속력이 같다. 따라서 세로 방향의 움직임을 집중적으로 살펴볼 필요가 있다. 이를 보는 좋은 방법은 그림 37처럼 기차를 앞에서 보는 것이다.

세로 방향으로 보면 위쪽 기차에서 쏜 공이 더 천천히 움직이며, 부딪친 후에도 천천히 튕겨 나간다. 이 점이 상대성이론때문에 달라지는 점이다. 즉, 가만히 있는 아래 기차 입장(이 그림의 기준)에서, 움직이는 위쪽 기차에서 일어나는 변화(공의 움직임)는 가만히 있을 때보다 굼뜨게 일어나기 때문이다(9장). 따라서 아래쪽 기차에서 쏜 공은 원래 속

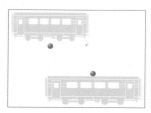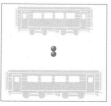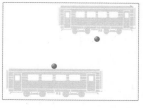

그림 36   우주 기차들이 우주 공간에 날아다닌다. 위의 기차는 움직이면서 공을 쏘는데 빛과 마찬가지로 대각선 방향으로 가기 때문에 때문에 수직으로 공이 날아가는 것보다는 덜 아래로 내려간다. 일정한 속도로 이동하기 대문에 길이가 줄어들었다.

력으로 움직이지만, 위쪽 기차에서 쏜 공은 더 천천히 아래로 움직인다.

이후 두 공은 부딪치게 되며, 각각 반대로 되튀어나간다.[*] 충돌 후 두 공의 무더기가 한쪽으로 밀리지 않는데, 이는 대칭을 이용하여 알 수 있다. 그림 36이나 그림 37을 거꾸로 뒤집으면, 위쪽 기차가 아래쪽 기차가 되는데, 이를 기준으로 하면 원래 그림과 완전히 똑같은 상황이 되기 때문이다. 따라서 결과적으로 그림 35와 똑같은 일이 일어났다. 위에서 쏜 공이 굼뜨게 움직이면서도 아래서 온 빠른 공을 튕겨냈다면 이 공은 무거워진 것이고, 그 이유는 시간 간격이 늘어났기 때문이다. 결론은,

질량이 늘어난 정도는 시간 간격이 늘어난 정도와 정확히 같다.

이 모두가 시간이 느려졌기 때문이라면, 수직으로 움직이

---

[*] 그 이유는 두 공의 운동량의 크기가 같고 방향이 반대이기 때문이다. 운동량의 합은 0이다. 이어지는 증명은 운동량 개념을 사용하지 않고, 그림을 뒤집어도 똑같아지는 대칭성을 이용한다. 주의할 것은, 이 대칭에도 불구하고 그림 36의 충돌 지점이 가운데가 아니라 약간 위쪽이다. 움직이는 (위쪽) 기차에서 쏜 공이 수직 방향으로 더 천천히 움직이기 때문이다. 그래도 동시성이 깨졌기 때문에 모순이 생기지 않는다.

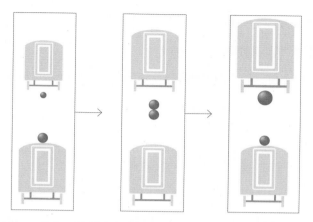

그림 37 앞의 그림을 기차의 진행방향에서 본 장면. 위쪽의 기차는 우리가 있는 곳으로 점점 다가오고 있다. 아래 기차에서 쏜 공이 더 많이 이동한 뒤에 튀고, 위 기차에서 쏜 공은 더 적게 이동한 뒤에 되튄다. 앞의 질량이 다른 두 물체의 충돌과 비교하자.

는 공 뿐만 아니라, 움직이는 기차의 운동에 실린 모든 것의 질량이 같은 만큼 늘어난다. 기차 자체의 질량도 똑같은 만큼 늘어난다.

운동하는 물체의 길이가 변하고 시간 흐름이 변하는 것은 그렇게 보이는 것이라고 할 수도 있고, 정말 그런 변화가 일어난다고 해도 된다. 두 진술 사이에 모순이 없다. 그러나 가만히 있는 관찰자가 움직이는 관찰자가 보낸 공을 충돌시켜 보면 실제적인 변화를 관찰할 수 있다. 따라서, 질량이 정말 늘어난다. 따라서 시간 흐름도 정말 느려지고, 길이도 정말 줄어든 것이다.

아울러, 이 질량의 변화를 통해 아인슈타인의 유명한 에너지 공식 $E = mc^2$을 이끌어낼 수 있다(34장에서 보인다).

물체를 밀어서는 빛의 속력에 이를 수 없다

움직이는 물체는 질량이 커져 무거워진다. 무거워지는 비율은 시간 간격이 늘어나는 비율과 똑같다는 것을 보았다. 따라서, 무거울수록 가속을 하기가 점점 힘들어진다. 앞에서 이야기한 그래프를 보면, 물체의 속력이 빛의 속력의 100%에 가까워지면 질량은 무한히 커져, 이 빛의 속력의 벽을 넘어설 수가 없다. 따라서 우리가 보고 만질 수 있는 보통 물질은 빛의 속력을 넘어갈 수 없다.

12
시간과 공간의 대칭.
사차원 시공간

4차원을 일본어로 읽으면 요지겡.

— 글쓴이

세상은 요지경

— 노래 제목

지금까지 살펴보았던 모든 새로운 현상 즉 길이, 시간, 질량의 변화는 사실 제각각인 것처럼 보인다. 이 모든 변화가 왜 그런 식으로 일어나는지를 한눈에 조망할 수는 없을까? 이 현상들이 생기는 이유는 모두 일정한 빛의 속력 때문이라는 것을 알고 있으며, 이 변화의 정도에는 언제나 같은 관계가 있었으므로 이를 관통하는 더 간단한 설명이 있을 법 하다.

이런 문제를 풀 때는 대칭을 생각하는 것이 가장 좋은 방법이다. 대칭이 있다면 변하지 않는 양이 있는데, 이것이 변화와 어떤 관계가 있는지를 보면 쉽게 변화를 이해할 수 있다. 상대성이론에서는 시간과 공간을 같은 맥락에서 생각한다면 새로운 종류의 대칭이 보인다.

3차원 공간

우리가 경험하는 공간은 3차원이다. 차원은 쉽게 말해서 방향의 갯수인데, 선은 1차원, 면은 2차원, 흔히 말하는 입체는 3차원이다. 공간의 차원은 여러가지로 정의할 수 있는데, 그 가운데 수학자들이 쓰는 정의가 좋다.

수학자: 공간의 차원은 공간 안에서 위치를 나타낼 수 있는 숫자(좌표)가 몇 개 필요한가로 정한다.[20]

이 정의가 유용한 이유는 공간이 평평하지 않아도 차원을 쉽게 이야기할 수 있기 때문이다. 가는 전선 위를 기어다니는 개미를 멀리서 본다고 생각해보자.

개미의 위치는 기준점(예를 들면 그림의 점)에서 얼마나 떨어졌나를 숫자 하나로 완전히 나타낼 수 있다. 전선이 휘어 있어도 문제 없다. 따라서 전선 위는 1차원 공간이다.

지구에서 위치를 나타낼 때는 위도와 경도, 두 개의 숫자를 쓴다. 예를 들면 덕수궁의 위도는 37.565762도 경도는 126.975157도이다. 따라서 지구 표면은 2차원이다. 그러나 지구상의 위치를 더 정확히 말하려면 위도와 경도 외에 고도(높낮이altitude)도 사용해야 한다. 하늘을 나는 비행기와 땅을 달리는 기차는[21] 똑같은 위도 경도 상에 있더라도 다른 높이에 위치할 수 있다. 그러므로 이를 고려하면 3차원을 생각해야 한다. 또 지구 표면 뿐만 아니라 지구 자체를 생각하면 땅 속으로 들어갈 수도 있으므로 깊이도 좌표가 된다. 따라서 지구 표면은 2차원이지만, 지구 자체는 3차원이다.[22]

보통 지도에서 위치를 나타내는 방식은 그림 38과 같다. 지도에서 나타내는 정도의 크기에서 높이는 그리 중요하지 않기 때문에 생략하고 두 개의 숫자만을 가지고 위치를 나타낼 수 있다. 이 방법을 사용하자면, 경복궁 남서쪽 끝을 원점으로 잡고, 동쪽 북쪽을 축으로 잡을 수 있

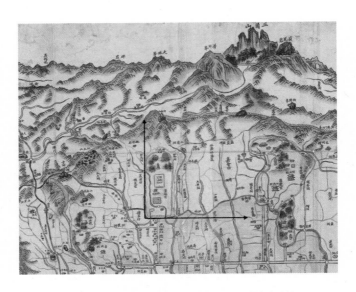

그림 38 도성도(1750년경) 중 서울 중심부를 나타낸 부분.

그림 39 평평한 공간에서 막대의 길이는 기준을 돌려보아도, 막대를 공간에서 돌려보아도 같다.

다. 여기에서 북동쪽 끝에 찍은 점의 위치는 미터를 사용하면 500, 2000이라고 할 수 있다. 또 그림의 두 점을 이어서 막대를 만들 수도 있다.

막대의 길이는 피타고라스 정리로 구한다. 막대를 빗변으로 하는 직각삼각형을 만들면, 가로변 길이와 세로변 길이가 빗변 길이와 관계를 가진다.

$$(가로변 \ 길이)^2 + (세로변 \ 길이)^2 = (막대 \ 길이)^2$$

이 막대 길이는 기준점을 바꾸어 잡거나 돌려보아도 변하지 않는다. 또 기준을 가만히 놔둔 상태에서 막대를 돌려보아도 길이가 변하지 않는다. 막대 길이는 변하지 않는 양이다. 반면에 막대의 가로변 길이는, 막대를 돌리거나 기준을 돌리면 변하는 숫자이다. 따라서 이 길이 하나는 큰 의미를 갖지 않는다. 동쪽 1차원, 북쪽 1차원을 따로 생각하는 것보다 2차원을 생각하면 막대의 더 큰 대칭성을 볼 수 있다.

1차원 시간

시각을 나타내는 데는 한 개의 숫자만 있으면 되므로, 시간도 1차원이라고 할 수 있다. 특정한 시각을 기준으로 과거와 미래만이 있으며, 공간이 얼마나 '멀리' 떨어져 있는가에 해당하는 것이 시간 간격이라 할 수 있다.

4차원 시공간: 시간과 공간을 아우르는 대칭

시간과 공간을 축으로 해서 그래프를 그리면 움직이는 물체도 간단히 나타낼 수 있다. 그림 40에서 가로는 공간의 한 차원을, 세로는 시간 차원을 나타낸 것이다. 원점에서 출발한 기차가 일정한 속력으로 오른쪽으로 가는 상황은 그림 40과 같이 표시할 수 있다. 기차 그림을 많이 그릴 수 없어서 세 개만 그리고 그 위치를 점들로 표시했다. 이 점들을 다 그릴 수 있다면 직선이 된다. 사실 이 책에 나오는 모든 연속된 그림은 이런 식으로 표시한 것이다.

이 방식으로 빛이 퍼져나가는 것을 그리면 그림 41과 같다. 시간과 공간의 단위를 다르게 하면 기울기가 달라지는데, 여기에서는 빛이 퍼져나가는 선이, 각각의 축과 이루는 각도가 같도록 그렸다 (45도).

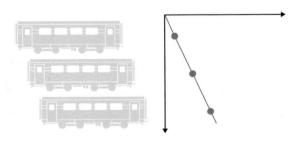

그림 40 움직이는 기차의 각 시각에 대한 위치들을 모으면 시공간에서 직선이 된다.

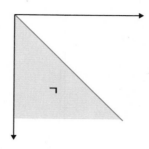

그림 41 빛이 뻗어나가는 시공간 방향. (빛보다 느린) 보통의 물체는 ㄱ영역으로만 뻗어나갈 수 있다.

재미있는 것은 가만히 있는 물체이다. 그림 42에서는 잘 표현되지 못했지만, 가만히 있는 물체의 위치와 시간에 대한 그래프를 그리면 자취가 시간 축을 따라가게 된다. 바꾸어 말하면 물체가 움직이며 시공간에서 만드는 자취를, 물체의 시간 축으로 정의할 수도 있다. 다르게 생각해보면, 가만히 있는 물체는 공간 안에서는 가만히 있지만, 시공간에서는 어쩔 수 없이 시간 축을 따라 움직인다. 이 점은 상대성이론에서 일어나는 일을 이해하는데 중요한 열쇠가 될 것이다.

다시 앞의 움직이는 기차 그림(그림 40)으로 돌아가자. 가만히 있는 역무원이 움직이는 기차의 시간을 보면, 그림의 비스듬한 선이 될 것이다. 따라서 이 선이 가만히 있

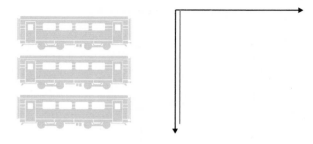

그림 42 가만히 있는 기차의 자취는 시공간에서 시간축을 따라 '움직이는' 것으로 볼 수 있다.

는 역무원이 본 기차의 시간축이 된다.

그렇다면 공간 축은 어떻게 될까. 관찰자에 상관 없이 빛의 속력이 일정하다는 결과가 있다(6장). 빛의 속력은 공간축을 퍼져나간 정도와 시간축을 퍼져나간 정도의 비율이다. 새로운 축에서도 빛의 속력이 같으려면

(빛 직선과 시간 축 사이의 각)

= (빛 직선과 공간 축 사이의 각)

이어야 하므로 그림 43과 같은 공간축을 그릴 수 있다. 공간축은 같은 시각의 여러 위치를 나타낸다. 즉, 기차에 탄 승무원이 관찰할 때 동시에 일어난 사건들은 모두 이 축 위에 나타난다.

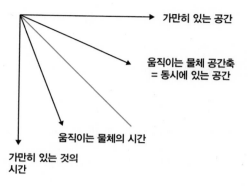

가만히 있는 공간

움직이는 물체 공간축
= 동시에 있는 공간

움직이는 물체의 시간

가만히 있는 것의
시간

그림 43 움직이는 물체의 시공간의 자취를 통해 움직이는 물체의 시간축을
얻을 수 있으며, 빛의 속력이 일정하다는 것을 통해 움직이는 물체의 공간축도
얻을 수 있다.

3차원을 사용했을 때는 동일한 사건이 보는 사람마다 다른 시각에 일어났다. 그러나 4차원 시공간 안에서는 단 한 점일 뿐이다. 관찰자마다 시간 축이 다르므로 다른 시각에 일어난 것으로 보이는 것이다. 또, 두 개의 사건, 예를 들어 움직이는 기차 바닥에서 쏜 빛이 잠시 후에 천장에 도달하는 것을 생각할 수 있다. 이것은 시공간에서는 두 점이다. 가만히 있는 관찰자의 공간축과 움직이는 물체의 공간축이 일치하지 않으므로, 둘에게는 동시의 개념이 다르다. 따라서 동시성이 깨진 것을 다시 확인할 수 있다. 이렇게 시공간에, 서로 다른 관찰자들의 운동을 나

타내기도 하고 이들의 상대적인 시간과 공간위치를 비교할 수 있도록 한 것을 시공간 도표(또는 민코프스키 도표 Minkowski diagram)라고 한다.

잠깐, 시간과 공간은 다른 양이므로 서로 바꿀 수 없는 것 아닌가. 시간은 초로 재고 공간은 미터로 잰다. 이 두 단위를 어떻게 바꾸나? 여기서 빛의 속력은 또다시 특별한 뜻을 갖는다.

> **러셀(1925):** 물리학자의 입장에서 빛의 속력은, 마치 야드를 마일로 바꿀 때 0.9144를 곱하듯, 시간을 거리로 바꾸는 환산 인자가 되었다.

이렇게 환산할때, 그림 43에서 빛 직선이 두 축과 같은 각을 이룬다. 이 장의 뒷부분에서는 이 대칭성을 누리며 시간간격과 길이를 같은 것으로 보고 따로 환산하지 않겠다.

언제나 빛을 이용하여 재기로 약속한다면 시간을 미터, 거리를 초로 나타낼 수도 있다.

$$1미터 = 1/299792458 \text{ 초}$$
$$1초 = 299792458 \text{ 미터}$$

사실은 빛의 속력이 관찰자에 상관없이 일정하다는 성

질 때문에 1983년부터 미터를 이와 같이 정의한다(초를 정의해야 비로소 미터를 정의할 수 있다). 별들 사이의 거리를 이야기할 때에는 우리가 평소에 쓰는 미터 단위를 쓰면 너무 큰 숫자를 다루어야 하기 때문에 "지구에서 태양 다음으로 가까운 별인 프록시마 센타우리까지 거리는 4년 3개월이다"처럼 말한다. 또 크기가 작은 세계에서는 반대로 대상들인 기본입자들이 빛의 속력에 육박하도록 빠르게 움직인다.

이렇게 시간과 공간을 한꺼번에 생각하면 더 큰 대칭이 보인다. 움직이는 기차의 시간 흐름은 보는 사람마다 다르지만, 기차에 탄 승무원이 관찰한 고유 시간은 유일하다. 누구나 움직이는 기차의 속도를 알면, 기차 안에서 일어나는 일의 시간간격을 관찰하여 고유 시간(그리고 그동안 빛이 간 고유 거리 역시)을 알아낼 수 있다. 따라서 이를 불변하는 '시공간의 길이'로 정의할 수 있다. 가령, 그림 26의 오른쪽 기차에서, 바닥에서 쏜 빛이 비스듬하게 날아가 천장에 도달하는데 걸리는 시간과 기차의 속력을 이용하여, 누가 보아도 똑같은 기차의 높이를 잴 수 있다.

$$(기차의 높이)^2 = (비스듬하게 날아간 빛을 보고 잰 시간)^2$$
$$- (기차가 가로로 간 거리)^2$$

이를 일반화하여, 시공간의 두 점 사이의 길이도 '시공간 피타고라스 정리'로 구할 수 있다.

$$(시간 간격)^2 - (공간 길이)^2 = (시공간 길이)^2$$

주의할 것은 변하지 않는 길이가 나머지 길이 제곱의 합이 아니라 차로 주어진다는 것이다. 시공간 피타고라스 정리는 시간 간격과 공간 길이의 부호가 반대이다. 공간의 길이 제곱은 언제나 양수이다. 그러나 이 식을 들여다 보면 시공간의 길이 제곱은 양수도, 음수도 될 수 있으며 0이 될 수도 있다. 빛은 시공간의 길이가 언제나 0이다.

이 대칭성을 생각하면, 시간과 공간을 떼어 생각하기가 오히려 힘들다. 막대기를 공간에서 돌려 보아도 그 길이가 바뀌지 않았으며, 막대기는 놔두고 내가 막대기 주위를 돌면서 막대기를 보아도 길이가 바뀌지 않았다. 마찬가지로, 기차가 가만히 있으나 움직이나 변하지 않는 길이가 바로 고유 길이이다. 물론 기차를 관찰하는 관찰자가 움직이면서 보아도 고유 길이는 변하지 않는다. 따라서 시간과 공간을 하나로 묶어 생각하는 것이 더 자연스러우며, 이를 시공간space-time이라 부른다. 공간의 '회전변환'처럼 이 시공간을 '돌려가며' 관점을 바꾸는 변환을 로렌츠 변환Lorentz transformation이라고 하는데, 공간만 생각하고 물체를 회전시킨 것과 비슷한 개념이다. 수학식으로 나타내면 사실상 둘은 같다.[*] 따라서 이를 시공간에서 회전이라고 표현할 수도 있다.

시공간 도표를 잘만 그리면 움직이는 대상이 시간과 공간을 어떻게 보는가를 한번에 알 수 있고, 길이가 수축하거나 동시에 일어난 일을 쉽게 따질 수 있다. 특수 상대성이론에서 나오는 모든 정량적인 계산을 다 할 수 있다. 이를 자세히 설명한 책(바이스, 2007)이 있으므로 여기에서는 이 정도 설명으로 그친다.

---

[*] 공간의 회전에서는 물체의 모양이 바뀌지 않고 방향만 바뀐다. 이 말은, 공간을 회전시켜도 길이가 변하지 않는다는 말로 요약할 수 있다. 로렌츠 변환에서는 길이가 변하고, 시간 간격도 변한다. 이것이 우리가 배운 상대성이론의 결과들이다. 그런데 시간과 공간을 함께 회전 시켜도 변하지 않는 양이 있는데, 시간 간격을 제곱한 것에서 길이의 제곱을 뺀 양이다.

공간에서의 속도, 시공간에서의 속도

우리가 일상적으로 사용하는 속도—공간을 움직이는 속도—말고, 시공간을 움직이는 속도를 정의할 수 있다. 이 둘을 구별하기 위하여 편의상 뒤의 속도를 4속도라고 부르자.

속력은 이동한 거리를 시간으로 나누어 구하고, 방향까지 생각한 속도는 세 방향의 이동한 거리를 시간으로 나누면 된다. 시공간에서는 시간이 보는 사람마다 다르기 때문에 이것으로 나눈다면 4속도의 크기는 보는 사람마다 다를 것이다. (속도는 다른 방향에서 보면 다른 값들로 이루어지지만 속도의 크기인 속력이 변하지 않는 것처럼) 시공간을 회전하면 불변하는 양이 될 수 없기 때문이다. 그러나 다행히, 어떤 관점에서 보아도 변하지 않는 시간이 하나 있다는 것을 앞에서 보았다. 그것은 바로 움직이는 당사자가 잰 자신의 시간이다. 움직이는 당사자는 자신은 멈추어 있고 온 세상이 반대로 간다고 생각한다. 이 시간을 고유 시간이라고 한다. 시공간에서 움직이는 거리 셋과 시간을 고유 시간으로 나눈 속도가 바로 4속도이다.

시공간의 대칭 때문에 움직이는 관찰자가 보는 시간

과 공간 길이가 달라지지만, 그럼에도 불구하고 고유 길이는 유지된다. 따라서 물체의 4속도의 크기는 언제나 고유 길이를 고유 시간으로 나눈 값, 즉 빛의 속력이다! 공간에 가만히 있는 사람은 공간적으로는 움직이지 않지만 이 시공간 그래프에서는 세로축, 즉 시간 방향으로 빛의 속력으로 움직인다.

반면 빛은 공간을 빛의 속력으로 이동하지만, 시공간에서는 4속도의 크기가 0이다. 그렇다고 빛이 멈추어 있는 것은 아니다. 시간 방향으로 퍼지는 속도와 공간 방향으로 퍼지는 속도는 언제나 같다. 공간에서의 피타고라스 정리가 시공간에서 다르기 때문이다.

시공간에서의 운동을 살펴보면, 일반적인 물질과 빛의 유일한 차이는 질량의 존재 여부 뿐이다. 따라서 질량이 없는 모든 물질은 시공간에서 빛처럼 움직인다. 다시 말해, 공간에서 빛의 속력으로 움직인다. 이를테면 자연의 기본힘인 중력을 전달하는 중력자는 아직 발견되지는 않았지만 질량이 없어야 한다는 것이 밝혀져 있다. 그리고 질량이 없으므로 빛의 속력으로 날아가며 더 빠르거나 느리게 갈 수 없다.

생각하기에 따라, 처음부터 4차원 시공간이 더 자연스

러운 공간이라고 생각할 수도 있다. 질량이 없는 물체는 운동에 대한 어떤 성질도 갖지 않으므로 시공간에서 속도가 0인 것이 자연스러운 것이라고 볼 수 있다. 이는 물체가 3차원 공간에서 빛의 속력으로 이동하는 것에 해당한다. 이때 빛의 속력은 공간과 시간의 환산 단위일 뿐이다.

제 **2** 부

직관을 넘어서는
특수 상대성이론

SPECIAL RELATIVITY

13
누구의 시간이 느리게 가나: 쌍둥이 역설

크기가 크거나 작다는 것은 상대적인 개념이라고 볼 수 있다. 두 사람의 키를 비교하려면 둘을 데려와 직접 대어보아야만 한다. 이때, 하나가 크면 다른 것은 당연히 작다. 둘의 크기가 같을지언정 둘 다 작다고 말할 수는 없을 듯 하다. 그러나 키가 같은 쌍둥이가 멀리 떨어져 서로를 보면, 서로가 작아 보인다.

시간이 느리게 가고(9장) 길이가 줄어드는 것도(10장) 이렇게 상대적일까? 이 장과 다음 장에서는 이러한 상대성의 문제를 생각해 볼 것이다.

쌍둥이 역설

승강장에 가만히 있는 역무원이 달리는 기차를 보면 기차의 시간이 느리게 간다(9장). 즉, 승무원의 움직임과 기차 안에서 일어나는 일들이, 느리게 재생한 영상처럼 굼뜨게 일어나는 것을 관찰한다.

승무원이 천천히 움직이므로, 반대로 그가 기차 밖을 본다면 역무원이 빨리 움직일까? 다른 말로, 승무원이 관찰한 역무원의 시간은 빠르게 흐를까?

승무원이 관찰할 때 역무원의 시간이 빠르게 흐른다면 모순이 생긴다. 시간이 천천히 흐르게 되는 유일한 이유는 기차가 나처럼 가만히 있지 않고 움직인다는 것이다. 움직이는 방향과도 상관 없다. 앞에서 보았듯, 무엇이 가만히 있거나 움직인다는 것은 완전히 상대적이다. 그림

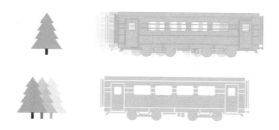

그림 44 가만히 있는 기차와 등속도로 움직이는 기차 모두 옳은 기준이다. 서로, 자신이 가만히 있고 상대방의 시간이 느리게 간다는 결론은 모두 옳다.

44에 간략하게 설명을 해 놓았다.

역무원 입장에서 자신이 가만히 있고 기차가 움직이는 것으로 관찰하지만 기차에 탄 승무원은 자신이 가만히 있고 세상이 '반대 방향'으로 등속도 운동한다고 관찰한다. 따라서 그는 기차 밖 역무원의 시간이 느리게 간다고 관찰한다.

이 둘의 입장을 바꾸는 것은 완전히 대칭적이다. 서로 자신이 멈추어 있고 상대방이 움직인다고 보므로, 상대방의 시간이 천천히 가는 것을 관찰하게 된다. 상대성이란 이 둘 가운데 누가 더 옳다고 할 수 없다는 것이다.

랑주뱅은 이 상황을 멋진 드라마로 만들었다.

랑주뱅(1911, 변형): 갑돌이와 을순이는 이란성 쌍둥이다. 어느날 갑돌이가 매우 빠른 우주왕복선을 타고 우주 여행을 한다. 지구에 가만히 있는 을순이가 볼 때, 갑돌이가 움직인다. 따라서 갑돌이의 시간이 더 천천히 가므로 갑돌이가 더 천천히

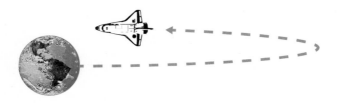

그림 45 쌍둥이 역설은 특수 상대성이론의 가정을 지킬 수 없어 생기는 문제처럼 보인다.

늘는 것처럼 보인다. 반대로, 갑돌이 입장에서는 자신이 가만히있고 을순이가 반대로 움직이는 것처럼 보인다. 그러므로, 을순이가 덜 늘는 것처럼 보인다. 즉, 이 두 입장은 바꾸어 생각해도 마찬가지로 보인다. 갑돌이가 볼 때는 을순이가 젊고, 을순이가 볼 때는 갑돌이가 젊어야 한다. 모순 아닐까. 만약 갑돌이가 우주 여행을 마치고 돌아오면 이 둘을 만나게 할 수 있으므로 누가 더 늘었을지 직접 확인할 수 있다. 무슨 일이 일어난 것인가.

이 모순처럼 보이는 상황 뒤에 숨어있는 것이 있다. 움직이는 물체의 시간이 느리게 흐른다는 것을 보이기 위해 사용한 것은, 관찰자와 움직이는 대상이 서로 등속도 운동을 한다는 것이었다. 갑돌이와 을순이 모두가 속력을 일정하게 하고 방향을 바꾸지 않는 상태에서 이들이 다시 만나는 것은 불가능하다. 갑돌이가 여행을 떠난 뒤 방향을 바꾸어야만 을순이가 있는 자리로 돌아올 수 있기 때문이다. 방향을 바꾸는 것은 가속이다. 이는 특수 상대성이론의 전제인 모든 관찰자와 대상이 일정한 속도(속력과 방향)를 유지하면서 운동한다는 것에 위배된다.

반면 을순이는 계속 '정지해 있으므로' 상대성이론의 가정을 지킬 수 있다. 갑돌이와 을순이가 입장을 바꿀 수 있는 대칭은 갑돌이가 깼다. 이 경우 을순이의 기준이 더 좋은 기준이라고 할 수 있다. 따라서, 을순이가 본 것처럼 갑돌이의 시간이 천천히 간 것이 맞으며 다시 만나면 갑돌이가 더 젊다.

특수 상대성이론만을 이용한 해결

이 문제는 본질적으로 가속을 생각할 필요가 없는 특수 상대성이론의 문제이다. 우주 여행을 더 단순화하면 가속 과정을 아예 없앨 수 있다.

폰 라우에(1913, 변형): 애초부터 기차로 여행을 하는 친구를 생각할 수 있다. 이 친구의 이름을 떠남이라고 하자. 이 기차는 영원히 등속도 운동을 한다. 지구에 있는 을순이 옆을 지나가는 시점에 이 둘은 나이가 같다.

우주 저쪽까지(오른쪽) 똑바로 등속으로 가다가 방향을 바꾸어 다시 돌아오려면, 단 한번만 속도를 바꾸면 된다. 그래도 속도를 바꾸는 것을 허용할 수 없다면, 대신 다른 동갑내기를 생각한다. 돌아오는 방향(왼쪽)으로 일정한 속도로 날아가는 기차에 탄, 나이가 같은 또 다른 친구 '오미'와 '바톤 터치'를 하면 된다. 즉, 떠남이와 오미가 서로를 지나치는 순간 나이가 같다(그림 46, 중간 그림).

오미가 을순이에게 온 순간, 둘의 나이를 비교해볼 수 있다. 이것은 원래 문제에서 설정한 쌍둥이(갑돌이)가 나에게 다시 돌아온 것과 같으나, 가속도를 아예 생각하지 않아도 된다.[23]

지구에 남아 있는 을순이가 볼 때, 떠남이는 더 느린 시간을 경험해서 을순이보다 젊다. 또 을순이가 볼 때 오미도 을순이보다 더 느려진 시간을 경험해서 을순이보다 더 젊다. 움직이는 물체의 시간이 천천히 흐르는 것은 방향과 상관이 없기 때문이다. 따라서, 지구에 있던 을순이가 다른 모든 친구들보다 더 늙었다는 것을 보일 수 있다.

상당히 당혹스러운 결과이지만 이를 확인했던 실험이 여럿 있다. 일상생활에서는 대개의 물체가 빛의 속력보다 현저히 느려 시간의 느려짐을 관측할 수 없지만 아주 정밀하게 시간을 측정하면 시간 차이를 확인할 수 있다. 매우 정밀한 원자 시계를 비행기에 싣고 운항했을 때, 시계가 작게나마 천천히 가 있었고 그 결과는 상대성이론에서 예측하는 것과 일치했다(Hafele & Keating, 1971).[24]

떠남이

바톤 터치

떠남이

오미

오미

그림 46 가속을 생각하지 않고도 쌍둥이 역설을 생각할 수 있다.

서로가 젊다는 것을 관찰해도 모순이 없다

을순이: 떠남이가 나(을순이)를 보면, 자신보다 내가 더 젊다고 생각할 것이다. 떠남이 입장에서는 자신이 멈추어 있고 내가 멀어지는 것을 관찰할 것이기 때문이다. 그런데 나에게는 떠남이가 더 젊어보인다.

그렇다. 사람의 움직임을 관찰한다는 것을, 사람에게서 나온 영상을 관찰한다고 표현해보면 더 직관적으로 이해할 수 있다. 떠남이는 먼 거리에서 한참 후에 '나'에 대한 영상을 받아볼 수 있으므로 영상을 보는 순간에 떠남이는 나보다 늙었고, 젊은 나의 영상을 볼 수 있다. 마찬가지로 떠남이가 언제 영상을 보내든, 나는 한참 후에 그 영상을 볼 수 있고, 받아보는 시점에 언제나 떠남이가 젊어 보인다. 둘 다, 받아보는 시점에서는 영상은 지나간 과거를 담고 있다. 모순은 생기지 않는데 영원히 '나'를 직접 만나볼 수 없기 때문이다.

이 2부에서 생기는 모든 모순(처럼 보이지만 결국은 모순이 아닌 현상)은 동시성이 성립하지 않기 때문에 생기는 착각이다. 같은 사건도 보는 사람에 따라 다른 순간에 본다는 것을 이해하면 모순은 사라진다.

미래로 더 빨리 갈 수 있다

우주선의 속력으로 십년 거리에 있는 행성으로 여행을 하는 우주인을 생각하자. 지구에 가만히 있는 사람 입장에서는 우주인의 시계가 천천히 가는 것을 관찰할 수 있다. 따라서 우주인이 목적지 행성에 도착하는데 십년이 걸리지 않는다. 우주인 자신도 같은 시계의 눈금을 읽으므로, 자신이 재었을때도 십년이 안 걸린 짧은 시간에 도착해야 한다. 출발과 도착이라는 사건은 누가 보아도 일어난 사건이기 때문이다.

우주인 입장에서, 어떻게 예상보다 짧은 시간에 도착할 수 있었을까? 이에 대한 답은 길이가 줄어드는 것에서 찾을 수 있다(10장). 우주인 자신은 가만히 있는데, 목적지 행성이 다가오며 그 거리가(보이지 않는 길이라고도 할 수 있다) 줄어들어 보이기 때문이다. 다시 한번 길이가 줄어드는 정도는 시간간격이 늘어난 정도에 반비례한다는 것을 알 수 있다.

14
누구의 길이가 짧아지나

길이 변화의 상대성을 잘 보기 위한 생각 실험을 해보자. 기차가 한 대 있다. 이 기차가 정지해 있을 때 기차와 정확하게 길이가 같은 차고를 생각하자.

이 차고 옆에 가만히 서서 달리는 기차를 보면, 기차의 길이가 차고의 길이보다 짧아 보인다. 따라서 차고는 원래보다 더 넉넉할 것처럼 보인다. 차고의 앞 뒷문을 동시에 닫아도 기차는 쏙 들어갈 것이다.

반면에 달리는 기차에서 차고를 보면, 기차는 가만히 있고 차고가 기차 쪽으로 다가오는 것처럼 보인다. 그리고 이 차고의 길이가 원래보다 짧다. 따라서 차고의 양 문을 동시에 닫으면, 기차가 다 들어가지 못하고 앞 부분이

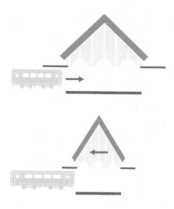

그림 47　움직이는 물체의 길이가 짧아지는데, 달리는 기차는 자신이 멈추어 있다고 관찰하므로 터널의 길이가 짧아져야 한다.

부딪힐 것처럼 보인다.

여기서 모순이 생긴다. 한 관찰자에게 일어난 사건들이 다른 관찰자에게는 일어나지 않는 것처럼 보인다.

두 장면 모두 모순처럼 보인다. 이를 해결하기 위해서 차가 차고 안에 있다는 말이 무슨 뜻인지를 더 확실하게 생각해보아야 한다. 기차가 터널 안에 들어간다는 것은 (1) 기차의 머리 부분이 터널 끝에 닿는 순간 (2) 기차의 꼬리 부분이 터널의 다른 끝에 닿는다는 것이다. 가만히 있을 때는 물론 사건 (1)과 사건 (2)가 같은 시각에 일어난다.

이 문제를 살펴볼 때 주의해야 할 것이 있다. 앞서 길이를 잴 때와 같은 문제가 또 생긴다.

기차의 머리 부분이 터널 끝에 도달한 순간, 기차의 꼬리 부분이 터널 다른 끝에 있는가를 한꺼번에 확인할 수 없다. 일단, 기차의 머리 부분이 지나가는 순간 기차 바로 앞에 서있다면 머리 부분을 즉시 볼 수 있다.

기차의 꼬리 부분을 보려면, 빛의 속력이 유한하기 때문에, 시간이 지나 내 눈에 들어온 뒤에야 비로소 볼 수 있다. 따라서 빛의 속력을 감안하여 시간 차를 판단하여야 한다. 마찬가지로, 기차의 꼬리 앞에 서 있어 꼬리를 순간적으로 보더라도 머리 부분을 동시에 볼 수는 없다. 기차 중앙에 있어서 양쪽을 본다 하더라도 머리와 꼬리에서 출발한 빛이 조금 지연된 뒤에야 볼 수 있다. 우리는 모든 부분을 한꺼번에 볼 수 없다.

그런데 앞서 시간의 흐름은 보는 사람에 따라 다르다고 했다. 우리는 아직 동시에 일어나는 일이 관찰자와 관계가 있는지 없는지를 확인해보지 않았다. 따라서 기차의 앞이 벽에 부딪히는 순간 기차의 꽁무니가 문 밖에 있는 것처럼 보이지만, 이는 기차 앞에 있는 사람이 관찰한 것이고 절대적인 의미는 없다. 기차 뒤에서 나오는 빛이 내 눈에 도착하는 순간에 기차 뒤는 문에 있다. 이는 빛을 이용하지 않아도 동시성이 파괴된다는 말이다.

기차의 관점에서 보면 차고의 앞뒤 문이 동시에 닫힐 필요가 없다. 따라서 그림 49와 같은 상황이 발생하고 기차는 충돌하지 않는다.

보는 사람에 따라 두 사건이 동시에 일어나느냐 시간 차이를 두고 일어나느냐가 다르다면, 보는 사람에 따라 두 사건이 일어나는 순서가 뒤바뀔 수도 있을까? 이 문제는 19장에서 다룬다.

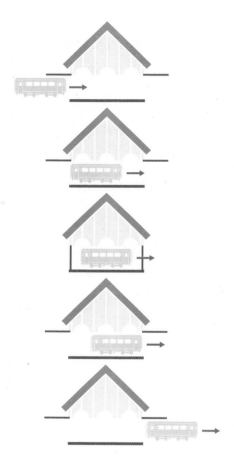

그림 48 가만히 있는 역무원이 볼 때는, 움직이는 기차가 짧아지므로 넉넉히 차고에 들어갈 수 있다.

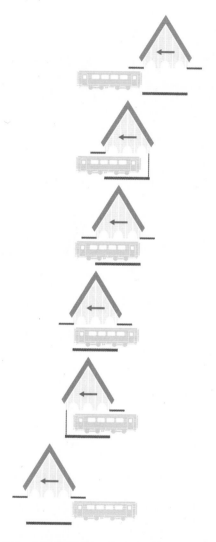

그림 49   움직이는 기차에서 볼 때는 멈추어 있는 차고와 동시성이 다르다. 따라서 문이 동시에 열리지 않고 기차는 충돌하지 않는다.

15
길이가 짧아지는 것인가,
아니면 짧아 보이는 것인가

움직이는 것의 길이가 줄어든다고 했다. 이것이 실제로 길이가 줄어드는 것이 아니라, 단지 빛을 통해서 본다는 것 때문에 오는 착시라고 생각할 수도 있지 않나. 길이가 정말로 변할 수 있을지를 다시 한번 생각해본다.

우주선의 역설

길이가 정말 줄어든다는 것을 극적으로 볼 수 있는 생각 실험이 있다.[25] 각각 동력이 있어 스스로 움직일 수 있는 두 대의 기차를 준비하고, 이 둘을 약한 줄로 맨다.

두 기차는 처음에 가만히 있었지만 동시에 움직이기 시작하여 점점 빨라지다가 같은 속도로 달린다. 조금이라도

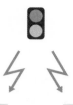

그림 50 가만히 있는 두 기차가 약한 줄로 이어져 있다. 두 기차가 동시에 출발하여 점점 빨라진다면, 사이에 맨 기차의 줄이 끊어질까?

시간 차가 있어 동시에 출발하지 못하면 한쪽이 당겨 줄을 끊을 우려가 있으므로, 두 기차에서 같은 거리에 있는 곳에서 신호를 보내고 자동화된 장치가 동시에 각각 기차를 운전하여 두 기차가 정확히 같은 속도로 가도록 한다. 기차가 움직이면 줄이 끊어질까?

J. S. 벨(1976): 충분히 빠른 속도가 되면 줄이 끊어져야만 한다.

CERN의 과학자: 당신이 틀렸다. 상대성이론에 의하면 기차에 탄 사람이나 기차 밖에 있는 사람이 모두 대등한 입장에 있다. 따라서 기차에 타고 있는 사람이 관찰해도 같은 결과를 얻어야 한다. 기차에 있는 사람이 볼 때는 자신은 물론 기차가 가만히 있는 것을 관찰한다. 따라서 줄이 끊어지지 않는다.

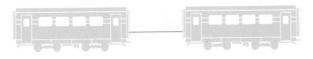

그림 51 움직이는 물체는 길이가 줄어든다. 가만히 있을 때 본 것보다 줄어들었다. 그런데 기차 머리를 기준으로 줄어들었을까 꼬리 기준으로 줄어들었을까?

그렇지 않다. 가만히 있는 사람이 볼 때, 움직이는 열차의 길이가 줄어드는 것을 보는 것은 맞다. 각 열차가 짧아질 뿐 아니라 앞 열차에 같이 끌려가는 줄이 짧아지는 것도 맞다(그림 51).

이 문제에서 제기한 상황은 처음에 기차들이 가만히 있다가 나중에 이동한 (즉 가속이 있는) 상황이다. 이전에 우리가 보았던 길이 수축은 (가속의 과정이 없는) 영원히 등속도 운동을 하는 대상들끼리 비교한 것이다.[26] 확실한 것은 기차가 정지하지 않고 움직이면, 속력이나 방향과 상관 없이 길이가 줄어든다는 것이다. 속력이 빨라지면 더 줄어들 뿐이다.

여기에서 중요한 것은 기차 밖에서 볼 때 두 기차는 모든 순간 같이 움직인다는 것이다. 속도가 점점 빨라지고 있지만 두 기차의 속도는 모든 순간 같다. 따라서 두 기차는 언제나 같은 간격을 유지한다. 따라서 짧아지려고 하는 줄은

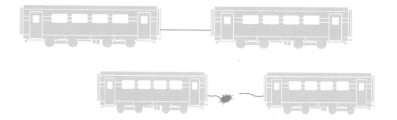

그림 52 (위 그림) 가만히 있을 때의 기차. (아래 그림) 기차도 줄어들 뿐 아니라 줄도 줄어들어야 하는데, 열차들이 같은 간격을 유지하므로 줄이 더 팽팽해져 결국에는 끊어진다.

두 기차의 유지되는 간격을 견디지 못하고 끊어질 것이다.

줄이 끊어진다는 사실은 길이나 시간이 보는 관점에 따라 달라지는 것과는 달리, 일어나거나 일어나지 않는 확실한 경험이다. 줄이 끊어진다는 것은 움직이는 물체의 길이가 줄어드는 현상이 실제로 일어난다는 것을 보여준다.

방금 그 과학자: 인정할 수 없다. 둘 중 한 기차에 내가 타고 있다면, 내가 탄 기차는 물론, 이어져 있는 기차도 같은 (가)속도로 움직이므로 모든 것이 가만히 있는 것처럼 보여야 하지 않나? 따라서 줄이 끊어질 리가 없다.

줄이 끊어진 이후에도 두 기차가 계속 빨라지는 경우를 생각해보자. 먼저 기차 밖에서 보는 것은 그림 53과 같

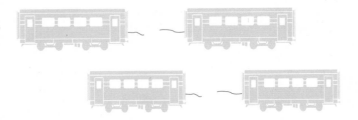

그림 53 기차 밖에서 볼 때, 줄이 끊어진 후 기차가 계속 빨라지는 경우 기차의 길이는 더욱 줄어들지만 두 기차 사이의 거리는 계속 같다.

다. 두 기차는 정지한 상태에서 점점 빨라진다. 더 빨리 움직일수록 기차와 줄은 더 짧아진다. 그러나 두 기차 사이의 거리는 계속 같다.

기차와 같이 움직이는 모든 것은 짧아졌고, 기차 안의 자도 짧아졌다. 따라서 기차 안의 관점은 그림 54와 같다. 기차 안의 자로 재어보면 두 기차 사이의 거리는 점점 멀어지는 것으로 보인다. 기차 안에 있는 사람도 두 기차가 멀어지는 것으로 본다.[27]

속도가 점점 빨라지면 어디를 기준으로 줄어드는가

일정한 속도로 물체가 이동하는 경우만 생각해왔다. 그럼에도 불구하고 이 기차 실험을 변형하면 가속 때문에 생기는 일을 어느정도 이해할 수 있다. 일정한 가속도로 빨

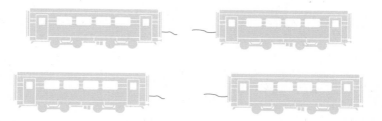

그림 54 그림 53을 기차 안에서 보면, 기차의 길이는 줄어들지 않지만 두 기차 사이의 간격은 점점 더 벌어진다.

라지는 기차를 생각하자. 가속도는 속도가 늘어난다는 것이다. 속도가 늘어날 때마다 길이가 점점 줄어들 것이다.

그런데 일정한 가속도라는 말이 무슨말일까? 기차의 앞머리가 일정한 가속도로 빨라진다고 해보자. 이를테면, 기차의 머리를 엄청나게 힘이 센 거인이 세게 당겨 일정한 가속도를 일으킬 수 있을 것이다. 기차가 충분히 단단하다면 (바로 앞에서 보았던 문제다) 기차 꽁무니도 같은 가속도로 따라올 것이라고 생각할 것이다.

아인슈타인, 로젠(1935), 린들러(1969): 기차 꽁무니는 앞머리를 따라가는 효과 때문에 빨라지기도 하지만, 길이가 줄어드는 효과 때문에 더 빨라져야 한다.

따라서, 기차 꽁무니는 앞머리보다 훨씬 큰 가속도로

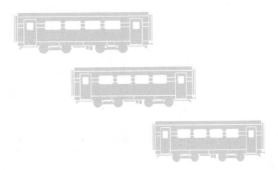

그림 55 일정한 가속도로 달리는 기차는 속도가 점점 늘어나면서 길이가 점점 줄어들 것이다. 그런데 일정한 가속도라는 말이 무슨 말일까? 속도가 늘어날수록 동시성이 점점 더 많이 깨져, 앞머리와 꽁무니가 같이 가속되지 않는 것을 관찰한다.

빨라져야만 한다.

　그렇다면 기차 꽁무니가 빛의 속력보다 빨라질 수 있을까? 기차 앞부분을 엄청나게 세게 당기면 머리쪽은 빛의 속력에 도달하지 못하더라도 꽁무니는 빛의 속력에 도달할 수 있지 않을까.

물체의 굳기

　다른 과학자: 이 말이 사실이라면, 점점 빨리 달리는 기차의 길이는 줄어들텐데, 각 부분은 압축이 아닌 당김힘(장력) 때문에 스트레스를 받고 결국 부서질 것이다.

그림 56 물질의 개략적인 구조. 실제로는 이런 모양을 볼 수 없지만 이해를 돕기 위해 구형으로 된 원자와 힘을 나나내는 용수철을 그렸다.

그렇다. 이 세상의 모든 물체는 무수히 작은 기본 물질 (분자 또는 원자)로 되어 있고 이들이 결합하는 방식은 용수철로 묶인 것과 같다. 그림 56은 '보통의 물질이 어떻게 더 작은 분자나 원자들의 결합으로 이루어졌나'를 보여주는 모형이다.

이를 앞서 이야기했던 줄로 묶인 기차들처럼 생각할 수 있다. 따라서 상대성이론의 효과를 생각하면 각 원자들이 움직이는 방향으로 줄어들 뿐 아니라, 모든 부분이 당겨지고 약한 용수철에 해당하는 결합은 끊어질 것이다. 길이는 줄어들지만 물체는 당겨지는 힘 때문에 파괴되는 것이다. 주의해야 할 것은, 이 장에서 얻은 결과는 속도가 바뀌는 효과 때문에 생겼다는 것이다. 물체

가 영원히 등속도로 움직이고 있다면 기차 사이의 줄
이 끊어지는 효과는 없을 것이다.

16
동시성 파괴에 모순은 없나

동시성이 파괴되는 상황을 생각해보자. 먼저 7장 '동시에 일어난 사건'에 있는 그림 22를 복습하자.

운동하는 기차의 양쪽 끝에서 빛을 비춘다. 빛의 속력이 유한한데, 빛이 퍼지는 동안 기차도 이동한다. 기차에 탄 사람이 빛을 보는 것은 빛이 내 눈에 도달했을 때 뿐이다. 따라서 기차에 탄 관찰자가 빛을 처음 보는 순간은 다음 그림의 순간이며, 이 때 눈에 들어온 정보를 바탕으로 한 쪽에 불빛이 먼저 켜졌다고 관찰한다.

기차 밖에 가만히 있는 관찰자는 이 순간에는 빛을 볼 수 없고, 조금 지나서야 양쪽 빛이 눈에 들어오기 때문에 양쪽 빛이 동시에 켜졌다고 판단한다. 이 가만히 있는 사람이 빛이 도달하기 전에 빛을 감지할 수 있다면 어떨까?

그림 57 가만히 있는 관찰자 입장에서 그린 그림. 기차 안 관찰자는 오른쪽에서 온 불빛이 먼저 켜졌다고 관찰한다. 기차 밖 관찰자는 아직 빛을 관찰하지 못했지만, 조금 있다가 빛이 양쪽에서 동시에 켜졌다고 관찰한다.

이 질문에 답하기 위하여 기차 안의 사람이 팔을 아주 길게 뻗을 수 있다고 가정하자. 팔이 비정상적으로 길다거나 하는 문제를 피해가기 위해 아주 좋은 감지 장치를 설치한다고 해도 좋다. 손끝에서 열이나 빛을 감지하여 가운데 있는 관찰자에게 즉시 신호를 보낼 수 있다고 하자. 그러면 기차 안의 관찰자도 빛이 도달하기 전에 양 쪽에 동시에 불이 켜졌다는 것을 관찰할 지도 모른다. 비록 빛이 관찰자의 눈에 도달할 때는 나중에 오른쪽 불이 먼저 켜졌다고 관찰하지만 말이다.

모순이 생긴듯하다. 손에서 감지한 빛은 동시에 도달했는데, 나중에는 눈에 빛이 동시에 들어오지 않기 때문이다. 모순이 생긴 이유는 손에서 기차 안 관찰자에게 신호가 즉시 전달되었다고 가정했기 때문이다. 빛보다 신

그림 58 만약 빛이 도달하기 전에 다른 감지장치를 통해 빛이 '동시에' 켜졌다는 것을 알 수 있다면 동시성에 문제가 생기지 않을까?

호가 빠르거나 순간적인 신호 전달이 있다면 동시성에 모순이 생긴다. 실제로는 손에 빛이 닿았다는 정보가 내 뇌로 오기 위해서는 시간이 걸리며 이 정보는 언제나 빛보다 느리다. 이 세상의 어떤 감지기를 사용해도 마찬가지이다.

따라서, 이 세상의 신호 전달이 빛보다 느린 속도로 이루어질 수밖에 없다면 동시성이 파괴되어도 모순이 없다는 것을 알 수 있다. 바로 다음 장에서 인과율에 대해 구체적으로 따져볼 수 있는 방법을 알아보겠다.

모든 사건은 빛이 갈 수 있는 거리 안에서만 원인과 결과로 이어진다는 원리를 국소성^{locality}이라고 한다. 물리학의 세계관에서는 만물의 운동을 물체의 충돌을 통한 힘의 전달로 해석한다. 국소성은 이 충돌이나 힘의 전달을

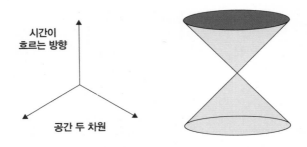

시간이 흐르는 방향

공간 두 차원

그림 59 빛 원뿔. 원인이 원점에 있다면 결과는 위쪽 원뿔 안에만 존재해야 한다.

위해 빛이나 물질이 직접 이동해야 하므로 전달 속도가 유한하다는 해석과 부합한다.

12장 뒷부분에서 보았듯, 시공간 안에서 원인과 결과를 전달할 수 있는 영역은 그림 41의 ㄱ영역이다. 이 영역은 빛이 퍼져나가는 자취로 둘러싸여 있다. 만약 공간을 2차원으로 그리면 그림 41은 그림 59와 같이 원뿔 모양이 되는데, 언제나 원인이 그림의 원점에 있다면 결과는 윗쪽 원뿔 안에만 존재해야 한다.

17

물체가 다가오거나 멀어지면
시간 흐름이 달라진다

움직이는 물체는 길이가 줄어들고, 동작이 느려진다(시간이 느리게 흐른다)는 것을 보았다. 그런데 지금까지 혼동을 피하기 위해 고려하지 않은 것이 있다.

움직이는 물체를 보기 위해서는 어쩔 수 없이 물체에서 떨어져 있어야 한다. 물체는 다가오거나 멀어지거나 옆으로 지나간다. 가만히 있는 물체야 보고 싶은 부분에 직접 가서 지켜볼 수 있지만, 움직이는 물체는 아주 짧은 순간만 옆에 있고 곧 지나간다. 그래서 이후에는 거리 차이 때문에 기차의 신호가 나에게 도달하는데 유한한 시간이 걸린다. 여기에서 신호라는 말을 썼는데, 기차를 볼 수 있는 것은 기차에서 나온 빛이 내 눈에 도달하기 때문이며, 이 빛을 신호라고 볼 수도 있다.

따라서 멀리 있는 물체를 관찰하려면 신호 전달에 대한 효과를 고려해야 한다. 시간에 대한 이 효과를 이번 장에서, 길이에 대한 이 효과를 다음 장에서 생각해 볼 것이다.

빛을 보내는 물체가 이동하는 효과

가만히 있는 차를 생각하자. 차에서 일정한 시간 간격으로 불이 깜빡이면서 빛이 나온다. 예를 들어, 네 번 불을 켜는 동안 빛이 퍼져나가는 모양은 그림 60과 같다. 잔잔한 호수의 한 곳에 네 번 돌을 던졌을 때 물결이 퍼져나가는 것과 같다.

다음은 이동하는 차에도 똑같은 일이 일어난다고 해보자. 이번에는 차가 이동하면서 빛을 쏘기 때문에 빛을 네 번 켜는 동안 차가 움직인 상황은 그림 61과 같다.

차 밖의 관찰자는 차가 멈추어 있었던 경우와는 달리 다른 간격의 빛을 본다. 차가 다가오고 있다면 (그림에서 차 앞에 있는 사람)은 더 짧은 간격을 본다. 처음 빛과 다음 빛 사이의 시간간격이 원래보다 짧다. 빛을 깜빡이는 대신 빛을 계속 켜고 있어도 진동수가 짧아진다. 이를 도플러 효과라고 한다. 이를 시간이 더 느려졌다고 해석할 것이다.

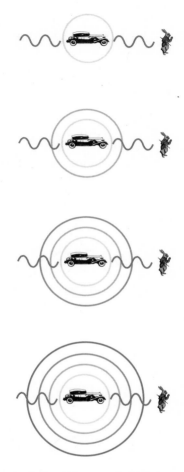

그림 60 가만히 있는 차에서 일정한 시간간격으로 빛이 퍼져나간다. 빛은 모든 방향으로 나간다. 가장 큰 원이 가장 먼저 퍼진 파, 가장 작은 원이 가장 늦게 퍼진 파이다.

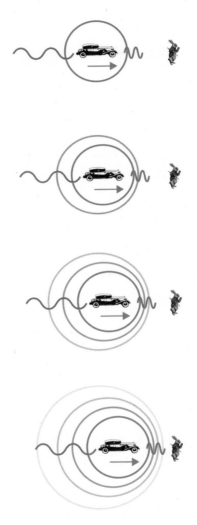

그림 61 다가오는 차에서 일정한 시간간격으로 빛을 쏠 때 차 앞쪽에 있으면 시간간격이 짧게 관측된다.

앞에서 원래 고려했던 상대성이론의 효과, 즉 움직이는 물체의 시간이 느리게 가는 효과는 추가적인 도플러 효과 때문에 약해진다. 우리가 실제로 관측하는 것은 이 두 효과가 더해진 것이다.

마찬가지로 관찰자가 차 뒤에 있다면 차의 시간 흐름은 추가적으로 느려지는 것을 관찰한다.

요약하자면, 움직이는 물체가 시야로 똑바로 다가오면 이와 더불어 다시 시간이 빨리 가는 효과가 더 생긴다. 반대로 움직이는 물체가 시야에서 멀어지면, 이와 더불어 멀리 간다는 것 때문에 시간이 느려지는 효과가 더 생긴다.*

파동으로서 빛의 효과

빛의 성질을 더 잘 이해하기 위하여 파동으로 빛을 이해하는 방법이 있다. 빛은 파도처럼 진동하며 진공을 지

---

* 질문: 도플러 효과 때문에 빛이 더 자주 진동해서 높은 진동수가 된다는 것은 알겠다. 그렇다고 하더라도 시간이 빨리 흐른다고 할 수는 없지 않은가.

답: 앞서 9장에서 사용하였던 빛 시계를 비슷하게 사용할 수 있다. 빛이 한 번 진동한 것을 한 째깍으로 똑같이 정의할 수 있다. 그러면 진동수는 시간 간격과 비례해야 한다.

보라색
짧은 파장, 빠른 진동

빨강색
긴 파장, 느린 진동

그림 62 빛의 진동수에 따라 다른 색으로 보인다. 빨강색에서 보라색 쪽으로 갈수록 더 빠르게 진동한다.

나간다. 이 진동이 빠르면 보랏빛, 조금 덜 빠르면 푸른 빛, 느리면 빨간 빛이 된다. 더 빠르게 진동하거나(자외선, 엑스선, 감마선) 더 느리게 진동하면(적외선, 전파) 사람 눈에 보이지 않는 빛이 된다. 빛은 언제나 빛의 속력으로 이동하여 운동의 측면에는 특별한 것이 없을 것 같지만, 이 진동수가 시간에 대한 정보를 준다.

이 그림에 따르면 빨간색 빛을 쏘는 물체가 다가오면 주황색, 더 빨리 달려오면 초록색, 더 빠르면 파랑색으로 보일 수 있다는 것이다. 파장이 짧아진다는 것은 시간이 더 빨리 흐른다는 정보가 된다. 물론 이런 변화를 보기 위해서는 빛의 속력에 육박하는 극단적인 속력으로 달려야 하는데, 이런 일은 일상 생활에서는 일어나지 않는다.[28]

밤하늘의 별빛이 원래 붉은 빛도 있지만, 원래 주황색이었던 빛이 빠른 속도로 도망가며 붉은 색으로 보일 수도 있다. 이 별이 원래 주황색이었다는 것을 다른 방법으로 알 수 있다고 하자. 정도의 차이는 있으나, 모든 별이 다 붉은 쪽으로, 즉 진동수가 줄어드는 쪽으로 색이 변한다면, 모든 별이 우리에게서 멀어지고 있다는 것이다. 이러한 현상을 가장 잘 설명하는 것은 우주가 팽창하고 있으며 균일하다는 것이다. 즉 우주에 있는 모든 물질들은 서로 거리가 멀어지고 있다.

18
물체가 다가오거나 멀어지면 돌아가 보인다

움직이는 물체는 길이가 줄어든다는 것을 배웠다. 이는 관찰자가 눈앞의 한 부분만 집중적으로 관찰한 뒤 전체적인 모양을 재구성한 것이다. 그러나 빛의 속력이 유한하기 때문에 물체를 직접 볼 때는 줄어든 모양과 조금 다르게 보인다.

먼저 가만히 있는 기차를 보자. 우리가 일상적으로 보는 기차이다(그림 63).

이번에는 빠른 속도로 움직이는 기차이다. 배경과 건물의 그림자도 그대로이고, 기차의 모습만 변했다(그림 64).

움직이는 기차의 길이가 줄어든다는 것은 이미 알고 있었지만 그림 64를 보면 예상했던 것과는 다르다. 우선, 그림 63과는 달리 기차의 앞면이 보인다. 기차가 우리 쪽

그림 63 가만히 있는 기차. 다음 두 그림과 비교하여 보자. 출처 © The Australian National University relativistic visualization project. http://www.anu.edu.au/physics/Searle/

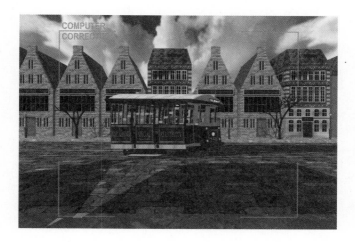

그림 64 빠른 속도로 이동하는 기차의 겉보기 모습. 출처 © The Australian National University relativistic visualization project. http://www.anu.edu.au/physics/Searle/

그림 65 빛의 속력이 유한하기 때문에, 차를 지금 여기에서 본다는 것은 차가 이전에 있던 곳에서 출발한 빛을 보는 것이다. 빛이 눈에 들어와야만 비로소 볼 수 있다는 것에 주의하자. 따라서, 지금 차가 옆에 있지만 내 눈에는 이전 위치에 있는 것처럼 보이며, 앞면도 보인다.

으로 돌아간 모양과 비슷하다.[29] 그리고 위아래 방향으로도 조금 찌그러졌다. 그 이유를 생각해보자.

본다는 것은 대상에서 출발한 빛이 우리 눈에 도달해야만 이루어진다. 촛불, 조명등은 빛을 스스로 쏠 수 있는 물체여서 불꽃에서 나온 빛이 눈에 들어오는 것을 보는 것이다. 그렇지 못한 것은 빛이 반사되어 눈에 들어오는 것이기 때문에, 빛이 없는 어두운 방에서는 이를 볼 수 없다. 사진을 찍는 것도 같다. 빛이 카메라 렌즈 안으로 들어와야 한다.

빛의 속력은 유한하기 때문에, 우리가 보는 모든 것은 시간 차가 있는 과거의 것이다. 우리가 보는 해는 약 8분 30초전의 해이다. 지금의 해를 보기 위해서는 또다시 8

분 30초를 기다려야 한다. 해는 아주 멀리 떨어져 있으므로 이렇게 극적인 효과가 나타난다.

비교적 가까이 있는 대상도 빛의 속력과 견줄만큼 빠르게 이동하면 극적인 효과가 나타난다. 차에서 나온 빛이 나에게 도달하는데는 시간이 꽤 걸리기 때문에, 도달한 순간 차는 빛을 쏜 자리에 있지 않고 이미 저 멀리 가있다.

따라서 내가 본 차는 지금은 다른 곳에 있다. 그리고

그림 66 도플러 효과를 감안한 그림. 다가오는 물체는 파장이 짧아져 더 푸른 색이 되고, 멀어지는 물체는 파장이 길어 더 붉은 색이 되는 것을 관찰한다. 다음 출처 주소에서 컬러 그림을 확인할 수 있다. 출처 © The Australian National University relativistic visualization project. http://www.anu.edu.au/physics/Searle/

지금 바로 내 옆에 차가 있다고 하더라도 지금 보는 차의 모습은 아까 왼쪽에 있을 때의 모습이다. 따라서 현재 차가 옆에 있음에도 불구하고, 우리는 차의 앞면을 볼 수 있는 것이다.

차의 앞면에 대한 설명을 똑같이 시선의 위아래 방향에 적용할 수 있다. 내 눈높이에서 나온 빛이 가장 빨리 내 눈에 도달하며, 더 높거나 낮은 데서 출발한 빛은 조금 늦게 도달하기 때문에 기차가 찌그러져 보인다.

마지막으로, 앞 장에서 이야기한 도플러 효과를 감안한 그림은 다음과 같다(그림 66).

기차가 다가오기 때문에 파장이 짧아져 더 푸르게 보인다. 아마 시간이 지나고 기차가 멀어지기 시작하면 파장이 본래보다 길어져 더 붉게 보일 것이다.

19

빛보다 더 빠르게 움직이는 것은 시간을 거꾸로 거슬러간다

보통의 물체는 빛보다 더 빨라질 수 없다고 하였다. 물체는 빨리 움직일수록 무거워지므로, 빛의 속력까지 가속하는데는 무한히 많은 힘과 에너지가 필요하기 때문이다.

이는 물체가 빛보다 느리다가 빛의 속력에 도달하는데 생기는 문제이기 때문에, 애초부터 빛보다 빠르다면 모순이 생기지 않는다. 가령 처음부터 빛의 속력의 두 배로 날아가던 물체가 1.5배로 느려진다고 하더라도, 빛의 속력에 도달하지만 않으면 앞서 말한 문제가 없을 것이다. 또 그런 물체를 우리가 직접 보거나 만질 수 없다면 모순이 없다. 이런 물체가 있다고 가정하면[30] 간접적으로 어떤 물리 현상을 해결할 수도 있다.

빛보다 빠르게 가는 물체를 관찰할 수 있다면 그 물체

는 시간을 거꾸로 거슬러 가는 것을 보게 된다. 이를 가장 잘 볼 수 있는 방법은 도플러 효과를 이용하는 것이다. 이를 위해 먼저, 호수에서 물장구를 치는 오리 또는 음악을 연주하면서 앞으로 나아가는 녹음기를 생각해도 좋겠다. 물장구를 치면 그 자리에서 물결파가 퍼져나가고, 조금 앞으로 나아가 물장구를 한번 더 치면 그 자리에서 물결파가 또 퍼져나간다. 이 상황은 그림 61과 비슷하게 그려진다.

물장구를 치는 것은 단순한 행동이지만 복잡한 행동도 물장구를 복잡하게 치는 것과 크게 다르지 않다. 물장구를 치는 오리가 물결 속도보다 빠르게 나아가는 경우에 퍼져나간 파도는 그림 67과 같다.[31]

레일리 경(1896): 소리 속도의 두 배로 가면서 녹음된 음악을 틀면, 진행방향의 앞쪽에서 듣는 사람에게는 그 음악이 녹음된 테이프를 거꾸로 돌린 것처럼 들린다.

소리를 내는 것도 물장구를 치는 것처럼 공기를 한번 흔드는 것이다. 공기를 주기적으로 흔들면서 앞으로 나아가면 소리의 파도가 그림 67과 같이 퍼져나간다. 그런데 진행 방향 앞에 있는 사람이 소리를 들을 때는 녹음 테

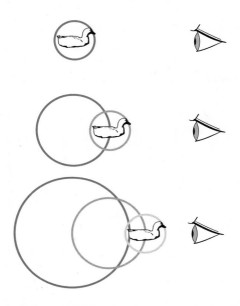

그림 67 파도를 만드는 물체가 파도가 퍼져나가는 속도보다 빠르게 움직인다. 물체 정면에 있는 사람은 나중에 생긴 파도부터 본다. 파도가 빛이라면 나중에 일어난 사건부터 본다.

이프를 거꾸로 돌린 것처럼 나중에 연주한 부분을 먼저 듣게 된다. 나아가는 속도가 소리 속도의 두 배라면 정확히 같은 음높이가 들린다.[32]

원인과 결과가 뒤바뀔 수 있을까

소리 파 대신 빛을 생각해보자. 빛 속도의 두 배로 가

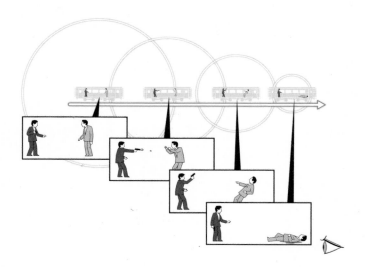

그림 68 빛보다 빠르게 달려가는 기차를 관찰할 수 있다고 해보자. 기차 앞에 있는 사람은 기차가 지나간 다음에 도달하는 빛들을 통하여 기차에서 일어난 사건을 역순으로 목격하게 된다. 맨 오른쪽 그림이 먼저 도착한다.

는 기차가 나에게 다가온다. 기차 안의 사건을 보면 나중에 일어난 사건의 빛이 나에게 먼저 도달하기 때문에 사건이 역순으로 보인다. 그림 68과 같은 사건을 볼 수 있는 것이다.

질문: 그림 68에서, 총을 쏘는 사건보다 총에 맞는 사건이 먼저 일어났으므로, 총을 쏜 사람에게는 책임이 없는 것 아닌가?

그럴 수 있다면 이 세상 많은 범죄에 무죄 판결이 날 것이다. 증인이 빛보다 빠르게 다가가면서 관찰할 수만 있다면, 보통 사건도 시간이 거꾸로 흐르는 것처럼 일어날 것이기 때문이다. 다만 여기에는 빛보다 빨리 갈 수 있는 기차가 있다는 전제가 있었다. 실제로 그렇게 빨리 갈 수 있는 기차는 없다. 기차에는 광속보다 빨리 달리기 힘든 기술적인 문제가 아니라 근본적인 문제가 있다. 본문에서 보았던 것처럼 기차를 빛의 속력으로 가속시키는데 무한한 힘이 들기 때문이다. 마찬가지로 애초에 빛보다 빨랐던 어떤 것도 빛보다 느려질 수 없다.

로꾸거 로꾸거 로꾸거 말해말

— 슈퍼주니어, 로꾸거 (2009)

제 **3** 부

일반 상대성이론

GENERAL RELATIVITY

20

지상의 불완전한 운동과
하늘의 완전한 운동

지상의 불완전한 운동

떨어지는 사과를 생각한다. 사과를 바닥을 향해 미는 것이 아니라 떨어지지 않도록 잡고 있었던 것을 단지 풀었을 뿐인데 사과는 땅을 향해 이동한다. 누가 사과를 당기는 것일까? 이는 오랫동안 진지하게 논의되어왔던 문제이다.

아리스토텔레스: 모든 운동에는 원인이 있다. 움직이도록 하는 것이 없으면 가만히 있어야 한다. 지상의 물체는 (자신이 있어야 할) 자연스러운 곳^{natural place}을 찾아간다.[33]

여기에서 자연스러운 곳이란 땅을 말할 것이다. 사과

가 땅에 닿으면 멈추기 때문이다. 예전에는 사과가 움직이는 이유를 사과에게만 물었다. 더이상 질문을 제기할수 없는 지상의 모든 물체들의 당연한 작동 방식이라고 생각했다.

떨어진다는 것은 조금 더 특별하다. 들고 있는 동안에는 가만히 있다가 놓는 순간부터 점점 빨라진다. 이것이 가속도 운동이다. 아리스토텔레스 시대에는 이 사실을 특별하게 주목하지 못했는데, 당시까지도 물체가 일정한 속도로 떨어지는지 점점 빨라지며 떨어지는지 잘 구별하기가 어려웠기 때문이다. 이 속력의 증가를 알고 있어도 떨어지는 운동을 눈으로 관찰하면 잘 느껴지지 않는다. 갈릴레오 시대에 들어서야 시계를 이용하기 시작했는데, 당시만 해도 초 단위의 짧은 시간을 재는 시계가 없었기 때문에 이를 직접 확인하기 어려웠다.

무거울수록 더 빨리 떨어질까?

아리스토텔레스와 그 후예들은 무거운 물체가 가벼운 물체보다 더 빨리 떨어진다고 생각했다. 지금도 많은 사람들이 이를 당연하다고 생각하는데, 사실 이것이

그림 69 공기가 없는 곳에서는 깃털과 사과가 같이 떨어진다. 깃털을 받치는 공기의 저항이 없기 때문이다. © Jim Sugar

상식과 부합하는 것처럼 보이기 때문이다. 사과와 깃털을 떨어뜨리면 사과가 땅에 먼저 떨어지는 것을 직접 관찰할 수 있다. 당연히 그 이유는 사과가 무겁기 때문이 아닐까?

그러나 갈릴레오는 이를 반박한다.

갈릴레오 (1564): 무거운 물체가 빠르게, 가벼운 물체가 덜 빠르게 떨어지려는 성질이 있다고 하자. 그러면

1. 두 물체를 묶어 한무더기로 떨어뜨릴 때 서로의 성질 때문에 중간쯤의 빠르기로 떨어져야 할 것이다.
2. 두 물체를 묶은 덩어리는 각각보다 무거우므로 더 빨리 떨어져야 한다.

모순이 생긴다. 따라서 두 물체를 같은 높이에서 떨어뜨리면, 무게에 상관 없이 동시에 땅에 닿아야 한다.

그렇다면 실제로 사과가 깃털보다 더 빨리 떨어지는 이유는 무엇인가. 우리가 지나친 것이 있었는데, 바로 공기의 존재이다. 우리가 사는 공간은 공기로 가득 차있다. 공기가 사과와 깃털을 떠받쳐 그것들이 떨어지는 것에 크게 저항한다. 사과보다 깃털이 공기와 더 많이 닿으므로 그것이 받는 저항효과가 더 커 느리게 떨어진다. 이를 확인하려면 공기라는 요소를 빼고 다시 비교해보면 된다. 진공에서 같은 실험을 해 보면 사과와 깃털이 같은 속력으로 떨어진다. 그림 69에 직접 실험한 사진이 있다.[34]

갈릴레오는 모든 물체가 같은 빠르기로 떨어진다는 것을 증명했다. 그뿐 아니라, 여기에서의 빠르기는 속도라기보다는 가속도로 이해해야 한다는 것을 알아내었다.

그러나 논리적으로 생각해보면 다른 가능성도 있다. 무게 말고 다른 성질 때문에 깃털이 더 느리게 떨어질 수 있다. 가령, 두 물체의 무게가 같아도, 다른 물질로 만들면 다른 가속도로 떨어질 수 있다.

갈릴레오는 가속도가 무게와 관련이 없어야 된다는 것을 논리적으로 증명하지만, 다른 재질로 만든 물체에 대해서는 이 증명을 사용할 수 없다. 서로 다른 두 물질을 묶어도 무게는 늘어나지만 재질에 대한 성질이 늘어나는지 줄어드는지 알 수 없기 때문이다.

이를 확인해보기 위해 같은 무게와 모양을 가진 금덩이와 쇳덩이, 나무토막 따위를 떨어뜨려볼 수 있다. 실제로 실험을 해보면 이들 모두 같은 가속도로 떨어지는 듯하다.[35] 그러나 실험을 몇 번 해보는 것으로 증명이 끝나는 것은 아니다. 지금까지 했던 모든 실험에서 모든 물질이 같은 가속도로 떨어졌다고 하더라도, 내일 발견될 새로운 물질이 같은 가속도로 떨어진다고 보장할 수 없다.

갈릴레오는 자신의 발견이 얼마나 놀라운 결과를 주는지 깨닫지 못했다. 정작 놀라운 것은 이 세상 모든 물체가 무엇으로 만들어졌는지, 어떤 모양인지와 관계없이, 예외없이 같은 가속도로 떨어지는 것처럼 보인다는 것이다. 이 보편적인 가속도는 대략 $9.8m/s^2$이다. 이를 중력 가속도라고 부른다. 이는 이후에 자세히 알아볼 것이다.

완전한 하늘의 운동

그런데, 하늘의 움직임은 달라 보인다. 지금처럼 텔레비전이나 인터넷이 없던 시대에는 해가 진 후에 달리 할 일이 없어 밤하늘을 바라보는 일이 훨씬 많았을 것이다. 별들을 보다 보면 별들은 아무렇게나 퍼져 있지 않고 일정한 무리를 이루는 것처럼 보인다. 사람들은 점점 이에 익숙해지면서 우리가 알고 있는 사물의 형상과 연관지어 별자리를 만들었다. 그래서 그 복잡한 밤하늘이 어떻게 생겼는지 대강 기억할 수 있었다. 그 정도로 익숙해지면 조금씩 밤 하늘 전체가 돌아간다는 것을 알게 된다. 모든 별들은 북극성을 중심으로 완벽한 원을 그린다는 것을 알게 되었다. 하늘의 움직임은 완전하다. 천체의 움직임이 완전할 뿐 아니라 완전한 원소로 이루어진 완전히 매끄러운 구형이라고 생각했다.

주로 직선인 땅의 운동과 하늘의 원운동은 달라 보인다. 옛날 사람들은 하늘에 떠있는 별들이 낮에 특별하게 움직

그림 70 고대 사람이 생각했던 세계는 하늘과 땅이 나누어져 있었으며, 각각을 이루고 있는 물질과 운동이 달랐다. 작자 미상. Camille Flammarion. (1888). L'atmosphère: météorologie populaire에 나오는 판화.

이는 태양이나 우리가 살고 있는 땅과 같다는 생각을 감히 하지 못했을 것이다.[36] 따라서 하늘의 운동과 땅의 운동은 서로 다르다고 생각했다. 아마도 그것은 우리가 우주의 중심에 있고 사람은 특별한 존재라는 믿음에 부합하는 세계관이었을 것이다.

원은 완전하고 으뜸가며 아름다운 형태이다.

― 아리스토텔레스, 자연학

LINK ✗ 진공에서 동전과 깃털을 떨어뜨리는 실험은 다음에서 확인할 수 있다.   http://www.youtube.com/watch?v=AV-qyDnZx0A

조금 더 극적인 것은 달에 착륙한 아폴로 15호 우주인의 실험이다. 달에도 공기가 거의 없어 깃털이 망치와 같이 떨어진다.   http://www.youtube.com/watch?v=NxZMjpMhwNE

21
달도 사과처럼 땅에 떨어진다

**저녁을 먹고 날씨가 따뜻하기도 하고 해서
우리는 정원에 나가 사과나무 그늘 아래에서 차를 마셨다.
그가 처음 중력을 떠올리게 된 것도 지금같은 상황이었다고 말했다.
생각에 잠겨 앉아 있는데 사과가 떨어졌다.
왜 저 사과는 땅을 향해 곧장 떨어질까…**

— 윌리엄 스터클리, 〈뉴턴을 회고하며〉

뉴턴이 어느날 떨어지는 사과를 보고 "왜?" 하고 의문을 가졌다는 이야기가 있다. 유명한 인물에 대한 일화들은 확인할 수 없는 경우가 많지만 이 이야기는 정말 있었던 일이라고 한다. 어쨌든, 사과가 떨어지는 것이 그렇게 당연한 것은 아니다. 사과는 왜 공중에 둥둥 떠있지 않고 땅에 떨어질까? 풍선은 입으로 바람을 넣으면 땅에 천천히 떨어지는데 어떤 기체를 넣으면 하늘로 올라간다.

한편, 달이 지구 둘레를 도는 운동은 사과가 땅에 떨어

그림 71   달도 가만히 놓으면 사과와 다를 바 없이 땅에 떨어질 것이다.

지는 것과 많이 달라 보인다. 오히려 밤하늘의 별들이 도는 것과 비슷해 보인다. 매일밤 같은 시각에 하늘을 보면 달의 위치가 조금씩 다르다. 바빌로니아 사람들은 이를 달이 지구 주변을 돈다는 것으로 설명하였고, 꾸준한 관찰을 통해 이 궤도가 원형이라는 것을 알아내었다. 달도 하늘에 속한 물체이므로 완전한 원운동을 하는 것이 당연하며, 사과와는 다르게 운동해야 할 것이다.

뉴턴의 질문은 다음과 같았다. "그러나 달이 특별하지 않다면? 달이라고 해서 땅에 안 떨어질 이유가 있을까?" 달도 사과와 다를 바 없다고 생각해보자. 그 형태가 공처럼 생겼다는 것을 알기 때문에, 언젠가부터 이를 지구地

球, 공모양인 땅라고 부른다. 따라서 지구와 사과 또는 지구와 달을 두 공으로 생각할 수 있다.

거인이 달을 지구 위에서 높이 들고 있다가 가만히 놓으면 점점 속도가 빨라지면서 지구 위로 떨어질 것이다. 사과와 달을 놓으면 이 둘은 예외 없이 같은 가속도로 떨어질 것이다.

한편, 사과를 옆으로 던지면, 그림 72처럼 옆으로 날아가면서 떨어진다. 이 역시 일상 생활에서 볼 수 있는 일이다. 조금 더 세게 던지면 조금 더 멀리 날아가면서 떨어진다. 마찬가지로 달을 옆으로 던질 수 있다면 똑같이 떨어져야 할 것이다.

그림 72 달이나 사과를 옆으로 던지면, 옆으로 가면서 땅에 떨어진다. 너무 세게 던지면 떨어지다가 닿을 땅이 없다.

다만, 우리 힘으로는 사과를 아주 세게 던질 수 없어 사과가 결국 땅에 닿는다. 사과도 달처럼 충분히 빠른 속력으로 던지면 더 멀리에서 떨어지는데, 땅이 평평하지 않고 구부러져 있어서 바닥에 닿지 않는다. 그림 72를 보면 닿을 바닥이 없다. 우리는 땅이 무한히 넓지도 평평하지도 않다는 것도 알고 있다.

세게 던진 달과 사과는 '우주의 바닥'을 향해 떨어질지도 모른다. 지구를 벗어나서도 계속 아래로 아래로 떨어지는 것이다. 그러나 관찰 결과 달은 그렇게 움직이지 않는다. 원형 궤도를 돌고 있다. 이를 다음과 같이 설명할 수 있다.

그림 72를 살짝 돌려보면 그림 73이 된다. 앞 그림에

그림 73　달도 가만히 놓으면 사과와 다를 바 없이 땅에 떨어질 것이다.

서 달의 가장 나중 위치가 다음 그림에서 어떻게 되었는 가를 보자. 그림 72에서는 달이 아래로 떨어지고 있었는데, 그림 73에서는 달이 그 자리에서 오른쪽으로 날아가려는 상태이다. 즉, 앞의 그림에서 처음 달을 던졌던 상황과 완전히 같은 상황이 되는 것이다.

따라서 계속 떨어지는데, 이 말은 지구 주위를 계속 돈다는 말과 같은 말이다. 이렇게 움직이는 것을

달이 지구를 향해 떨어진다

고 설명할 수 있다. 따라서 달이 계속 떨어지는 이유는 지구가 달을 당기기 때문이라고 할 수 있다(사실 지구만 달을 당기고 달은 지구를 안 당기는 것은 불가능하다. 이는 다음 장에서 설명한다).

지구를 돌려보는 것이 의미가 있을까? 달은 '위에서 아래로' 떨어졌는데, 지금은 옆을 보고 있지 않은가. 그러나 그림 73에서 지구의 '윗부분', 즉 달 아래 있는 곳에서는 정말 세상을 이런 방식으로 본다. 이 사람들에게 '위'는 지금 달이 있는 곳이다. 달이 정오의 태양처럼 바로 머리 위에 있으며, 달은 오른쪽으로 지나가고 있다. 처음 북

극(실제는 백도 위)에서 달이 오른쪽으로 던져진 것과 완전히 같은 상황이다. 따라서 달은 계속해서 원에 가까운 운동을 할 것이다.

사실 우리가 서 있는 모습을 지구 반대편에서 보면 거꾸로 서있는 것과 같다. 절대적인 위 아래는 없으며, 지구의 대칭성으로 인해 지구의 중심을 향하느냐 아니냐가 있을 뿐이다. 중요한 것은 사과나 달은 '우주의 바닥'으로 떨어지는 것이 아니라 지구를 향해 당겨지고 있다는 것이다.

따라서 달도 땅에 떨어지고 있다. 달이 지구 둘레를 도는 것은 떨어지는 것과 같은 것이다.

그림 74　우리가 볼 때 지구 반대편에 있는 사람은 거꾸로 살고 있다. 위 아래의 절대적인 기준은 없다.

22
중력

하나의 구(sphere)에 [중략] 의해
또하나의 비슷한 구는
중심들 사이의 거리 제곱에 반비례하는 힘으로 끌릴 것이다.

— 아이작 뉴턴, 《프린키피아》(1687) 1권, 명제 75, 정리 35

사과가 땅에 떨어지는 지상 운동과 달이 지구 주변을 도는 천상 운동이 같은 현상이라는 것을 보았다. 이 통합된 현상을 중력이라고 한다. 중력은 사과와 달 뿐 아니라 태양계에 있는 행성 운동을 똑같은 방식으로 성공적으로 기술한다.[37]

중력은 물체를 움직이게 하는(가속시키는) 힘이다. 자연의 기본 힘 가운데 하나이므로, 전기나 자석 힘과 같은 다른 힘으로 환원할 수 없다.[38] 다음과 같은 성질을 갖는다.

뉴턴(1687):

1. 두 물체는 서로 끌어당긴다.*

2. 힘의 크기는 각 물체의 질량에 비례한다.

3. 힘의 크기는 거리의 제곱에 반비례한다.

모든 것을 놀랍게도 하나의 식으로 쓸 수 있다. 이 책의 맨 뒷부분에서는 뉴턴의 법칙으로 행성의 자취를 너무 정확히 설명할 수 있어서 해왕성과 명왕성을 발견하게 된 이야기를 볼 수 있다. 이 모든 것이 중요하므로 하나 하나 생각해본다.

모든 물체는 서로 끌어당긴다

사과가 땅에 떨어진다거나 달이 지구 주변을 도는 운동은 매우 달라 보인다. 그러나 모든 물체가 서로 당긴다는 것으로 이 달라 보이는 두 현상을 한번에 요약할 수 있다. 사과가 땅에 떨어지는 것, 달이 지구 주변을 도는 것은 모두, 모든 물체가 서로 당기기 때문이다.

---

* 따라서 중력을 만유인력이라고 하기도 한다. 중력의 성질은 36장에서 더 자세히 다룬다.

모든 물체가 서로 당긴다는 것이 사실은 요약 이상이며 더 근본적인fundamental 설명이라고 할 수 있다. 사과가 땅에 떨어지는 것은 사과와 지구가 서로 당기기 때문이다. 달이 지구 주변을 도는 것은 달과 지구가 서로 당기기 때문이다. 뉴턴은 이전 사람들이 완전히 다른 체계라고 생각했던 천상의 운동과 지상의 운동의 구별을 없애버리고 하나로 통일했다. 그래서 뉴턴의 중력을 아름답다고 한다.

흔히 지구가 사과를 당긴다고 표현하지만, 정확히 말하면 지구와 사과는 서로 당긴다.[39] 두 사람이 줄다리기를 하면, 한쪽에서만 줄을 당겨도 양쪽 모두가 서로에게 끌려간다. 한 쪽만 힘들고 다른 쪽이 안 힘들도록 당기는 방법은 없다. 사과와 지구도 마찬가지로 서로 당긴다. 다만 사과는 가벼워서 잘 움직이지만 지구는 무거워서 잘 움직이기 어려워 사과만 움직이는 것처럼 보인다. 달은 지구보다 많이 가볍지는 않아, 아주 정밀하게 관찰하면, 달만 지구 주위를 도는 것이 아니라 지구도 달에게 끌려 달 둘레를 조금씩 돌아간다는 것을 알 수 있다. 크기가 비슷한 별 둘(쌍성binary star)을 관찰하면 가상의 중심을 축으로 서로 돌아가는데, 이것이 바로 서로 끌어당기는 효과이다.

당긴다는 것에 있어서는, 지구와 사과는 별 차이가 없다. 중력이 다른 힘과 다른 특별한 점은, 모든 물체들에게 예외없이 적용되는 보편성^{universality}이다. 반면 자석의 힘은 자성을 띠거나 자성을 띨 수 있는 물체들 끼리만 당긴다. 작은 자석이라고 볼 수 있는 나침반이 돌아가는 이유는 지구 자체가 큰 자석이기 때문이다. 나침반에 다른 자석을 가져다 대면 나침반이 돌아가지만, 고무 지우개를 가져다 대면 나침반은 움직이지 않는다. 고무 지우개는 자석의 힘과 무관하다.

질문: 왜 모든 물체가 서로를 끌어당길까?

아직 모른다. 중력 때문에 당긴다는 것은 순환 논리이며, 모든 물체가 서로를 당긴다는 현상을 중력이라고 이름붙인 것이다. 뉴턴은 왜 물체들이 당기느냐를 설명하지 않고, 만약 당긴다면 위의 것들을 설명할 수 있다고만 했다. 이 질문에 대답하려면, 끌어당긴다는 개념을 더 근본적으로 설명해야 한다. 뒤에서 살펴볼 일반 상대성이론에서 이를 설명할 것이다.

힘의 크기는 각 물체의 질량에 비례한다

질문: 모든 것이 서로 당긴다는데 왜 우리끼리는 중력을 느끼지 않나? 우리는 길을 가다 버스나 건물에 끌려가지 않는다.

나와 버스가 당기는 힘, 나와 건물이 당기는 힘은 약하다. 반면에, 자석 힘을 생각하면 자석이 아무리 작아도 서로 당기고 미는 것을 잘 볼 수 있다. 중력은 이에 비해 훨씬 약하다.* 중력이 절대적인 의미에서 약함에도 불구하고 지구와 달, 지구와 태양이 서로 당기는 것은 더 극적이고, 상상하기 어려울만큼 세다. 이는 천체가 버스나 사람보다 중력을 일으키는 것을 더 크게 가지고 있기 때문이다. 이를 질량이라고 한다.

적어도 지구 정도는 되어야 질량이 커서 당기는 힘이 눈에 띈다. 우리는 매일 중력을 아주 강하게 느끼고 있다. 지구가 나를 당기기 때문에 지구 중심으로 꺼지려고 하면서 발로 땅바닥을 누르지만, 땅이 단단해서 이것을 버티고 있는 것이다. 몸무게가 많이 나갈수록 땅을 더 세게 누르면서 중력을 더 강하게 느끼고 있다. 사과가 땅에 떨

---

* 이렇게 중력이 약하다는 것은, 거리와 질량으로부터 힘의 세기를 환산하는 과정에서 단위를 변환하는 상수가 작다는 것으로 정량화할 수 있다.

그림 75 무게는 물체가 저울을 누르는 힘으로 측정한다. 내가 세게 저울을 누르면 저울 눈금이 늘어난다. 그러나 내 손 자체가 무거워진 것은 아니다. 누름과 관계 없는 고유한 양은 질량이다.

어지는 이유도 사과와 지구가 서로를 끌어당기기 때문이다. 따라서 내가 바닥을 누르는 것과 사과가 땅에 떨어지는 것은 같은 현상이다.

일상 생활에서 말하는 무게를 확장한 개념이 바로 질량이다. 물리학 용어로서 무게는 조금 다른 뜻을 가진다. 무게는 사물이 저울을 누르는 힘으로 정의한다. 저울을 손으로 누르면, 내 손 자체가 더 무거워지지 않았는데도 어떻게 저울을 누르느냐에 따라 표시되는 값이 달라진다. 따라서 저울은 무게를 재지만 내 손의 어떤 고유한 양을 재는 것은 아니다. 물론 가만히 물체를 올려놓는다면, 질량이 클수록 저울은 큰 눈금을 가리킨다.

질량은 다음과 같은 두 가지 방법으로 정의할 수 있다.

1. 일정한 힘으로 물체를 밀 때, 쉽게 가속되면(잘 밀리면) 그 물체는 질량이 작고, 잘 가속되지 않으면(잘 밀리지 않으면) 그 물체는 [관성] 질량이 크다고 한다.
2. 이 세상의 모든 물체는 서로 당기는데, 당기는 힘은 각각의 [중력] 질량에 비례한다.

왜 1번을 생각할까? 2번에 따라 질량이 큰 물체일수록 중력이 세어진다면, 무거운 물체일수록 더 빨리 떨어진다고 생각할 수 있다. 실제로 사과의 질량이 두 배 커지면 물론 지구가 '당기는' 힘이 두 배가 될 것이다. 그러면 사과는 두 배 빨리 떨어진다고 생각할 수 있다.

그러나 질량이 두 배 크다면 첫번째 정의인 관성 질량 때문에 그만큼 잘 안 움직이려는 관성도 두배가 된다. 결국, 이 둘이 상쇄되어 정확히 같은 가속도로 떨어진다. 이것이 20장에서 갈릴레오가 설명한 것이다. 이를 등가 원리라고 한다.

모든 물체라는 것에 주의하자. 중력의 관점에서 보면 지구와 사과는 본질적으로 다르지 않다. 단지 양적인 차이가 있는데, 그것이 질량이다. 물론 물체의 모양 때문에 질량의 분포가 다를 수 있지만 물체들을 멀리에서 보면 점으로 보이므로 점들이 당긴다고 생각할 수 있다. 여기서 다시 한 번 보편성이 작용한다. 이 책, 하늘의 별, 우리집 강아지의 차이는 얼마나 무거운지, 모양이 어떻게 다른지 뿐이다.

두 물체가 서로 당기는 힘은 거리의 제곱에 반비례한다

사과가 떨어지는 것과 달이 도는 것이 같은 것이라는 앞장의 설명을 다시 생각해보자.

질문: 사과를 아주 세게 던지면 지구를 벗어날 것인가?

사과를 가만히 놓으면 바닥을 향해 수직으로 떨어진다. 사과를 옆으로 던지면 옆으로 가면서 떨어진다. 그러나 어느 속도 이상으로 세게 던지면, 지구가 둥글다는 것 때문(정확히 말하면 크기가 무한하지 않기 때문)에 땅에 닿지 않는다는 것을 알게 될 것이다. 좀 더 세게 던지면 아예 지구를 벗어나 버릴까?

이는 지구와 사과가 당기는 힘의 세기와 관계 있다. 만약 지구와 사과가 당기는 힘이 아주 세면, 사과는 지구를 좀처럼 벗어나지 못하고 바로 땅에 닿을 것이다. 만약 그 힘이 아주 약하면 웬만해서는 지구를 완전히 떠나버릴 것이다. 지구를 꽤 멀리 벗어나더라도 지구와 사과가 서로 당기는 힘은 여전히 있다. 만약 힘이 적당하면, 어느 정도 멀리 가다가 다시 지구를 향하여 돌아오며, 계속 지구 주위를 돌 것이다.[40] 이를 달에 적용시켜 달이 지구 주변을 도는 것뿐 아니라 행성들이 태양 주위를 도는 것도 설명할 수 있을 것이다.

이와 관련하여 뉴턴 이전에 케플러가 알아낸 것은, 행성이 태양 주변을 도는 자취가 원이 아닌 타원이라는 것이다. 사과와 달이 떨어진다는 것을 정성적으로 알 수 있

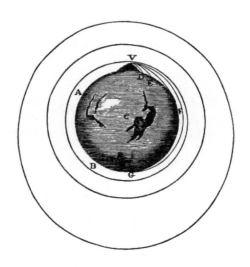

그림 76　뉴턴이 중력을 설명한 책 '자연철학의 수학 원리(Principia 프린키피아)'에 나오는 그림. 사과를 약하게 던지면 둥근 지구 바닥에 닿지만, 세게 던지면 지구 주변을 도는 타원 운동을 한다.

다고 하더라도, 그 자취가 정말 타원 모양임을 증명해야 하는 정량적인 문제가 남았다.

뉴턴(1687): 이 힘의 세기가 거리 제곱에 반비례한다면 타원 궤도를 설명할 수 있다.

뉴턴의 법칙은 지구 주변을 도는 달의 자취 뿐 아니라 태양 주위를 도는 행성들인 수성, 금성, 지구, 화성, 목성, 토성과 후에 발견될 천왕성의 움직임을 거의 완벽하게 설명한다.

물체가 처음 날아갈 때 속도가 충분히 빠르면 원하는 대로 멀리 갈 수 있다. 흔히 이를 지구 중력의 영향을 벗어난다고 표현하지만 이 말은 적절하지 못하다. 중력은 전 우주에 약하게나마 영향을 계속 미치고 있으며, 너무 빠르지만 않으면 언젠가 지구로 돌아오게 되어 있다. 이렇게 돌아오게 하는 적당한 힘이 바로 거리 제곱에 반비례하는 힘이다.

그 전에, 사과와 지구의 거리는 어떻게 잴까? 사과의 꼭지 부분과 지구 표면까지의 거리일까? 아니면 사과의 중심(?)과 지구 중심 사이의 거리일까? 사과와 지구가 매우 작아서 모두 점처럼 보이면 이런 문제는 없다. 실제로 사과는 충분히 작으니 사과의 중심이든 꼭지 부분이든 지구와의 거리를 이야기하는데 큰 오차가 없을 것이다.

그러나 뉴턴은 힘이 거리 제곱에 반비례하면 다음처럼 생각할 수 있다는 것을 알아내었다. 사과와 지구를 완전한 구형이라고 생각한다면, 이들 중심에 모든 질량이 모여 있다고 생각하는 것과 정확히 같은 결과를 준다는 것이다. 뉴턴은 이 결론을 얻기 위해 이십년 가까이 고민했다고 한다.[41] 이 성질에 대해서는 28장에서 더 이야기할 것이다.

원격 작용

지구와 사과가 어떻게 접촉하지 않고도 당길 수 있을까? 지구에 보이지 않는 손이 있거나 보이지 않는 천사라도 있어야 직접 사과를 잡아당길 수 있는 것 아닌가? 지구에 먼 곳에 있는 것도 마음대로 건드릴 수 있는 능력이 있나?

사실 이는 익숙한 현상이다. 접촉하지 않고 당기는 현상을 다른 곳에서도 찾을 수 있다. 자석의 N극과 S극은 접촉하지 않더라도 서로 당길 수 있다는 것을 알고 있다. 심지어 그 사이 빈 공간에 종이를 집어넣어 막더라도 자석의 두 극은 서로를 끌어 당긴다. 그렇다고 문제가 해결된 것은 아니다. 자석 힘도 똑같은 문제를 가지고 있다는 것을 보여줄 뿐이다.

그림 77 지구에서 사과를 떨어뜨리는 즉시 안드로메다에 사는 외계인이 이를 감지한다면 이는 인과율(19장)에 위배된다.

이 문제는 마당^{field, 場}이라는 것을 도입하여 해결할 수 있다. 지구가 중력마당을 주변에 펼치고 그것이 퍼져나가서 사과에 간접적인 영향을 미친다는 것이다.[42] 지구는 중력마당만을 펼치고 사과의 존재 여부는 신경쓰지 않는다. 사과도 자신에게 닿은 마당에 의해서만 결과적으로 중력을 받는다(물론 사과도 중력마당을 펼쳐 똑같은 방식으로 지구에 영향을 미친다).

다른 문제가 있다. 뉴턴의 설명을 따르면, 중력은 아무리 멀리 떨어져 있어도 즉시 전달되어야 한다. 지구가 사과를 일방적으로 당기는 것이 아니라 동시에 사과도 지구를 당기기 때문이다. 가령, 지구를 기준으로 10만 광년 떨어진 거리에 있는 행성 하나를 생각할 수 있다. 지구에 있는 한 사과나무에서 사과가 떨어지면 주변에서 받는 중력이 변할 것이다.

만약 중력이 즉시 전달된다면, 사과가 떨어지자마자 그에 따른 지구 중력의 변화를 즉시 감지할 수 있다. 물론 중력의 세기는 멀리 갈수록 약해진다. 그래도 반대쪽 행성에 충분히 민감한 중력 측정 장치가 있다면(이런 감지 장치를 당장 만들 수 없다는 기술적 문제는 미루어 두고서) 이 변하는 중력을 원칙적으로 감지할 수 있을 것이다.

이렇게 중력이 순간적으로 전달된다면 십만 광년이 떨어진 곳에 눈 깜짝할 사이에 신호를 보낼 수 있을 것이다. 빛을 이용하면 태양과 지구 사이에 신호를 보내는데도 8분 30초가 걸리며, 이 두 행성 사이에 신호를 보내는데는 십만 년이 걸리는데도 불구하고, 중력을 이용하여 신호를 보내는 것이 전파를 사용하는 것보다 훨씬 효과적이라는 것은 두말할 필요가 없다. 그러나 이는 빛보다 빠르게 신호가 전달될 수 없다는 특수 상대성이론과 모순된다.

이제부터 이 문제점을 해결하면서 상대성이론과 부합하는 형태로 중력을 바꾸는 시도를 할 것이다. 이렇게 탄생한 것이 일반 상대성이론이다.

23
빛도 땅에 떨어진다

이 세상 모든 물체는 같은 가속도로 떨어지는 것 같다. 갈릴레오의 증명을 통해, 사과가 질량과 상관 없이 같은 가속도로 떨어져야 한다는 것은 증명할 수 있다. 그런데 사과와 재질이 다른 깃털이 사과와 같은 속도로 떨어져야 한다는 것은 증명할 수 없다. 갈릴레오의 증명 과정에서는 물체를 나누어 보거나 붙여 보는 것만 가능하기 때문이다.

실제로 사과와 깃털은 물론 어떤 물질로 만든 물체를 같이 떨어뜨려보아도 가속도가 다른 경우는 찾아보지 못했다. 앞으로 실험을 해보아도 다른 경우를 발견하지 못할 것 같은데, 이는 물체의 종류나 구성과 상관 없이 같은 가속도로 떨어진다면 중요한 진실을 알려주기 때문이다.

갈릴레오[43]: 모든 물체는 같은 가속도로 떨어진다.

떨어지는 빛

모든 것이 똑같이 떨어진다면, 사과나 깃털은 물론 빛도 마찬가지로 떨어질 것이다.[44] 빛이 너무 특별하여 물체라는 범주에 포함이 안 된다면 몰라도.

빛이 떨어진다면 왜 우리는 이를 볼 수 없을까? 빛은 너무 빨라 땅에 닿을 겨를도 없이 옆으로 멀리 날아가 버리기 때문이다. 사실은 그동안 아주아주아주 조금 땅에 떨어진다. 총을 쏠 때 가까운 과녁은 총알이 떨어지는 효과를 생각하지 않고 그냥 조준해서 쏴도 무리 없이 맞는다. 그러나 수백 미터 이상 떨어진 과녁을 향해 총을 쏘면 총알이 너무 많이 떨어져 조금 위를 향해 곡사로 쏴야한다는 것을 많은 사격 경험자들이 알고 있다. 빛을 수평 방향으로 비추어도 빛이 워낙 빨라 떨어지는 효과를 볼 수 없다.

그림 78은 빛이 실제보다 상당히 느리다고 과장해서, 겨우겨우 빛이 떨어지는 모습을 그린 것이다. 그럼에도

그림 78 수평으로 쏜 빛이 중력을 받아 땅으로 떨어지는 그림. 빛의 속력이 아주 느린 것처럼 과장해서 그렸다.

불구하고 빛이 거의 떨어지는 것을 볼 수 없다.

결론부터 말하면 빛은 거의 같은 가속도로 떨어진다. 실제로 빛이 휘는 것을 볼 수 있다. 앞서 보았듯, 빛은 너무 빨리 지나가고 지구는 너무 가벼워 빛을 약하게 당겨 휘는 효과를 보기 힘들 뿐이다. 그러나 우리 주변에도(?) 상당히 무거운 물체가 있는데 바로 해(태양)이다. 해는 지구보다 약 30만배 무거움에도 불구하고 지구보다 100여 배밖에 크지 않아 주변을 지나가는 빛이 휘는 효과를 볼 수 있다. 그 결과, 실제로는 해 뒷편에 있는 별이 원래는 해에 가려서 보이지 않아야 하나, 빛이 휘어 우리 눈에 들어온다. 그림 79를 보자.

우리는 대상을 직접 보는 것이 아니라 대상에서 나온 빛을 통해 간접적으로 본다. 빛이 눈으로 들어오면 눈이 보는 방향 어딘가에 별이 있다고 본다(5장). 별이 그림처럼 해 뒤에 있어도 별빛이 태양 주변에서 휘어 눈에 들어온다면 우리 눈은 별빛이 방금 들어온 방향 어딘가에 별이 있다고 판단할 것이다. 따라서 해에 가려 보이지 않아야 할 별을 볼 수 있다.

해 때문에 별빛이 휘기는 하지만 많이 휘지는 못하므로 이 별은 해 주변에서 찾아야 한다. 문제는 해가 워낙 밝아서 해 주변을 가까이 지나오는 별빛을 볼 수 없다는 것이다(물론 그 별들은 엄청나게 멀리 있으며, 멀리서 오는 빛이 해 옆을 지나올 뿐이다).[45] 여기에 대한 기발한 해결책은, 달이 해를 가리는 일식때 그 별을 관찰하는 것이다. 에딩턴은 1919년 5월 29일 일식때 원정대와 함께 아프리카에서 그 예측했던 별을 보았다. 역사적으로는 아인슈

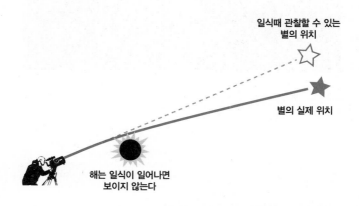

일식때 관찰할 수 있는 별의 위치

별의 실제 위치

해는 일식이 일어나면 보이지 않는다

그림 79 해 때문에 빛이 휜다는 것을 발견한 에딩턴의 실험. 우리 눈에 들어오는 순간 빛의 방향을 통해 별의 위치가 그 연장선 위에 있다고 생각한다. 하지만 빛이 휘었으므로 원래 위치는 다르다.

그림 80 에딩턴의 탐사팀이 찍은 사진. 해 주변에 보이지 않아야 할 별들이 보인다.

타인의 이론이 검증되는 순간으로 기록되어 있지만, 우리는 다른 가능성을 열어놓는다.[46]

그런데 해 뒤에 있어 평소에 보이지 않던 별이 어디에

그림 81 허블 우주 망원경으로 촬영한 중력 렌즈 효과. 아인슈타인 말발굽 반지라고도 부른다. 가운데 있는 '밝은 붉은 은하'(LRG 3-757)가 무겁기 때문에 이 은하 뒤에서 오는 빛이 휘어보인다. ⓒ NASA

서 보여야 한다는 것을 어떻게 알 수 있을까. 지구는 해를 중심으로 주변을 공전한다. 한 번 해를 도는데 걸리는 시간을 1년이라고 한다. 따라서 반년 후에는 해의 반대쪽에 있게 되고, 거기서 해에 가려졌던 별들을 볼 수 있다. 충분한 관찰을 통해 별들의 지도를 만들 수도 있다.

최근에는 우주를 더 정밀하게 들여다볼 수 있게 되었다. 관측 기술 뿐만 아니라 우주의 물질에 대해 더 이해하게 되어, 해와 같이 빛나는 별이 아닌 보이지 않는 무거운 물질이 있다는 것도 알고 있다. 이를 암흑물질이라고 한다. 가끔 똑같이 생긴 별빛(실제로는 은하나 이보다 큰 은하단인 경우가 많다)이 여러개로 보이거나 원호를 그리며 찌그러져 보이는 것이 관측되었다. 이는 별이나, 은하, 또는 보이지 않는 암흑 물질처럼 무거운 물질이 그 별과 지구 사이에 있기 때문이다. 이 현상을 중력 렌즈gravitational lens라고 한다. 렌즈가 상을 확대하거나 축소하고 빛을 모으고 퍼뜨리는 것은 빛이 렌즈를 이루는 물질을 통과하면서 휘게 하기 때문이다. 빛을 휘게 한다는 점에서 중력이 있는 물질 자체가 렌즈라고 할 수 있다.

24
모든 것이 떨어진다면,
그것이 자연스러운 상태가 아닐까

가만히 있다는 것은 상대적이라는 것을 알았다. 서로 일정한 속도로 움직이는 모든 것들은, 아무런 외부의 영향(일부러 밀어주는 힘)을 받지 않는다는 점에서, 가만히 있는 것과 차이가 없다(1~3장). 모두 자신이 가만히 있다고 해도 틀리지 않는다.

가속도 운동을 한다면 자신이 움직인다는 것을 알아낼 수 있다. 자동차가 정지하거나 엘리베이터가 올라가기 시작하면 움직임이 느껴진다. 그런데 사실 우리는 가만히 있어도 이러한 움직임을 느끼고 있다. 너무 익숙해서 이상하지 않아 보이는데, 그것은 바로 우리가 발로 땅바닥을 누르고 있다는 것이다. 저울을 내 발 밑에 가져다 놓고 올라가보면 내가 저울을 누르기 때문에 내 몸무게가

표시되는 것을 알 수 있다. 바닥이 없다면 아래로 떨어질
것을 발로 느끼고 있다.

줄이 끊어진 엘리베이터

내가 절대적으로 움직인다는 것을 알 수 있을까. 가령
기차 안에서 바깥을 보지 않고도 기차가 움직인다는 것을
알아낼 수 있을지를 생각해 보자. 사실은 기차 차창 밖의
풍경이 우리에게 너무 많은 착각을 일으켰으므로, 외부
영향을 차단하는 것이 중요하다. 다시 1장에서처럼 창문
이 없어 밖을 볼 수 없는 엘리베이터를 탄다고 상상하자.

엘리베이터를 끌어올리는 줄을 끊으면, 엘리베이터가
땅으로 떨어진다.[47] 즉, 땅을 향하여 점점 빨라지며 내려

그림 82　밖을 볼 수 없는 엘리베이터에서 엘리베이터가 움직이는 것을 알아
낼 수 있을까?

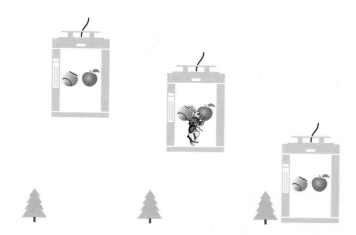

그림 83 줄이 끊긴 엘리베이터를 바깥에서 (나무와 같이 서서) 관찰한 것. 엘리베이터는 물론 안에 있는 물건들도 같이 떨어진다. 지구가 당기기 때문에 점점 빠른 속력으로 떨어진다.

간다. 이 상황을 엘리베이터 바깥에서 관찰하면 그림 83 처럼 보인다.

가만히 들여다보면, 엘리베이터 뿐 아니라 그 안에 있는 모든 사물도 같이 떨어진다.* 깃털은 느리게 떨어질 것 같지만, 앞서 보았듯 공기의 저항을 무시하면 역시 같이 떨어진다. 정말 모든 사물들이 같은 가속도로 떨어진다.

---

* 사실은 엘리베이터 밖에 있는 것도 같이 떨어진다.

왜 떨어질까? 당연한 것이지만, 이 엘리베이터는 지상의 건물에 매여 있기 때문에 떠 있었다. 그 제약이 없어졌다. 엘리베이터는 지구 위에 있다. 앞 장의 뉴턴의 중력으로 이야기하면, 엘리베이터와 지구가 서로 당기기 때문이다.

중력은 이상하리만큼 공평하다. 모든 물체가 예외 없이 같은 가속도로 떨어진다는 것은 예사로운 일이 아니다. 세상 모든 것을 지구가 똑같이 당긴다는것은 매우 특별한 성질이다. 가령, 자석은 특별한 금속만 당긴다. 못과 같은 쇠붙이는 당기지만 동전 같은 비슷한 금속도 당기지는 않는다. 또, 자석 힘은 막을 수도 있다. 철판을 자석 앞에 놓으면 자석 힘은 철판을 통과하지 못한다. 그러나 중력은 사과나 깃털이나 엘리베이터나 가리지 않고 똑같이 떨어지도록 당긴다.

엘리베이터 안에서 다시 보기

만일 내가 이 엘리베이터 안에 있다면, 엘리베이터와 같이 떨어질 것이다. 모든 사물도 엘리베이터와 같은 가속도로 떨어진다. 따라서, 창밖을 보지 않는다면, 엘리베

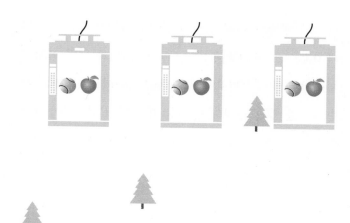

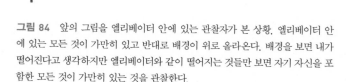

그림 84 앞의 그림을 엘리베이터 안에 있는 관찰자가 본 상황. 엘리베이터 안에 있는 모든 것이 가만히 있고 반대로 배경이 위로 올라온다. 배경을 보면 내가 떨어진다고 생각하지만 엘리베이터와 같이 떨어지는 것들만 보면 자기 자신을 포함한 모든 것이 가만히 있는 것을 관찰한다.

이터 안에 있는 사물들은 모두 멈추어 있는 것으로 관찰한다. 즉, 그림 84와 같은 것을 볼 것이다.

그런데 이번에는 무언가가 이상하다. 둥둥 떠있는 느낌을 받는다. 우리에게 익숙한 상태는 땅에 매여 있던 상태라, 평소에 중력에 익숙했던 몸이 무언가 이상하다는 느낌을 받게 된다. 잡고 있던 사과를 가만히 놓아보면 사과가 땅으로 떨어지지 않고 그 자리에 '둥둥 떠있다.'

마침 체중계가 발 밑에 있다면 체중계에 올라설 수 있

다. 그런데 체중계에 '올라섰음'에도 불구하고 내 몸무게가 0 kg으로 표시될 것이다. 이것이야말로 정말 아무런 외부의 영향을 받지 않는 상태라는 확신이 들 것이다. 가만히 놔둔 것은 가만히 있는다. 땅에 떨어지는 것이 아예 없다. 엘리베이터와 같이 떨어진 관찰자에게

중력이 없어졌다.

이 상태야말로 중력을 포함하여 아무런 영향도 받지 않는 자연스러운 상태이다.

똑똑이: 불행한 자들아! 엘리베이터를 기준으로 운동을 관찰하기 때문에 그런 멍청한 생각을 하는 것이다. 너희들은 추락하고 있는데 아무런 영향을 받지 않고 공간에 떠있다고 착각할 뿐이다.

물론 엘리베이터와 같이 떨어지는 모든 것들은 곧 지구와 가까워지고 결국 바닥에 부딪힐 것이다. 우리는 이 실험이 안전한가에는 관심이 없고, 오직 운동의 절대적인 기준이 없다는 것만을 생각해보고 싶다. 똑똑이는 자신이 바깥에 고정되어 있기 때문에 가만히 있다고 확신

할 것이다. 그런데 가만히 생각해 보면 '고정된 바깥'은 지구에 붙박혀 지구와 같이 움직이고 있다.

중력이 없는 우주 공간

중력이 아예 없는 상황을 생각하자. 주변에 아무것도 존재하지 않는 텅 빈 우주 공간에 엘리베이터가 있다고 해 보자. 아무것도 없는 우주 공간을 상상하기 힘들지 모르겠지만, 아마도 먼 우주 어딘가에, 별이나 천체의 영향도 없는 텅 빈 공간이 있을지도 모른다. 안에서 보면, 어디에도 중력이 작용하지 않아 모든 물체가 둥둥 떠있을 것이다.[48] 밖에서 보아도 엘리베이터는 떨어지지 않는다. 당길 지구

그림 85   주변에 아무 것도 없는 우주 공간의 엘리베이터 안에서도 모든 것이 둥둥 떠있다. 중력을 미치는 것이 없기 때문이다. 이 상황을 줄이 끊어진 엘리베이터 안(그림 84)과 구별할 수 있을까?

가 없기 때문이다. 여기에서도 사과를 살며시 놓으면 사과가 떨어지지 않고 둥둥 떠있다. 체중계 위에 올라가 보면 몸무게가 0이다.

등가 원리

중력이 없는 곳의 엘리베이터 안과 지구상에서 떨어지는 엘리베이터 안에서는 같은 일이 일어나는 것 같다. 이를 구별할 수 있을까?

아인슈타인(1907, 등가 원리[49]): 중력과 가속운동은 서로 비슷한 정도가 아니라 아예 같은 현상이다. 그것은 동전의 양면처럼 동일한 실체의 다른 모습에 불과하다.

즉, 두 상황은 이 세상 어떤 실험으로도 구별할 수 없다.[50] 이 원리를 받아들이면 서로 다른 두 현상을 한꺼번에 설명할 수 있을 뿐 아니라 새로운 신기한 현상이 일어난다는 것을 깨닫게 된다. 이 등가원리가 바로 일반 상대성이론의 초석이 된다. 등가 원리는, 상대성 원리를 중력때문에 가속되는 관찰자에게까지 확장한 것이다. 그래서 일반 상대성이론이라는 이름이 생기게 된다.

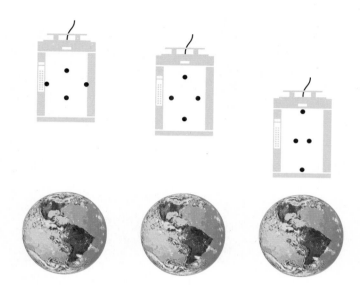

그림 86-1 중력이 작용하는 지구의 모양 때문에 사실은 엘리베이터 안에서 중력이 균일하게 작용하지 않는다. 이 그림은 엘리베이터의 바깥에서 관찰한 것이다.

그림 86-2 이 그림에서는 전체적인 힘을 뺀 상대적인 힘을 볼 수 있는데 이 힘을 조석 힘이라고 한다.

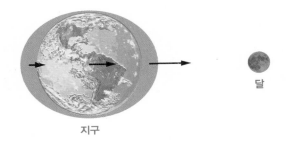

그림 87 달이 지구 표면의 바닷물을 당길 때도 지구 곳곳을 당기는 힘이 다르다. 지구에서 볼 때 지구 표면의 바닷물이 퍼지는 모양이 다음과 같다. 달과 일직선상에 있는 곳에서는 밀물이 여기에서 벗어난 곳에서는 썰물이 생긴다.

조석 힘

엄밀히 말하면 지구상에서는 떨어지는 엘리베이터를 통해 중력이 없는 상태를 만들 수 없다. 지구와 물체 사이의 중력은 둘 사이의 거리가 가까울수록 세다. 따라서 엘리베이터 바닥은 지구와 가깝고 천장은 상대적으로 멀다. 따라서 바닥에 있는 물체는 세게 당기고 천장에 있는 물체는 약하게 당긴다.

마찬가지로, 엘리베이터의 왼쪽 끝에서 볼 때 지구 중심 방향은 바닥에 수직이 아니라 비스듬하게 기울어져 있다. 오른쪽 끝에서 볼 때는 반대쪽으로 기울어져 있다. 모든 물체는 지구 중심을 향해 떨어지므로, 엘리베이터 안에서 어디에 있느냐에 따라 다른 방향으로 이동한다. 따라서 엘리베이터에서 떨어지고 있는 사람은, 주변의 물체들이 단순히 둥둥 떠 있기보다는, 위아래로는 점점 벌어지고 좌우로는 점점 모이는 것을 관찰한다.

이 차이는 달이 지구 근처에 있을 때 밀물과 썰물을 일으키는 것과 같은 현상이어서 조석 힘$^{tidal\ force\ 또는\ 기조력}$이라고 부른다. 지구와 엘리베이터를 생각하면 지구의 크기나 질량에 비해 엘리베이터의 크기가 아주 작기 때문에 이런 것을 크게 걱정하지 않을 수 있고 근사적으로 정확하다. 그러나 다음 장에서 보게 될 블랙홀과 같이 극단적으로 무겁고 작은 크기의 물체는 중력이 너무 강하므로 엘리베이터가 아무리 작다고 하더라도 바닥과 천장 사이의 중력 차이가 매우 크다.

이 조석 힘이 있다고 해서 등가 원리가 완전히 성립하지 않는다는 것은 아니다. 여전히 가속도와 중력을 구별할 수 없다고 할 수 있지만 이를 실험으로 확인하기가 어려워진다. 사실은 등가 원리의 극단적인 형태가 성립하는지를 이야기하기 어렵다. 가장 극단적인 형태는 떨어지는 엘리베이터 안의 두 물체가 중력을 통해 당긴다고 하더라도 등가 원리는 성립하는 것이다.

뒷이야기: 추락하는 엘리베이터에서 탈출하기

질문: 떨어지는 동안 엘리베이터 안에서 모두 가만히 있는 것처럼 보인다면, 창밖을 잘 보면서 엘리베이터가 바닥에 닿는 순간 바닥을 차며 점프하여 안전하게 탈출할 수 있지 않을까?

안에서 보면 모든 것이 정지해 있고 둥둥 떠있는 것처럼 보이지만 밖에서 보면 모든 것이 같이 떨어지고 있을 뿐이다. 안에서 볼 때 마지막 순간 바닥을 차며 점프한다고 하더라도 밖에서 보면 마지막 순간에 아주 약간 느리게 떨어질 뿐이고, 지표면에서 위쪽으로 다시 올라갈 수는 없다. 이 때에도 가속도 크기 변화가 거의 없어 거의 같은 충격을 받을 것이다.

LINK ⚔ **등가 원리를 볼 수 있는 영상**

1. 자유롭게 떨어지는 비행기 안에서 둥둥 떠있는 영상(실제로는 비행기와 같이 떨어지는 영상)
   http://www.youtube.com/watch?v=NkXrpbOEWC4

2. 우주 공간에서 둥둥 떠있는 영상[51]
   http://www.youtube.com/watch?v=coX1u2_KBsQ

이 두 영상에서 차이점을 찾기 어려울 것이다. 사실은 이 둘이 같은 현상이기 때문이다.

25

중력은 가속도와
구별할 수 없다

엘리베이터 실험을 계속하여 내 운동을 알아낼 수 있는지 살펴보자. 외부 환경과의 상대적인 차이를 생각하기 위해 간단한 장치를 생각한다. 엘리베이터에 작은 구멍을 내고, 바깥에서 빛을 쏘아준다. 밖에서 빛을 쏘는 사람은 빛이 지나가는 경로가 엘리베이터 바닥과 수평이 되도록 쏘아준다고 했다. 안에 있는 사람은 이 빛이 들어오는 모양을 보고 나 자신이 움직이는가를 알아내어야 한다. 중력이 있는지 없는지는 모른다.

만약, 빛이 수평으로 지나가면 밖을 보지 않아도 엘리베이터가 가만히 있다는 것을 알 수 있다. 빛이 너무 빨리 날아가기 때문에 빛의 움직임이 미세하게 바뀌는 것을 놓쳐서는 안되겠다. 따라서 안에 있는 사람은 일상 생활에

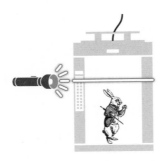

그림 88 밖에서 안으로 비추어주는 빛을 통해 엘리베이터가 움직이는지를 판단할 수 있을까? 빛이 수평으로 지나가는 것을 통해 엘리베이터가 가만히 있다는 것을 알 수 있다.

서는 알 수 없는 미세한 차이도 정밀한 측정 도구를 이용해 감지할 수 있다고 하자.

만약 그림 89처럼, 빛이 직선을 그리기는 하지만 비스듬하게 아래쪽으로 지나가는 것을 관찰한다면, 두 가지

그림 89 빛이 비스듬하게 직선으로 진행하는 것을 보고 두 가지 판단을 할 수 있다.

판단이 가능하다.

하나는, 비록 밖을 볼 수는 없지만 엘리베이터가 일정한 속도로 올라가고 있다는 것이다. 다른 하나는, 엘리베이터는 계속 가만히 있지만 밖에서 빛을 쏘아주는 사람이 약속과 달리 빛을 비스듬하게 쏘아주었다고 생각할 수 있다. 이 둘을 구별할 수 있는 방법이 있을까? 바깥을 보지 않는다면 구별할 수 없다.

만약 빛이 그림 90과 같이 곡선으로 휘어 지나간다면 어떻게 판단할 수 있을까? 아까와는 달리, 빛을 비스듬하게 비춘다고 하더라도 곡선을 만들 수는 없다. 정말 다른 무언가가 일어나고 있다.

이 때에도 두 가지 설명이 가능하다.

그림 90 빛이 아래로 휘는 것을 보고 엘리베이터의 움직임에 대해 알 수 있는 것은?

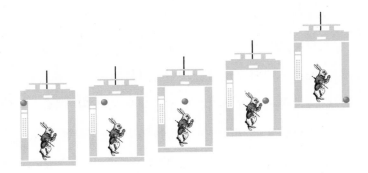

그림 91 아무것도 없는 공간에서 빛은 일정한 속도로 날아간다. 엘리베이터가 일정한 가속을 받고 윗쪽으로 올라간다.

1. 중력이 없는 빈 우주공간에서 엘리베이터가 빛이 휘는 반대방향으로 가속하고 있다(위쪽으로 점점 빨라지며 날아가고 있다).

이 상황을 그림 91에 나타내었다. 이는 엘리베이터 바깥에 가만히 있는 사람이 관찰한 그림이다.

엘리베이터 안에 있는 사람은 무엇을 관찰할까? 그림 92는 위의 그림을 높이만 바꾸어서 다시 배열한 것이다. 이것이 엘리베이터 안에서 관찰하는 빛과 엘리베이터와 자신의 움직임이다. 그런데 이렇게 그림을 그려놓고 보면 빛이 아래로 떨어지는 것 같다. 엘리베이터 안 사람은 빛이 떨어지는 것을 본다. 이것은 앞 장에서 보았던, 지구

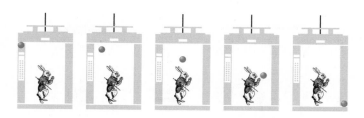

그림 92 같은 그림을 고정시켜놓고 그린 그림이다. 엘리에비터가 멈추어 있고 빛이 아랫쪽으로 떨어지는 것으로 보인다.

상에 가만히 있는 엘리베이터 안에서 보았을 때 빛이 중력을 받아 떨어지는 그림과 똑같다. 따라서 이 상황을 다음처럼 생각할 수 있다.

  2. 엘리베이터가 가만히 있기는 하지만, 중력을 받아 (가령, 엘리베이터가 지구 위에 있어서) 빛이 아래로 떨어지고 있다.

엘리베이터 안에서 이 둘을 구별할 수 있을까? 더 정밀히 관찰할 수 있다면? 1번의 관점에서, 엘리베이터가 위로 올라가는 가속도의 크기가 물체가 땅으로 떨어지는 중력 가속도의 크기와 같다면, 2번의 관점에서 빛이 떨어지는 가속도도 똑같다. 따라서 1번과 2번은 구별할 수 없다. 이 현상도 등가 원리라고 한다.

  엘리베이터 바깥을 볼 수 있다면 빛을 쏘아주는 사람

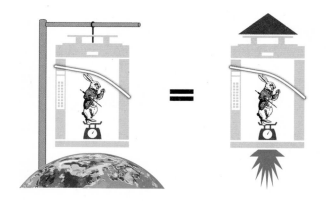

그림 93 등가 원리를 따르면, 그림의 두 상황은 엘리베이터에 탄 사람이 구별할 수 없다. (왼쪽) 엘리베이터는 가만히 있지만, 지구가 아래에서 중력을 작용하는 경우. (오른쪽) 엘리베이터가 윗쪽 방향으로 가속을 받으면서 날아가는 경우.

이 멈추어 있고 내가 움직인다는 것을 알아낼 수 있을까? 그 사람이 멈추어 있다는 것은 (지구상의 어떤 건물에 앉아 있거나 하여) 지구에 대해 상대적으로 움직이지 않는다는 것이다. 그러나 지구가 절대적으로 움직이지 않는다는 보장은 없다. 1부에서 어떤 고정된 행성이나 별을 사용하더라도 그 기준이 본질적으로 움직이지 않는다는 것을 확신할 수 있는 증거는 없다는 것을 보았다. 따라서 누가 정말로 가만히 있는지를 결정하는 것은 불가능하다.[52]

빛을 관찰하는 대신 다른 실험을 해보는것은 어떨까? 저울을 바닥에 놓고 올라가서 내 몸무게를 재어 볼 수 있다. 두번째 경우, 즉 엘리베이터는 가만히 있지만 지구가 아래 있거나 해서 중력의 영향을 받는다면, 무게가 0이 아니라는 것을 통해 알 수 있을지도 모른다.

그러나 잠깐. 저울이 하는 일은 내가 저울을 얼마나 세게 누르나를 보여주는 것이다(22장, 그림 75). 지구가 엘리베이터 안의 사람을 당겨 저울이 눌리면 무게가 표시되는 것은 맞다. 그러나 중력을 일으키는 것이 없는 빈 우주 공간에서 엘리베이터가 윗쪽으로 가속을 받아 날아올라가도 마찬가지이다. 엘리베이터가 올라가고 저울도 같이 올라가기 때문에, 나는 가만히 있으려 하는데 저울이 내 발을 밀어올린다. 역시 저울을 누르게 되고 눈금이 돌아간다. 엘리베이터가 올라가는 가속도의 크기가 지상에서 사과가 떨어지는 중력가속도인 $9.8m/s^2$와 같으면, 저울에 표시되는 숫자마저 같다. 따라서 이 실험은 등가 원리가 틀리지 않았다는 것을 보여준다.

저울을 놓는 실험 뿐 아니라 전기 실험(사실은 빛을 쏘는 실험), 자기 실험, 방사능 물질 실험(핵폭탄을 터뜨리거나 하는)을 해 보아도 구별할 수 없을 것이라는 것은 앞서 갈릴레이가 말한 등가 원리보다 더 강한 가정이다. 지금까지 실험 결과는 등가 원리와도 모순이 없다.

다만 조석 힘을 사용하면 두 경우를 구별할 수 있다. 1번의 경우, 즉 빈 공간에서 엘리베이터가 균일한 가속도로 올라간다면 엘리베이터 안의 모든 곳에서 낙하하는 가속도가 같다. 이는 물체에서 나오는 중력을 가지고 만들 수 없는 상황이다. 지구 때문에 중력이 생기는 2번 경우라면, 24장에서 본 것과 같이 지구 주변에 있는 엘리베이터 안의 중력은 균일하지 않다. 따라서 지구처럼 중력을 일으키는 천체의 크기가 크거나 엘리베이터의 크기가 충분히 작아야만 아인슈타인의 등가 원리가 근사적으로 성립한다.[53]

26
중력 때문에 달라지는 시간,
그에 따라 이동하는 물체

**물체는 자신이 느끼는 시간이
제일 천천히 흐르는 곳으로 이동한다.**

— 킵 손, 《인터스텔라의 과학》(2015)

1부에서 가장 중요하게 사용했던 사실은 빛의 속력이 변하지 않는다는 것이었다(6장). 빛을 비추는 사람이 일정한 속도로 움직이는 경우나 빛을 관찰하는 사람이 일정한 속도로 움직이는 경우 모두 빛의 속력이 변하지 않는 것으로 보았다. 여기에는 모두가 일정한 속도로 움직인다는 가정이 있었다. 이 가정을 바탕으로 한 현상을 다룬 상대성이론을 특수 상대성이론이라고 부르기도 한다.

이제부터는 가속 운동을 생각할 것이다(4장). 가속 운동을 하면서 빛을 쏘거나, 가속 운동을 하면서 빛을 관찰할 것이다.

빛의 속력이 보는 사람에 따라 다르다[54]

앞 장의 줄이 끊어져 떨어지는 엘리베이터를 생각해보자. 떨어진다는 것은 엘리베이터가 땅을 향해 점점 빨라지고 있다는 것이다. 가속도가 있다. 편의상 일정한 가속도가 있다고 가정하자.[*]

여기에서는 빛이 지나가는 거리를 제대로 비교하기 위해 높이가 가로 길이의 딱 두배인 엘리베이터를 생각하자(그림 94). 줄이 끊어져 떨어지는 순간 엘리베이터 바깥 세 끝에서 그림처럼 동시에 빛을 비춘다고 하자. 두 가지 관찰이 가능하다.

1. 등가 원리를 따르면, 엘리베이터와 같이 떨어지는 관찰자(이름을 낙하[**]라고 하자)는 엘리베이터를 포함해 이 안에 있는 모든 것이 멈추어 있다고 관찰한다(그림 94). 따라서 왼쪽에서 쏜 빛이 수평으로 날아가는 것을 본다. 빛은 아무 영향을 받지 않았고 윗쪽이나 아랫쪽으로 당겨지지 않는다. 위에서 쏜 빛, 아래에서 쏜 빛도 마찬가지

---

[*] 지구의 크기가 크므로 근사적으로 가속도가 일정하지만, 실제로는 지표면으로 갈수록 지구와 더 가까워지므로 가속도가 더 세진다.

[**] 떨어진다는 뜻을 가진 이름이다. 미국에서 비슷한 역할을 하는 친구의 이름은 Frefo(freely falling observer)이다.

다. 따라서 빛의 속력은 세 경우 모두 같고, 세 빛은 한꺼번에 만난다.

2. 두번째로 지표면을 기준으로 가만히 있는 '기준'*** 이라는 사람을 생각하자. 기준이가 가만히 있으려면 지면을 딛고 서있거나 고정된 건물 위에 올라가야 한다. 엘리베이터가 처음에는 정지한 상태에서 자유낙하하기 시작했다. 기준이가 볼 때도 아래 위 옆에서 빛을 쏘는 순간은 앞과 같이 떨어지기 시작한 순간이라고 하자.

기준이가 볼 때 엘리베이터는 지표면을 향해 떨어지고 있다. 엘리베이터 안에서 봤을 때 왼쪽에서 쏜 빛이 수평으로 나갔다면, 밖에서 보았을 때는 빛이 떨어져야 한다. 이전 장에서 빛도 떨어진다는 것을 보았다. 따라서 곡선 경로로 가는 빛을 보게 된다.

중요한 점은, 동시에 세 빛이 만난다는 사건 자체는 보는 사람과 관계가 없어야 한다는 것이다. 엘리베이터와 같이 떨어지는 낙하뿐 아니라, 밖에 가만히 있는 기준이가 보더라도 말이다. 이는 사건 자체의 발생 여부의 문제

***   가만히 있기 때문에 기준이 된다는 뜻에서 기준이라고 부른다. 미국에서 비슷한 역할을 하는 친구의 이름은 Fido(fiducial observer)이다.

그림 94 중력이 없는 상태에서 가만히 있는 엘리베이터에서 비춘 세 빛. 또는 중력이 있는 상태에서 엘리베이터와 같이 떨어지는 사람이 본 세 빛. 세 거리가 같으므로, 빛은 한 점에서 만난다.

그림 95 중력의 영향을 받는 공간에 가만히 있는 엘리베이터.

로, 관점에 따라 사건이 일어나기도 하고 안 일어나기도 할 수는 없다.

기준이가 볼 때, 빛이 만나는 장면은 그림 95와 같다. 세 빛이 만난다는 사실은 무슨 뜻인가. 같은 시간 동안 이동한 거리가 그림에 그린 길을 지나간 거리라는 뜻이다. 그런데 아래에서 쏜 빛은 앞의 그림보다 짧은 거리를, 위에서 쏜 빛은 앞의 그림보다 긴 거리를 갔다. 즉, 일정한 가속도로 떨어지는 물체에서 쏜 빛은 가속도에 실려 속도가 느려지거나 빨라진다.[55]

따라서 가속도를 가지고 쏜 빛의 속력은 일정하지 않다. 지표면에 고정되어 있는 관찰자는 똑같은 말을 다른 식으로 할 수 있다.

중력이 있는 곳에서 날아가는 빛은 지표면에 가까울수록 속도가 느려진다.

따라서 지표면 가까이에서 빛은 느리게 가고, 멀리에서는 빠르게 간다. 보는 사람이 지표면에 더 가까이 있는지 더 멀리 있는지와는 무관하다. 지표면에서 가까울수록 중력에 대해 아래에 있어 빛의 속력이 느려진다고 해

석할 수 있다. 가속도와 중력은 이런 의미에서 절대적인
의미를 갖는다.

주의: 여전히 빛의 속력은 상대적인 움직임에 관계없이
일정하다. 다만 바로 앞에서 빛을 보아야 이 말이 성립
한다. 엘리베이터 아래쪽에서 빛은 느려 보이는데, 날아
오는 동안 중력의 영향을 받아서 속력이 바뀌어 보인다.
비슷한 예로, 앞서 17장에서 멀리 떨어져 운동하는 물체
를 볼 때, 빛이 날아오는 동안 시간흐름이 바뀌어 보인다
는 것을 알았다.

중력이 세진다는 말은 시간이 느려진다는 말과 같다

가속되며 올라가는 엘리베이터를 타며 관찰하면 빛의
속력이 달라 보였다. 등가 원리를 사용하면, 가만히 있지
만 중력이 있는 경우에도 빛이 떨어지면서 느려졌다. 속력
은 거리를 시간으로 나눈 것이므로 거리가 바뀌었는지 시
간이 바뀌었는지 확실하지는 않다. 일반 상대성이론을 완
성하여 아인슈타인 방정식을 사용하기 전에는 거리가 달
라진다는 것을 보일 수가 없다. 여기에서는 등가 원리를 생
각하면 중력이 세질수록 시간이 느려진다는 것을 보인다.

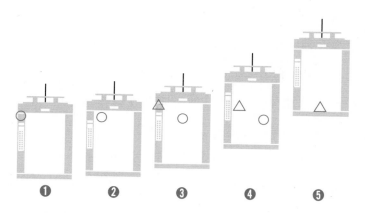

그림 96　위쪽으로 가속하는 엘리베이터 바깥에서 빛을 주기적으로 비추어주고 있다. 이를 엘리베이터 바깥에서 본 장면이다. 처음 빛을 비출때 엘리베이터는 멈추어 있었으므로 빛이 수평으로 똑바로 나아간다. 빛은 일정한 주기로 공급되지만 바닥에 있는 관찰자는 빛이 더 자주 도달하는 것을 본다. 첫 번째 빛은 (동그라미) 세 단계가 지나도 바닥에 안 닿았는데, 두 번째 빛은(세모) 두 단계만 지났는데도 벌써 거의 바닥에 닿았다.

1. 그림 96은 빈 우주 공간에서 위쪽으로 가속 운동을 하는 엘리베이터를 일정한 시간 간격으로 그린 것이다. 빈 우주 공간에는 엘리베이터에 영향을 주는 것이 없으므로, 올라가는 엘리베이터를 제외한 내부의 모든 것이 둥둥 떠 있다.

엘리베이터 왼쪽 위에 같이 타고 있는 친구가 빛을 일정한 주기로 깜빡여준다. 앞서와 비슷하게, 천장에서 쏜 빛이 바닥에 닿는 시간을 통해 시간 흐름을 비교한다. 엘리베이터는 계속 올라간다. 처음 쏘아준 빛은(동그라미) 그림 ❹번에 이르러서도 아직 바닥에 닿지 않았다.

그러나 ❸번에서 쏜 빛은 단 두 단계만인 ❺번에서 거의 바닥에 닿는다.* 첫번째 빛보다 더 짧은 시간에 바닥에 닿았음을 확인하자. 그 다음 빛을 쏜다면 더 빨리 바닥에 닿을 것이다.[56] 왼쪽 위에서 쏜 빛이 일정한 주기로 나옴에도 불구하고 바닥에 닿는 빛들의 주기가 점점 짧아진다. 따라서, 엘리베이터 천장에서는 빛이 일정하게 공급되는 반면,

깜…빡…깜…빡…깜…빡…

바닥에서는 빛이 자주 자주 공급된다.

깜빡 깜빡 깜빡

이런 일이 생기는 이유는 엘리베이터가 점점 빨리 올라오기 때문이다. 만약 엘리베이터가 가만히 있거나 일정한 속도로 올라오면 천장에서 빛을 쏘는 주기와 빛이 바닥에 닿는 주기가 같을 것이다.

빛들이 깜빡이는 것을 시계라고 생각하면 천장보다 바

---

*   이때 쏜 빛은, 우리 기준으로 속력이 있는 상태에서 쏘았기 때문에 엘리베이터의 운동에 실려 조금 기운 직선 운동을 한다.

닥에서 시간 간격이 짧다고도 할 수도 있다. 천장에서 꽤 긴 시간 간격을 두고 일어난 일을 바닥에서 관찰하면 빨리 일어난 일처럼 보인다. 그에게는 이것이 천장에서 온 유일한 정보이다. 천장에서는 정상적으로 재생한 영화가 바닥에서는 빨리 감기를 한 것처럼 보이므로 바닥에 있는 사람은 다음과 같이 이야기할 것이다.

바닥에 있는 사람: 높은 곳의 시간이 빨리 흐른다.

물론 이 현상은 엘리베이터의 높이가 엄청나게 높거나 가속도가 엄청나게 커야만 겨우 관찰할 수 있다.

2. 여기에 등가 원리를 적용시켜보자. 방금 본 상황, 즉 아무것도 없는 우주 공간에서 위로 가속되는 엘리베이터(그림 96)는 바깥에서 본 것이다. 엘리베이터 안에서는 이 상황을, 엘리베이터는 가만히 있지만 아래쪽에서 당기는 중력의 영향이 있는 상황과 구별할 수 없다(25장).

그림 97에서는 엘리베이터는 멈추어 있고 바닥 방향으로 중력이 작용한다. 중력 가속도는 일정하지만 엘리베이터 바닥과 천장은 구별된다. 사과를 위로 들어주는 내 내 힘이 들어서 높은 곳까지 옮겨놓을수록 더 힘들다.[57]

여기에 등가 원리를 적용하면, 이전과 같은 상황이 된

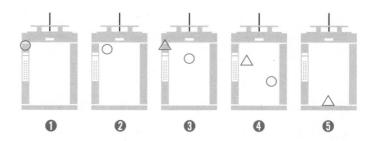

그림 97 앞의 상황에 등가 원리를 적용하면 그림과 같이 된다. 멈추어 있는 엘리베이터의 아래쪽으로 중력이 작용하여 빛과 물체가 떨어지는데, 역시 위에서 천천히 공급된 빛이 아래에서는 자주자주 떨어진다.

다. 역시 높은 높이에서 빛을 던지는 간격보다, 바닥에 빛이 닿는 간격이 더 짧다. 위에서 빛이나 물건을 반복해서 던지면 바닥에서는 더 빨리 빨리 닿는 것이다. 따라서 마찬가지로 중력의 영향을 낮은 곳에서 받으면 시간이 느리게 흐른다는 결론을 얻는다. 조금 더 높이 올라가면 시간이 덜 느리게 흐르는 대신 그 자리로 내가 올라가기가 힘들다. 이 결과는 그림 95에서 본 것과 일치하는데, 기준이에게는 바닥에 가까울수록 빛이 느리기 때문이다.

이렇게 해서, '들어가며'에서 이야기했던, 높이에 따라 시간이 다르게 흐른다는 사실을 설명하였다. 건물의 높은 층에 살면 중력을 거슬러 올라가 높은 곳에서 지내는 것이므로 시간이 덜 느려진다(상대적으로 빠르게 흐른다).

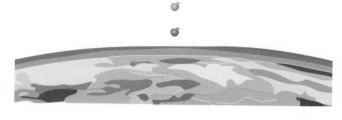

그림 98 그림 71과 같은 그림을 보고 있으나, 우리는 완전히 다른 눈으로 본다. 사과를 지구가 당겨서 떨어진다고 하는 대신, 사과는 시간이 더 천천히 흐르는 곳으로 이동한다고 할 수 있다. 지구 중심에서 가까울수록 시간이 더 천천히 흐르는 곳이다.

빛과 물체는 시간이 천천히 흐르는 곳으로 간다

이제 일반 상대성이론으로 가는 길목에서 (아직 도착한 것은 아니다) 가장 중요한 관찰을 할 때가 되었다. 위로 올라가는 엘리베이터에 타고 있는 사람은 엘리베이터가 멈추어 있고 중력 때문에 물건이 아래로 떨어지는 것으로 본다. 바닥 쪽은 시간이 더 천천히 흐르는 방향이다. 따라서 다음 결론을 얻을 수 있다.

물체는 자신의 시간이 더 천천히 흐르는 곳으로 이동한다.

물체의 운동을 이렇게 묘사하니, 마치 주어진 장소에서 조금이라도 더 시간이 천천히 흐르는 주변 장소로 호시탐탐 냄새를 맡으며 이동하는 것 같다. 이제는 더이상 중력이라는 단어를 사용하여 "물체는 (끌어당기는 물체가 있어) 중력이 작용하는 방향으로 떨어진다"고 말할 필요가 없다.

질문: 뉴턴은 물체가 떨어지는 원인이 중력이라고 하였다. 물체가 시간이 천천히 흐르는 곳으로 간다는 것은 그 결과 아닌가.

뉴턴은 중력이 무엇인지 설명하지 않았다. 물체들이 서로 당긴다는 것으로 물체가 떨어지는 것을 설명할 수 있다고 말했을 뿐이다. 따라서 시간흐름이 느려지는 곳으로 물체가 이동하는 현상도 무엇을 설명하지는 않지만, 중력이라는 말을 대신할 수 있다. 그림 97의 가만히 있는 엘리베이터는 등가 원리를 적용하면 그림 96이 된다. 그림 96에서 빛은 아무 영향도 받지 않고 가만히 지나간다! 그림 97은 아무 영향도 받지 않는 빛을 올라가는 엘리베이터에서 본 것 뿐이다. 마찬가지로 그림 71에서 사과가 떨어지는 이유는 지구에 가까이 갈수록 시간 흐름이 느려지기 때문이다. 지구에 가까이 갈수록 시간 흐름이 느려지게 만든 것은 다름 아니라

지구가 이 자리에 놓여 있어 주변의 시간에 영향을 미쳤기 때문

이다. 왜 그런지 설명하지 못하지만 그렇다는 것은 안다.

실제 지구에서 물체가 떨어지는 것을 생각할 때는 조금 다른 점이 있음에 주의하자. 보통 물체의 경우, 사과를 아래쪽으로 떨어뜨리든 오른쪽으로 던지든, 떨어지면서 날아가는 거리가 빛의 속력으로 날아가는 거리에 비해 현저하게 짧다. 따라서 시간과 공간의 대칭을 생각하면(12장) 이들 물체는 거의 시간(축)을 따라 이동한다. 그래서 지구상의 일반적인 물체는 공간의 성질보다는 시간의 성질에 민감하다. 그러므로 이들의 행동은 앞서 생각한 엘리베이터로 다 설명할 수 있다. 즉, 공간이 어떤 모양인가와 상관 없이 물체는 시간이 느려지는 위치로 이동한다.

빛은 조금 다른데, 빛을 비추게 되면 시간(축)을 따라 이동하는 정도가 공간 방향으로 이동하는 정도와 맞먹는다. 따라서 빛은 공간이 어떻게 휘었는가의 영향을 민감하게 받는다. 이것을 다음 장에서 논할 것이다.

중력의 영향은 절대적이다

특수 상대성이론의 경우에는 상대적으로 어떻게 운동하느냐에 따라 길이와 시간이 다르게 보이며 특히 입장을 바꾸어 보아도 서로의 시간이 느리게 흘러가는 것을 관찰하였다. 서로 자신이 가만히 있고 상대방이 움직이는 것처럼 보이며, 둘 중 어느 하나가 더 옳다고 할 수 없기 때문이다.

지구로 가까이 갈수록 시간이 느리게 가는 것은 중력의 영향 때문이다. 중력은 가속도를 다른 입장에서 보는 것이라고 하였는데, 누가 보아도 가속도의 크기는 같다(4장). 마찬가지로, 물체가 지구에 가까이 있을수록 중력을 많이 받는다는 것은 누가 관찰해도 같다. 따라서, 누가 보아도 지표면에 가까이 있는 시계가 천천히 가고 멀리 떨어져있는 시계가 빠르게 가는 것을 관찰한다.

일정한 가속도로 올라가는 엘리베이터 바닥에서 일정한 주기로 빛을 깜빡여주면 엘리베이터의 가속 때문에 천장에서는 빛이 덜 자주 깜빡일 것이다. 천장에서는 그것이 유일한 정보이므로, 바닥에서 정상적으로 재생되는 영화가 천장에서는 느리게 재생되는 것을 관찰한다. 천장 입장에서는 바닥의 시간이 천천히 간다는 같은 결론을 얻는다. 이 결론은 상대적이지 않고 절대적이다.

중력에 의한 적색이동

도플러 효과(17장)를 여기에 적용시켜볼 수 있다. 빛은 시간이 느려지면 덜 진동하게 된다. 자주 진동하는 푸른 색 손전등을 쏘며 지구 안으로 떨어지더라도, 그 사람이 보내는 빛은 점점 붉은 색이 된다.[58] 바깥쪽의 관찰자는 떨어지는 사람이 점점 작아져서 안 보이지만 볼 수 있다면 점점 붉게 된다는 것을 안다.

이 적색 이동redshift, 즉 중력을 발하는 물체에 가까이 있을수록 시간이 더 느리게 가는 현상은 지금까지 본 것과 같은 현상이다. 이는 역학만으로 설명할 수 없다. 그러나 뉴턴 역학에 등가 원리만 적용하면 빛이 휘는 것 뿐 아니라 높이 있는 곳에서 시간이 느리게 흐르고 빛의 주기가 더 느려지는 적색 편이까지 설명할 수 있다. 일반 상대성이론은 아직 필요하지 않다.

27

휜 공간에서
힘을 받지 않고 나아간다

눈먼 딱정벌레가 구부러진 나뭇가지 위를 기어갈 때,
자기가 지나온 길이 휘어졌다는 것을 모른단다.
나는 운이 좋아 딱정벌레가 몰랐던 것을 알아차릴 수 있었지.

— 알베르트 아인슈타인 *(1922)*

중력의 영향을 받으면 시간이 느리게 흐른다는 것을
보았다. 또 물체는 시간이 천천히 흐르는 장소로 '떨어진
다'는 것을 알았다. 특수 상대성이론에서 배운 것이 바로
시간과 공간은 떼어 생각하기보다는 시공간이라는 개념
으로 한데 묶어 생각해야 한다는 것이다(12장). 따라서 중
력은 물체들의 시간 흐름을 바꿀 뿐 아니라 물체의 모양
을 변형시켜야 한다. 이를 흔히 공간을 휘게 만든다고 말
하기도 한다. 공간이 휜다는것이 무슨 뜻일까?

지구가 둥글다는 것은 어떻게 알 수 있을까

지구가 평평하지 않고 둥글다는 것은 어떻게 알 수 있을까. 우주 공간에 나가 멀리서 지구를 보면 지구가 공 모양이라는 것을 확인할 수 있다. 그러나 지구 밖으로 나갈 수 없다면 다른 방법을 생각해야 한다.

지구 표면을(2차원) 예로 들었지만 우리가 궁극적으로 알고 싶은 것은 지구 주변 공간의 모양이다(3차원). 우리가 이 공간 밖으로 나가서 공간을 들여다보는 것은 불가능하다.[59] 그러므로 우리는 다른 직접적인 방법을 찾아본다. 다행히 지리학자들geographers과 기하학자들은geometers 무엇을 해야 하는지를 알고 있다.

그림 99 공의 표면 위를 돌아다니는 개미. 우리는 공을 멀리서 볼 수 있어 공이 입체적으로 보인다. 표면 뿐 아니라 공 내부도 생각할 수 있다. 그러나 개미 입장에서 공 내부는 생각할 수 없다.

공 위를 기어다니는 작은 개미를 생각해보면 지구 표면을 돌아다니는 지구인과 크게 다르지 않다. 멀리 보지 못하고 앞뒤 좌우로 움직인다.

개미가 그림 99처럼 원을 그린다. 원을 그린다는 것은 어떤 점(원의 중심)을 잡고 거기에서 거리가 같은 점을 계속해서 잇는 것이다. 그 일을 해주는 도구가 컴퍼스이다. 개미가 볼 때 원의 중심은 어디일까? 구면 위에 있지 않고 구 속에 있다고 생각할 수도 있는데 그것은 공을 멀리서 볼 수 있는 사람이나 할 수 있는 생각이다. 구의 전체적인 구조를 볼 수 있다면 그렇게 생각할 수 있지만 개미는 멀리에서 공을 볼 수 없고 단지 표면만을 돌아다닐 수 있다. 개미가 원을 그릴 때는 한 점에서 (이를 북극점이라 하자) 같은 거리에 있는 점을 이었다. 따라서 개미가 생각하는 원의 중심은 구면 위에 있는 북극점이다.

우리는 북극점에서 원의 거리를 알고 있다. 원을 그릴 때 같은 거리 r을 유지하는 곳들을 이었기 때문이다. 평면에서는 반지름을 2π배 한것이 원의 둘레의 길이이다(사실은 평면에서의 원을 통해 π라는 값을 정했다). 평면이 아닌 공 위에서는 사정이 다를 수 있다. 개미는 자를 사용하여 실제 원의 둘레를 잴 수 있다. 이 둘을 비교해 보면

$$2\pi r > 원의\ 둘레$$

라는 것을 얻는다. 여기에서 나온 결과는 평면에서는 일어날 수 없는 일이고 지구표면이 볼록한 곡면이기 때문이다.[*]

실제로 이 방법을 지구에 적용하는 것이 쉬운 일은 아니다. 공이 매우 크면, 개미는 자신이 공 위를 기어다니는지 평면을 돌아다니는지 알기가 힘들다. 모든 도형은 뾰족하지만 않다면 아주 작은 영역에서 보았을 때 근사적으로 평평하게 보인다. 넓은 바다에서 수많은 여행을 했던 조상들도 지구가 둥글다는 것을 쉽게 알아낼 수 없었다. 지구가 어마어마하게 크기 때문에 아무리 둥글어도 사람이 다니면서 볼 수 있는 영역에서는 평평한 것과 다를 바가 없다. 지구의 전체적인 모습을 보고 싶다면 더 넓은 범위를 돌아다녀 보아야 한다.

---

[*] 지구가 완전한 공모양이라면 지구 어디에서 관찰해도 볼록하다. 그러나 실제 지구는 완벽한 공이 아니라는 것을 알고 있다. 산이 있을 뿐 아니라 계곡이 있다. 더 명확히 하기 위해서는 한 곳만이 아니라 되도록 여러 곳을 탐험해 보아야 한다. 지구를 멀리에서 볼 수록 이는 점점 중요하지 않게 되므로 우리는 이상적인 공만을 생각한다.

휜 공간에서 아무런 영향을 받지 않는 자연스러운 운동

자연스러운 운동은 일정한 속도로 곧게 나아가는 등속도 운동이다(4장). 자연스럽다는 것은 물체를 건드리지 않고 가만히 둔 상태를 말하고, 등속도 운동은 일정한 빠르기로 한 방향으로 가는 것이다. 미끄러운 얼음판에서 미끄러지는 물체를 생각해보면 이 말이 맞는 듯하다.

그러나 사실 여기에는 공간이 평평하다는 숨은 전제가 있었다. 휜 공간에서 자연스러운 운동을 생각해볼 필요가 있다. 볼록 튀어나온 곳도 있고 움푹 들어간 곳도 있는 휜 공간에서는 자연스러운 운동이 다르다.

뉴욕에서 런던까지 날아가는 비행기가 있다. 목적지인 런던이 어디에 있는가(방향)를 정확히 알기 때문에 비행기는 이륙 직후 똑바로 목적지를 향한다. 순간 순간 이 비행기는 앞을 향해 똑바로 날아간다. 목적지에 도달하기까지 이 비행기가 날아간 경로를 지도 위에 그리면 그림 100과 같다.

목적지만 보고 똑바로 날아갔음에도 불구하고 비행기가 날아간 경로는 직선이 아니라 곡선이 되었다. 비행기는 정밀한 장치를 이용하기 때문에, 실수로 곡선으로 날아간 것이 아니다. 조종사가 했던 일은 지표면에서 일정

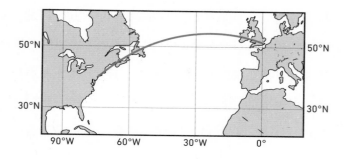

그림 100 뉴욕에서 출발하여 런던으로 똑바로 날아간 비행기의 항로. 똑바로 날아갔는데 지도 위에 항로를 그리니 곡선이 되었다. 비행기는 짧은 경로(출발지와 도착지를 잇는 직선)를 놔두고 돌아간 것일까?

한 고도를 유지한 것이 다이며, 목적지를 향해 똑바로 간 것 뿐이다.[60] 그런데도 뉴욕과 런던을 잇는 직선보다 돌아간 것처럼 보인다.

그러나 문제는 비행기가 아니라 지도에 있다. 둥그렇게 휜 지구 표면을 평평한 지도에 억지로 그리다 보니 생긴 현상이다.[61] 실제 지구를 가져다 놓고 경로를 살펴보면 그림 101과 같다.

자연스럽게 간다는 말은 최대한 짧은 거리를 간다는 말로도 바꿀 수 있다. 순간순간 똑바로 가면 그것이 모여서 결국 최대로 짧은 거리를 가게 된다. 런던과 뉴욕을 잇는 최단거리는 두 지점을 잇는 직선이 아니다. 지구 표면 위에 자를 대고 아무리 직선을 그리려고 해도 지구 자체가 공 모양이기 때문에 선은 면을 따라 휘어진다. 지도가 더 넓은 영역을 한꺼번에 나타낼수록 평면과 구면의 차이가 두드러지기 때문에 최단 거리의 차이가 크게 보이고 더 굽어 보인다. 지구에서 뉴욕과 런던을 잇는 가장 짧은 경로는, 이 두 점을 지날 수 있는 가장 큰 원—지구 표면에 포함된—의 일부(원호)이다.[62]

비행기가 자연스럽게 날아간다는 것을 생각하면서 그림 101을 다시 보자. 비행기가 날아가는 동안, 처음에 향했던 방향과는 달리 남쪽 어딘가에서 계속하여 비행기를 잡아당겨 경로가 휜 것처럼 보인다. 다시 강조하지만, 비행기는 힘을 느끼며 날아간 것이 아니라 다만 곡면 위에서 최대한 똑바로 날아간 것일 뿐이다.

길게 보면 출발지와 목적지를 잇는 가장 짧은 선이겠고, 짧게 보면 주어진 순간에 다음 장소로 이동하는 방향으로 설정된 선이라고 할 수도 있다. 공간이 지구 표면처럼 휘어 있어도 물체는 자신이 있는 곳에서 최대한 똑바로 나아가려 한다. 다만 표면이 휘어 있기 때문에 조금씩 이동할 때마다 똑바로 나아간다는 기준이 바뀌기 때문에 공간이 휘어 있는 상태에 따라 경로가 자연스럽게 휜다. 공간을 멀리 볼 필요가 없고 주어진 공간 근처만 보면서

그림 101 비행기가 날아가는 최단경로를 실제 지구에 그린 그림. 이 경로를 따라 자르면 지구라는 공이 정확히 반으로 잘라진다. 언제나 이러한 원 위를 지나야 최단거리가 된다.

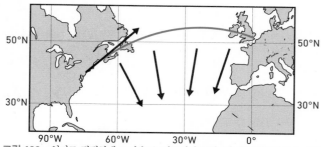

그림 102 억지로 평평하게 그려 놓은 지도에서 보면, 자연스럽게 날아간 비행기가 지도 아랫쪽 방향으로 힘을 받으며 직선 경로를 곡선으로 바꾼 것처럼 보인다.

최대한 똑바로 나아간다고 해도 그것이 모여 결국 최단거리를 간 것이다.

일반 상대성이론에서도 마찬가지 일이 일어난다. 중

력을 물체가 물체를 잡아당기는 현상으로 생각하는 대신, 질량이 있는 물체(예를 들면 지구) 때문에 주변 공간이 휘는 현상이라고 생각할 수 있다. 이 영향을 받은 물체(사과 등)는 아무 힘을 받지 않은 상태로 휜 공간의 최단거리를 날아가는 것이다. 이것이 결과적으로 질량이 있는 물체(앞의 예에서는 지구)에 끌린 것처럼 보이는 것 뿐이다.

외부 영향을 받지 않는 물체의 운동을 다르게 해석할 수도 있다. 물체는 자신이 있는 곳에서 되도록 가려던 방향으로 나아가려고 한다. 외부에서 누군가가 밀거나 당기지 않는다면 일부러 먼 곳을 돌아갈 이유가 없다. 평평한 공간이라면 빨라지거나 느려지지 않고 직선 운동을 한다. 만약 지구 표면처럼 휜 공간이라면 자연스럽게 주어진 공간에서 최대한 방해받지 않고 나아가는데, 이 경로는 앞서 살펴본 곡선 경로가 될 것이다.

지구 위를 여행하는 자동차는 땅 속으로 꺼져 들어간다거나 하늘로 솟아오를 수 없다. 따라서 지구 표면만을 생각한다. 우리의 관심사는 자동차가 왼쪽으로 꺾거나 오른쪽으로 꺾어 가는 것 중 어떤 것이 더 가려던 방향으로 가는 것인가 하는 것이다. 평평한 지도에서 보면 직선으로 가는 것이 가려던 방향으로 가는 것처럼 보이지만,

구면 위에서는 구면을 따라 가는 것이 가려던 방향으로 가는 것이다. 이것이 그림 102의 지도에서는 곡선으로 보이고, 남쪽으로 힘을 받은 것으로 보이는 것이다.

지구 주변의 공간이 휘는 모양

지금까지는 지구 표면만을 움직일수 있는 비행기나 자동차를 생각했다. 이들은 두 방향으로만 움직일 수 있으며, 여기에 대한 정보는 두 개의 숫자로 주어진다. 이 두 개의 숫자를 위도와 경도라고 하며, 이 사실을 자동차나 비행기는 2차원에서 움직인다고 말한다.

이제 지구 표면이 아닌 지구 주변의 공간에 대해 설명한다. 지구 주변의 공간에 대해 이야기하려면 지구 바깥에 있는 사과나 달을 생각해야 한다. 사과나 달이 움직일 수 있는 방향은 위도와 경도 뿐 아니라 높이 방향까지 세 방향이다. 따라서 3차원에서 움직인다.

지구 주변의 공간이 지구 때문에 휜다. 지구 주변을 지나가는 빛이 휘는 것을 정밀하게 관찰한다면, 앞 장에서 배웠던 시간 느려짐 효과의 두배가 된다는 것을 알 수 있다. 이 추가적인 효과는 공간이 휘어졌기 때문이다. 공간이 휘어진 효과는 아인슈타인 방정식을 풀어보아야만 알아낼 수 있다. 그래도 다음을 알 수 있다. 지구는 거의 공 모양이므로 공의 대칭을 이용하는 것이 지구 주변의 공간이 휘는 모양을 이해하기가 쉽다.

1. 지구가 완전한 공이라고 가정하면, 북극점이든 서울시청이 있는 곳이든 대등하다. 공 위에 어떤 표시도 없다면 공을 돌려보아도 공이 돌아갔는지를 알 수 없다. 따라서 북극점과 서울시청에 해당하는 곳 주변에서 공간이 휘어진 모양은 같다. 공의 대칭을 그대로 따른다.

2. 지구는 우리를 '당기고' 있으며 지구에 가까워질수록 중력이 세다. 뉴턴의 중력 대신 휘어진 공간을 생각한다면, 중력이 세다고 하는 대신 공간이 많이 휘어진다고 해야 한다.

지구의 영향을 받는 모든 곳에서 물체의 중력 방향 길이는 원래 길이보다 짧다. 길이가 위치마다 다르다는 말이 바로 공간이 휘었다는 말이다. 공간이 얼마나 휘었나에 대한 정보는 이처럼 모든 곳에서 기차의 모양이 어떻게 변했나를 통해 알 수 있다. 기차 대신 표준적인 자를 사용해도 마찬가지 정보를 준다.

주의할 것은 물체가 짧아지는 이유가 (지구 표면을 향

그림 103 곳곳에서 길이가 다르다는 말이 바로 공간이 휘었다는 말이다. 기차가 줄어든 정도는 극도로 과장해서 그린 것이다. 지구에서 멀리 떨어진 우주인이 본 상황.

해) 움직이기 때문이 아니라는 것이다. 앞서 특수 상대성이론에서는 물체가 움직이기 때문에 길이가 짧아졌다. 그 결과와 이 현상은 관계가 없다. 기차가 지구를 향해 떨어지는 것이 아니라 (지구 중력을 버티는 추진장치가 있다거나, 높은 건물 위에 기차를 올려놓았거나 해서) 공중에 떠 있다고 해도 길이가 줄어든다.

그림 104 지구 주변의 공간이 휘었다. 휘었다는 말은 모호하지만, 분명한 것은 지구 주변에 물체를 놓아보면 물체가 찌그러진다는 것이다. 찌그러지는 모양은 지구 주변으로 구형 대칭을 이룬다. 이 그림에서는 평면의 한계 때문에 원형 대칭밖에 그릴 수가 없었다.

빛과 사과가 움직이는 법

이전 장에서 사과가 땅(지구)에 떨어지려는 성질을 다음과 같이 표현할 수 있다고 배웠다. 사과가 지구의 영향력 아래 순간순간마다 시간이 느리게 흐르는 곳으로 이동하려고 한다는 것이다.

마찬가지로 그림 104의 기차는 중력의 영향을 받을수록, 즉 지구쪽으로 갈수록 더 줄어들었다. 이는 지구 쪽으로 갈수록 거리가 더 짧아지는 것을 보여준다. 이에 비추어 떨어진다는 것을 다시 생각해보면, '움직이는 동안 최단거리를 가려고 경로를 바꾸는' 것처럼 보인다. 이는 앞서 보았던 런던행 비행기가 자기도 모르게 '최단 경로를 선택'하는 것과 같은 것이다.

빛은 시간 방향 뿐만 아니라 공간 방향으로도 빠르게 날아가므로 이 효과가 두드러진다. 빛이 지나가면서 호시탐탐 더 짧은 거리를 가려고 하는데, 공간이 그림 104와 같이 아래쪽으로 갈수록 줄어드는 것을 안다. 따라서 빛은 순간순간 더 빠른 경로로 갈아타면서 지구쪽으로 휘어진다.

모든 물질은 최단거리가 되는 곳으로 가려고 한다는

이 성질은 이전 장에서 배웠던, 시간이 느리게 흐르는 곳으로 가려고 한다는 성질과 원칙적으로는 별개의 성질이다.

실제로 빛이 진행하면서 태양의 중력의 영향을 받아 휘는 각도를 재어보면, 시간이 느리게 흐르는 곳으로 가려는 효과에 최단거리를 가려는 효과가 더해진다. 전자는 뉴턴의 중력과 등가 원리만을 가지고 설명할 수 있지만(36장) 후자는 추가적인 설명이 필요하다. 공간이 휘는 효과가 이를 잘 설명함은 말할 나위 없다. 태양처럼 완전한 구형 대칭을 갖는 경우 빛을 당기는 각각의 효과는 정확히 같아 더한 효과는 두 배가 된다. 아인슈타인은 일반상대성이론을 완성하기 직전 이것부터 확인하였다. 그러

그림 105 빠르게 던진 사과. 뉴턴의 중력 법칙(시간이 느려지는 방향)뿐 아니라 공간이 휜 것을 보고 더 짧은 거리를 가려고 한다.

나 30장에서는 다른 가능성도 생각해본다.

사과를 던져도 원칙적으로는 같은 일이 일어난다. 사과는 그림 105처럼 떨어진다. 지구가 잡아당겨 떨어지는 것이 아니라, 지구 주변에 휘어있는 시공간의 최단 거리를 가는 것일 뿐이다. 지구에서 가까울수록 길이가 짧으므로, 진행하면서 지구 중심쪽으로 다가간다. 다만 일상생활에서 던진 (빛보다 느린) 사과에 대해서는, 이 공간이 휜 효과는 너무 작아 무시할 수 있고, 시간 느려짐의 효과만이 그림 105와 같은 일을 일으킨다. 이때는, 떨어지는 가속도는 원래의 반이다.

이 두 성질─시간이 느리게 흐르는 곳으로 가려는 성질과 최단 거리를 가려는 성질─은 모두 물체가 빠르게 가도록 도와준다. 따라서 이를 다음과 같이 정리할 수 있다.

페르마(1799): 빛(과 모든 물체)은 이동시간이 최소가 되는 경로로 간다.

최단거리를 가는 것도 이동시간이 최소가 되는 경로이지만, 시계를 느리게 하는 곳으로 간다면 그 시계로 잴 때 이동시간이 최소가 될 것이다.

28
아인슈타인 방정식의 내용

시공간은 물질에게 어떻게 움직이느냐를 알려주고,
물질은 시공간에게 얼마나 휘는가를 알려준다.

— 존 아치볼드 휠러 *(1990)*

It sounds greek to me.
(알아들을 수가 없군요)

— 관용구

"어제 이 정류장에서 정신 놓고
쥐뮤뉴 쥐뮤뉴 하던 사람들이
어느 방향으로 출발했소?" [약간의 각색]

— 리처드 파인만, 《파인만씨 농담도 정말 잘 하시네요》*(1987)*

뉴턴 중력의 개념인 '모든것이 당긴다'는 말을 '시공간
이 휜다'는 것으로 바꾸어 말할 수 있다는 것을 보았다.
지금까지 논의했던 모든 결과는 아인슈타인 방정식이라
고 부르는 단 하나의 식으로 요약할 수 있다. 이 장에서는

이 방정식이 어떤 일을 하는가만 설명하고 구체적인 식은 39장에서 보인다.

힘이 모든 방향으로 골고루 퍼져나간다

물체가 멀리 있을수록 중력이 약해진다는 것(22장)을 보았다. 뉴턴은 천체의 운동을 잘 설명하기 위해서는 중력의 크기가 거리 제곱에 반비례해야 한다는 것을 보였다. 예를 들어 달이 지금 위치보다 지구에서 두배 멀어지면 서로 당기는 힘의 크기는 1/4로 줄어들고, 세배 멀어지면 1/9로 줄어든다. 왜 이런 방식으로 줄어들까?[63]

마침 비슷한 현상이 있다. 어두운 방에 촛불이 하나 켜져 있다. 이 촛불은 멀리에서 볼수록 더 어둡게 보이는데

그림 106 빛이 모든 방향으로 퍼져나간다면, 빛의 밝음은 광원으로부터 거리의 제곱에 반비례한다. 일정한 밝음이 골고루 퍼지기 때문이다.

두 배 먼 거리에서 보면 원래 밝기의 1/4밖에 되지 않고, 세 배 먼 거리에서 보면 원래 밝기의 1/9밖에 되지 않는다. 중력의 경우와 똑같아 보인다.

촛불 밝기가 이런 방식으로 줄어드는 이유는

포아송(1813): 촛불이 모든 방향으로 고르게 퍼져나가기 때문이다.

촛불이 널리 퍼져나가면서 '밝음'의 총량은 그대로 유지된다. 촛불에서 나온 빛이 퍼져나가며 매 순간 만드는 모양은 공의 표면과 같은 '구면'이다. 구면에 촛불의 '밝음'이 골고루 퍼지기 때문에 촛불의 밝기는 구면이 넓어질수록 반비례하며 어두워진다. 구의 반지름이 두 배 커지면 구면의 넓이는 네 배 넓어지므로 구면 각각의 점에서 밝기는 1/4이 된다. 구의 반지름이 세 배 커지면 구면에 골고루 퍼지는 빛의 밝기는 1/9이 된다.

퍼져나갈 수 있는 방향이 세 방향 '3'이므로 촛불의 밝기가 거리의 제곱 '2'에 반비례한다. 2 = 3 − 1. 따라서 이 성질은 세 방향으로 균일한 공간의 성질이다. 균일하다는 것은 축구공을 생각하면 된다. 동그란 축구공은 어떻게 돌려보아도 공 모양을 유지하지만, 한쪽으로 길쭉한

(균일하지 않은) 럭비공은 그보다 적은 한 축을 기준으로만 대칭이다. 포아송은 이를 방정식으로 정량화했다.

(공간의 모든 방향으로 고르게 퍼져나가는 밝음의 총량)

= (그곳의 촛불의 양)

퍼져나가는 것은 빛이지만 빛 대신 밝음이라는 낱말을 쓴 이유는 같은 초에서 나온 촛불일지라도, 먼 곳에서 볼수록 어둡기 때문이다.

이 식은 보편적인 식이어서 초가 놓이지 않은 곳에 빛이 흐르는 것에도 똑같이 적용시킬 수 있다. 초가 없는 곳은 촛불의 양이 0이므로 우변이 0이고 좌변도 0이다. 퍼져나가는 것의 반대말인 들어온다는 말을 '음으로minus 퍼져나간다'고 해석할 수 있다. 그러면 좌변이 말해주는 것은 밝음이 나가고 들어오는 것의 합이 0이라는 것이다. 즉, 아무 것도 없는 곳에는 촛불로부터 들어온 밝음이 나머지 방향으로 나간다.

결국 포아송이 방정식으로 표현한 것은 들어오고 나가는 것을 합하면 밝음의 전체 양이 보존된다는 것이다. 보존되지 않고 순수하게 나가는 것이 있다면(식의 좌변에 반영), 그 자리에 내보내주는 무언가(촛불)가 있기 때문이다

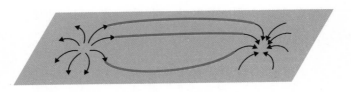

그림 107 모든 곳에서 물이 들어오고 나가는 양은 같다. 나가는 양이 더 많다면 그 자리는 물이 공급되는 자리이다. 들어가는 양이 더 많다면 그 자리는 물이 새는 자리이다.

(식의 우변에 반영). 이는 물이 흘러가는데 공급해주는 것이 있으면 그 자리에 물 흐름이 더 많아지고, 새어나가는 것이 있으면 물 흐름이 적어진다는 것을 수학적으로 표현한 것이며, 당연하고 보편적인 말이다.

마찬가지로, 지구에서 '당기는' 중력의 세기가 이런 방식으로 줄어드는 것은 지구의 중력이 공간의 세 방향으로 골고루 퍼져나가기 때문이다.

중력마당

포아송(1813): 주어진 공간에 물체가 놓여있을 때, 여기에서 나오는 중력마당gravitational field, 중력장이 모든 방향으로 고르게 퍼져나간다. 물체가 많이 모여 있을수록 그곳에서 퍼져나가는 중력마당이 세진다.

중력은 두 물체(예를 들면 지구와 사과)가 서로 끌어당기는 현상인데, 이 중 한 물체(사과)가 매우 가벼울 때 이를 무시한 것이 (지구의) 중력마당^{중력장, gravitational field}이다. 사과 대신 귤이나 탁구공을 가져다놓아도 지구가 똑같은 방식으로 당기기 때문에, 지구만 생각해도 중력이 존재한다고 할 수 있다. 중력마당 개념을 이용하여 지구와 사과가 끌어당기는 것을 다시 말하면 다음과 같다.

"빈 공간에 지구를 놓으면 지구 주변에 중력마당이 생긴다. 중력마당에 사과를 놓으면 사과가 지구 쪽으로 끌려가게 된다."

뉴턴의 설명과 별 차이가 없는 것 같지만, 포아송의 설명은 중력을 이런 퍼져나감이 있는 공간에 대한 이야기로 바꾸었다. 퍼져나감은 보편적이기 때문에 중력 뿐 아니라, 전기힘의 세기나 촛불의 밝기 모두 공간의 성질로서 일관되게 설명할 수 있는 더 아름다운 꼴이다. 이 말은 대칭이 더 풍부한 꼴이라고 바꾸어 말할 수 있다. 식의 꼴을 요약하면 다음과 같다.

(공간의 모든 방향으로 고르게 퍼져나가는 중력마당의 총량)

= (그곳에 있는 물질의 양)

질량이 클수록 중력마당이 세다고 뉴턴이 설명하였으므로, 우변은 질량이 되어야 하겠다. 그러나 우리는 공간의 영역을 생각하는 것이 아니라 한 점을 생각하는 것이므로 물질의 양을 질량 밀도로 나타낸다. 질량 밀도를 부피와 곱하면 질량이 된다.

포아송이 설명한 중력을 상대성이론의
대칭을 반영하도록 수정하다

포아송 방정식은 뉴턴 방정식과 똑같은 원격 작용 문제(22장)를 가지고 있다. 뉴턴의 설명은, 물체들이 아무리 멀리 떨어져 있더라도 중력이 순간적으로 전달되기 때문에 특수 상대성이론과 모순을 일으킨다는 것을 22장 마지막 부분에서 보았다.

그 이유는 포아송 방정식이 중력이 이 퍼져나가는 공간 방향에만 관여하고 시간 방향에 대해서는 아무런 이야기도 하지 않기 때문이다. 따라서, 중력이 공간 뿐 아니라 시간 흐름에 따라서 어떻게 퍼져나가는가를 이해하는 것이 필요하다. 그림 106에서 본 것처럼 시간이 흐르면서 촛불빛이 점점 넓게 퍼져나가면 원격 작용의 모순이 없다. 멀리 있는 사람은 촛불이 켜지는 순간 촛불을 보는 것이 아니라 어느 정도의 시간이 지난 다음에 촛불을 볼 수 있다.

이 문제와 관련된 중요한 힌트가 있다. 상대성이론에는 시간과 공간을 언제나 통합된 시공간으로 다루어야 한다 (12장). 시간 흐름과 길이는 보는 사람마다 다르지만 시간과 공간을 한꺼번에 설명하는 시공간을 생각하면 불변하는 것이 있었다. 즉 공간의 회전과 기본적으로 같은 꼴의 더 큰 시공간 대칭을 가지고 있다. 따라서 포아송 방정식의 좌변을 시공간 대칭에 부합하도록 변형하면 될 것이다.

(공간의 모든 방향으로 고르게 퍼져나가는 중력마당의 총량)
→ (시공간의 모든 방향으로 고르게 퍼져나가는 중력마당의 총량)

이 식도 아직 완성된 꼴은 아니다. 우변의 물질이 있다는 정보 역시, 상대성이론의 대칭을 도입할 수 있다. 물질의 양인 질량도 시공간의 대칭을 반영하도록 바꾸어주어야 한다. 가만히 있는 물체에서 중력이 나오는 장면을 움직이는 사람이 관찰할 때는 움직이는 물체에서 중력이 나오는 것을 관찰한다. 질량을 가진 물질이 움직일 때 밀도에 해당하는 양은 압력이다. 이 정보가 우변에 들어간다.*

그런데 이 질량의 분포가 변화한다는 것을 상대성이론의 대칭을 반영하면서 이야기하려면 물체가 뒤틀리는 것도 기술해야 한다.[64]

(그곳에 있는 물질의 양)

→ (그곳에 있는 질량밀도와 압력과 이들의 뒤틀림)

그다음 문제는 '뉴턴의 중력'이 '공간이 휘는 것'이라는 것을 반영하는 것이다(37장). (지구) 주변에 중력마당이 있는 것은 그곳의 시공간이 휘는 것이다. 공간이 휜다는 것은 물체를 놓았을 때 곳곳마다 다르게 길이가 변형된다는 뜻임을 기억하자.[65]

(중력마당) → (시공간의 길이)

따라서 중력이 퍼져나가는 것은 길이가 달라지는 것이 퍼져나가는 것이다. 이 모든 상대성이론 대칭을 반영하여 표현한 것이 아인슈타인 방정식이다.

---

* 따라서 질량 하나로 모든 정보를 나타낼 수 없고, 공간의 세 방향에 대한 압력까지 함께 나타내어야 한다. 따라서 우변에는 밀도와 압력을 기술하는 4벡터의 양을 나타내게 된다.

아인슈타인(1915):

(시공간의 모든 방향으로 고르게 퍼져나가는 길이 변화의 총량)

= (그곳에 있는 질량밀도와 압력과 이들의 뒤틀림)

좌변은 길이가 시공간을 따라가면서 어떻게 변화하느냐를 나타내는 양으로서 순수한 기하학적인 양이다.

시공간이 변형과 물질의 운동을 한꺼번에 설명한다

아인슈타인 방정식을 다시 요약해보면 다음 꼴과 같다.

(시공간의 모양) = (물질의 분포)

구체적인 식은 39장에 나와 있다. 이 식은 포아송 방정식과 비슷한 꼴을 가지고 있지만, 근본적으로 다르다. 포아송 방정식의 좌변은 '주어진 공간'에서 촛불빛(중력 마당)이 골고루 퍼져나가는 것을 기술한다. 그러나 이 중력 방정식의 좌변은 시공간의 길이가 공간에 어떻게 분포하는가를 나타내므로, '주어진 공간'이 필요없다. 즉 시공간의 구조 자체를 설명한다. 따라서 시공간이 이미 주어졌다고 보지 않고, 물질의 분포를 주는 시공간이 어떤 형태여야 하는가 하는 답을 준다.

먼저, 이 식을 오른편(우변)에서 왼쪽(좌변)으로 읽으면 질량이 있는 물체가 주변의 시공간을 휘게 만든다고 볼 수 있다. 유일하게 필요한 정보는 질량이 어떻게 분포하는가이다. 이 방정식을 통해 그렇게 분포하는 질량이 변형시키는 시공간의 모양이 어떤지를 알아낼 수 있다.

우변의 물질의 분포를 조금 더 자세히 들여다보자. 예를 들어 지구가 있고 달이 주변에 있다. 시공간의 모양을 절대적으로 결정하는 무거운 물체들(지구)과 거의 영향을 미치지 않는 작은 물체들(달)로 나누어 생각할 수 있다. 지구가 사과보다 워낙 무겁기 때문에 사과가 있으나 없으나 방정식의 해는 거의 비슷하고, 따라서 시공간이 휘는 정도도 비슷하다. 이것으로 우리는 지구가 만드는 시공간의 모양을 얻게 되었다. 이를 식의 좌변에 '주어진 공간'처럼 집어넣는다.

이제 우변에 작은 사과가 있다는 정보를 첨가하여 수정하면, 사과의 위치가 시간에 대해 어떻게 바뀌어야 하는지를 알려준다. 즉 정말 사과가 휜 공간에서 자유롭게 날아간다는 것을 얻는다.

가벼운 물체들(가령, 사과)은 무거운 물체(가령, 지구)가
만든 휜 공간을 따라 (아무 힘을 받지 않고) 자연스럽게
이동한다.

바로 앞 장인 27장의 결과를 이미 함축하고 있다.[66]

시공간이 절대적이지 않다. 물질과 함께 변한다

상대성이론은 시간과 공간을 한꺼번에 생각하기 때문에
시간에 따라 물질의 분포가 어떻게 변하는가를 알 수 있다.

지구 주변에 있는 사과가 운동한다는 것은 시간이 지
나면서 물질의 분포가 바뀐다는 말이다. 이렇게 단순한
경우는 결과적으로 사과가 지구에 끌려가는 것을 쉽게 기
술할 수 있다. 지구가 워낙 무거워 물질 분포를 주도하기
때문이다. 그런데 사과와 지구가 서로 당기는 것을 생각
하면, 복잡한 일이 생긴다. 엄밀히 말하면 사과도 물질의
분포를 조금 변하게 한다.

지구가 공간을 휘게 하면 이 휜 공간에서 자연스럽게
달이 움직이지만 사실은 달도 주변의 공간을 휘게 만든
다. 따라서 지구도 달 때문에 휜 공간에서 운동하게 된다.
잠시 후에 지구는 다른 곳에 있게 되고, 이때문에 공간의

모양이 바뀌게 된다.

이렇게 모든 것을 알려주는 일반 상대성 이론의 방정식은 매우 강력하지만 같은 이유로 실제 방정식을 푸는 것은 어렵다. 그럼에도 불구하고 지구가 달을 일방적으로 당기는 것이 아니라, 즉, 지구만 공간을 바꾸는 것이 아니라 달도 같이 공간을 휘게 만들면서, 지구와 달이 서로 잡아당기는 것을 설명한다.

여기에서 아인슈타인 방정식이 기술하는 일반 상대성 이론의 가장 큰 미덕을 볼 수 있다. 일반 상대성이론에서는 시간과 공간을 주어진 것으로 생각하지 않고 시공간의 성질을 물질이 어떻게 분포하는가와 연관시킨다. 시공간이라는 것은 절대적으로 주어진 것이 아니라, 물질이 어떻게 분포하나에 따라 결정되는 것이다. 우주의 모양도 우주 안의 물질이 어떻게 분포하느냐를 보고 알아낸다.

왜 시공간이 휘나

뉴턴이 설명했듯, 물체들이 질량을 가지고 있으면 서로 당긴다. 이 말을 일반 상대성이론의 언어로 바꾸어 말하면 다음처럼 할 수 있다.

사과가 지구에 '끌려가는' 것은 '지구가 주변 공간을 휘게 만들고, 사과는 휜 시공간에서 아무런 영향을 받지 않고 자신의 시간 방향을 따라가는 것'이다. 그것이 공간에서 볼 때는 지구 쪽으로 휘어지는 것이다.

그러나 일반 상대성이론도 물체가 왜 주변 공간을 휘게 만드는지는 설명하지 않았다. 사과가 날아가는 것을 보고, '아하, 주변 공간이 휘어 있구나' 하고 해석할 뿐이다. 이 모든 설명의 근거를 잘 따라가보면 등가 원리에 이르게 된다. 등가 원리는 증명을 통해 얻어진 것이 아니기 때문에 왜 그런지, 맞는지 틀리는지 알 수 없다. 물론 지금까지 우리가 중력에 대해 아는 사실이 이 단순한 원리에서 얻어지는, 가장 맞는 원리이다.

따라서 왜 물질이 공간을 휘게 만드느냐를 설명하려면 일반 상대성이론보다 더 근본적인 설명이 필요하다. 왜 떨어지는 엘리베이터 안에서 중력을 느끼지 못하게 되는지를 설명해야 한다. 아마도 그 근본 설명은 물체가 여기에서 저기로 간다는 것이 무엇인지를 설명하는 이론이 될 것이다.

29

블랙홀

Black holes ain't so black
(Black hole은 그렇게 검지는 않다).

— 스티븐 호킹, 시간의 역사 (1988)

물체의 질량이 클수록 주변 시공간이 더 많이 휜다는 것을 보았다. 시공간이 휜다는 설명이 꼭 필요할까? 무거운 물체들 주변의 시공간이 휜다는 설명과 두 물체가 끌어당긴다는 설명 둘 다 지구, 태양, 달의 운동을 잘 설명한다. 그런 면에서 시공간이 휜다는 설명은 중력을 설명하는 방식의 차이일 뿐이라고 생각할 수도 있다. 그러나 시공간이 휘는 현상 자체를 관찰할 수 있다면, 뉴턴의 설명만으로는 부족하다고 할 수 있을 것이다.

시공간 자체가 휜다는 것을 극적으로 보여주는 것이 바로 이 장에서 다루게 될 블랙홀이다.

그냥 공 모양의 물체

뉴턴은 중력을 모든 물체가 서로 당기는 것이라고 하였다. 질량과 질량을 가진 물체가 몇 개 어디에 분포하였는가만이 중요하였다. 특히 물체가 공 모양일때는 모든 질량이 공의 중심에 모여있는 것으로 생각해도 된다고 하였다.

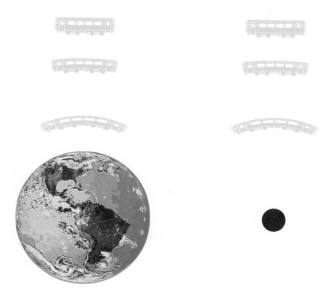

그림 108 중력은 물체가 무엇으로 이루어져있느냐를 가리지 않는다. 질량이 얼마나 크냐가 서로 당기는 정도를 정한다. 공 모양일 경우에는 크기와도 상관 없으며, 모든 질량이 중심에 뭉쳐있는 것처럼 보아도 된다. 두 그림의 중력은 완전히 같다.

이는 일반 상대성이론에서도 마찬가지이다. 중력을 발하는 물체 주변에서 느끼는 (주고받는) 중력은 그 물질이 무엇으로 이루어졌는가가 중요하지 않다. 질량이 중요하다. 공 모양인 경우에는 얼마나 큰가도 중요하지 않다. 따라서 중력을 '느끼는' 입장에서는 주변에 지구가 있는지 작은 지구 무게의 구슬이 있는지 상관 없다. 사과는 같은 가속도로 떨어지고 달은 같은 궤도를 돈다.

빛이 탈출하지 못하는 땅

중력이 있는 곳에서 사과 뿐 아니라 빛도 떨어진다는 것을 보았다. 그러나 빛이 워낙 빨리 진행하여 지구에서 떨어지는 효과는 사실상 볼 수 없다는 것도 알았다. 지구의 크기에 비해 빛이 거의 휘지 않고 날아가기 때문이다.

빛이 이동하는 거리에 비해 지구가 (질량은 그대로이고 크기가) 크면, 그림 109처럼 빛이 떨어져 땅에 닿을 수 있을 것도 같다.[67] 그러나 지구는 그만큼 크다고 하더라도 공 모양이기 때문에 지구 중심에서 지표면까지 거리가 너무 멀다. 중력은 지구 중심과 빛의 거리가 멀어질수록 약해진다고 했는데 지구가 너무 크면 중력이 한없이 약해진

그림 109 땅이 충분히 넓다면 빛이 떨어져서 땅에 닿을 수 있을 것 같다. 그러나 이런 일은 일어나지 않는다. 지구 (또는 별)이 너무 커야 하므로, 그렇게 커진 지구의 크기를 생각하면 중력이 오히려 약해진다.

다. 따라서 빛이 덜 휘게 되고 오히려 진짜 지구보다 땅에 닿을 가능성이 적어질 수도 있다.

반면에 지구가 지금과 크기가 비슷하더라도 훨씬 무겁다면 (밀도가 높으면) 빛을 더 세게 당겨 더 많이 휘게 만들 수 있다. 밀도가 무지막지하게 높으면, 빛이 땅에 떨어지는 것을 우리가 볼 수 있을 정도로 세게 당길 수 있다. 이 고밀도 행성을 땅공이라고 부르자. 밀도가 어떤 한계보다 높으면 빛이 극적으로 휠 뿐만 아니라 빛을 수직으로 던져도 지구 중력 밖으로 나갈 수 없게 된다.

빛이 땅공 밖으로 나갈 수 없다면 땅공 바깥에 있는 사람은 그 빛을 볼 수 없다. 사물에서 출발한 빛이 눈에 들어올때 비로소 우리가 사물을 볼 수 있기 때문이다. 땅공의 어떤 빛도 바깥에서 볼 수 있는 방법이 없으므로, 바깥(우주)에 있는 사람에게는 완전한 검은색으로 '보일'지도 모른다.

그러나 주의해야 할 것이 있다. 지금까지 이야기한 것은 빛을 단 한 번만 던져서 (쏘아서) 떨어지도록 만든 것이다. 로켓처럼 추진체가 달려 있어 날아가는 동안에도 계속 속도가 빨라질 수 있다면 이런 센 중력을 다시 벗어날 수 있다. 따라서 비행기를 타고 올라가 중력의 영향이 훨씬 작아진 높이에서 빛을 쏘면 이 빛은 밖으로 나갈 수 있으며 결국은 새어나오는 빛이 많아져 땅공을 볼 수 있다.

블랙홀 또는 검은 구멍

지금까지는 뉴턴의 중력만 고려하였다. 일반 상대성이론에서는 중력을 다르게 설명한다. 땅공 주변에 있는 기차를 생각해보자. 중력이 센 것은 가속도가 빠른 것과 구별할 수가 없으므로 길이가 줄어들고 시간이 천천히 흐른다. 앞서서 본 땅공, 즉 지구와 크기는 같은데 밀도가 한없이 큰 물체를 일반 상대성이론에서 생각해보면 다음과 같은 일이 일어난다.

그림 110은 땅공 근처에서 떨어지는 기차를 땅공에 대해 가만히 있는 관찰자의 입장에서 묘사한 것이다. 땅공에서 작용하는 중력 때문에, 관찰자가 이렇게 가만히 있

그림 110　블랙홀(아래 검은 동그라미가 지평선)로 떨어지는 기차를 바깥에서 본 것. 지구처럼 이 안이 가득 찬 것이 아니기 때문에, 지평선 안에 들어 있는 물질을 볼 수 없다. 일정한 시간간격으로 본 세 장면. 중력은 점점 속도를 빨라지게 하는 동시에 물체를 수축시킨다.

으려면 땅에 고정되어 있거나 상당한 추진력으로 중력을 버텨 내야 한다.

　땅공 표면에 가까이 갈수록 중력이 세져서 (더 큰 가속도를 받는 것과 대등하므로) 떨어지는 방향으로 길이가 줄어든다. 중심에 다가가면 다가갈수록 가속도가 빨라지므로 기차가 더 찌부러든다. 물론 기차에서 일어나는 일을 보면 시간이 느리게 느리게 간다는 것을 알 수 있다.

두 가지 경우를 생각해 볼 수 있다.

1. 땅공이 어느 정도만 무거운 경우. 기차가 계속 찌부러지며 땅공 표면까지 떨어진다.

2. 땅공이 무지무지 무거운 경우. 기차가 땅공 표면에 도달하기 전 중간 어딘가에서 기차의 시한흐름이 무한히 느려진다.

이 두가지 모두 땅공에서 꽤 멀리 떨어진 관찰자의 시점에서 기술한 것이다. 여기서 땅공의 크기는 지구와 같은데, 크기 자체보다 크기와 질량의 비율 즉 밀도가 중요하다.

1의 경우는 뉴턴의 중력 대신 상대성이론의 효과를 고려한다고 해도 지금까지 알아본 것 이외에 특별한 일이 일어나지 않는다. 그러나 2의 경우는 매우 특이한 일이 일어나며, 그것은 일반 상대성이론으로만 기술할 수 있다.[68] 결국 땅공 표면에 도달하기 전에 물체의 시간 간격이 무한대가 되는 높이의 경계가 있다. 이 경계를 사건 지평선^event horizon 또는 간단히 지평선이라고 한다.[69] 따라서 모든 물체는 사건 지평선에 무한히 가까워지지만 들어가지는 못한다.

땅공의 지평선 안쪽에서 물체를 던지면 지평선 바깥으로 절대 나갈 수 없다. 로켓처럼 추진장치가 있어 계속 가속을 할 수 있어도 밖으로 나갈 수 없다. 우리가 알고 있는 것 가운데 가장 빨리 올라가는 물체에서 빛을 바깥쪽으로 쏘아도 빛은 바깥으로 나가지 않는다. 따라서 이 땅공은 밖에서 보았을 때 완전한 검은색이다. 이 지평선이 있는 밀도 높은 물체를 블랙홀^black hole이라고 한다.

일반 상대성이론의 성질을 가장 극적으로 보여주는 것이 블랙홀이라고 할 수 있다. 블랙홀은 그 자체로 흥미로워 때로는 이론적으로 시간과 공간에 대해 상식에 반하는 새로운 이해를 주기도 하지만, 단순히 흥미의 대상이 아니라 실제로 우주에 존재하는 것으로 밝혀져가고 있다.

블랙홀은 정말로 있나, 있다면 어떻게 만들어지나

우리 주변에는 이런 밀도 있는 물질이 없다. 그러나 과학자들은 별이 진화하는 단계에서 큰 질량을 유지하면서 쪼그라들어 작은 크기의 블랙홀이 될 수 있다고 생각하고, 이를 찾고 있다.[70] 예를 들면 우리 은하의 중심에도 거대한 블랙홀이 있다고 생각하고 있다.

그림 111은 블랙홀 주변에 떠있는 물체를 그린 것이다. 앞서 본 그림 110과 비슷하다. 중력의 영향을 받아 중

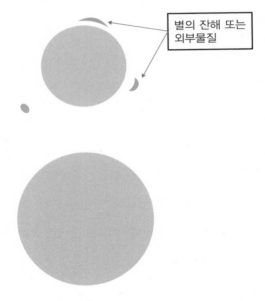

별의 잔해 또는 외부물질

그림 111 멀리에서 본 블랙홀의 형성. (위) 지구처럼 블랙홀은 중력을 통해 물질을 '당긴다.' 물질이 지평선으로 무한히 가까이 가지만 안으로 들어가지는 않는다. 갈수록 납작해지며 푸르게 된다. (아래) 블랙홀 지평선이 커졌다. 안쪽의 물질이 많아지면서 질량이 커졌기 때문에 빛을 세게 당기고, 이전보다 중심으로부터 더 멀리 떨어져 있는 빛도 이제는 탈출하지 못하기 때문이다.

심으로 갈 수록 물체의 수직 방향 길이가 짧아진다. 다만 일반 상대성이론에서 기술하는 블랙홀은 수직 방향 길이가 0이 되는 지평선이 있다. 그리고 그 안쪽은 빛이 탈출할 수 없다. 모든것이 빛보다 느린 것도 물론이다.

블랙홀은 어떻게 만들어질까? 여러가지 과정을 생각해 볼 수 있는데 가장 가능성이 높은 것은 거대한 별이 붕괴하면서 생긴다는 것이다. 중력은 상당히 약한 힘이므로 자동차와 사과를 가까이 가져다 놓는다고 하더라도 서로 끌어당기는 것을 볼 수 없다. 그러나 티끌모아 태산이라고 가벼운 물체도 많이 모이면 중력이 세어진다. 지구와 태양을 현재 위치에 놔두기만 해도 지구가 시속 십만 킬로미터로 날아갈 수 있도록 당긴다. 또한 물체의 거리가 가까울 때는 중력이 세진다.

별이 다 타버리면 별의 크기를 유지하도록 태워주는 난로가 없어진 것처럼 별이 쪼그라든다. 열기구가 부푼 상태를 유지하는 것은 뜨거운 공기가 높은 압력을 유지시켜주기 때문이다. 별을 가동하는 난로는 핵폭탄을 한꺼번에 터뜨리는 것과 같아 엄청난 힘으로 크기를 유지시켜 주지만 이 발전소가 없어지면 별은 쪼그라든다. 너무 많이 쪼그라들어 원자와 원자들 사이의 간격을 지탱할 수 없거나, 원자를 이루고 있는 중성자와 중성자들 사이의 간격을 지탱할 수 없다면 중력은 본색을 드러내면서 엄청난 힘으로 서로 서로 당기게 된다. 이런 식으로 붕괴가 진행되면, 어떤 작은 공간 안에 많은 양의 질량이 들어 있을 수 있다. 이 이 뭉쳐진 것 때문에 빛이 탈출하지 못하는 한계가 바로 지평선이다. 이 안으로 점점 많은 물질이 들어가면서 지평선이 커진다. 반면에 지평선 안에서도 계속 붕괴가 진행되어 더 작은 곳으로 뭉쳐지게 된다. 양자역학이라는 것을 고려하지 않으면, 물질이 무한히 작게 뭉쳐질 수 있다. 이것이 점처럼 작아 특이점^{singularity}이라고 한다. 어떤식으로 붕괴되더라도 특이점이 생긴다는 것이 특이점 정리이다.[71]

검은 구멍

블랙홀에서는 아무 것도 나오지 않고 빛조차 나오지 못하기 때문에 그 자리가 검게 보일 것이다. 그러나 우리가 생각하지 못한 몇 가지가 있어 블랙홀을 발견할 수 있다.

일단 블랙홀이 너무 작아도 큰 질량을 가지고 있기 때

문에 달이 지구 주변을 돌듯, 행성이 태양 주변을 돌듯 주변의 별이 돌 것이다. 만약 여러 별이 무엇인가를 중심으로 공전하는 것이 관측으로 확인되는데 중심에 아무것도 보이지 않는다면 보이지 않는 무거운 물체가 중심에 있을 것이라고 추측할 수 있다. 우리 은하의 중심에도 은하를 형성하는 블랙홀이 존재할 것이라고 보고 있으며, 이러한 대상을 찾고 있다.

블랙홀에 조금 더 가까이 다가갈 수 있다면 더 자세한 것을 볼 수 있다. 블랙홀에서 빛이 나오지 못하는 이유는 강한 중력으로 사물을 끌어당기기 때문인데, 일반 상대성이론에서는 이것을 주변 공간이 휜 것으로 설명한다. 따라서 중력 렌즈 효과가 작용하며 블랙홀 주변이 보일 것이다. 심지어는 블랙홀 뒤편의 빛도 휘어서 우리 눈에 보이게 된다.

주변에 행성이나 성간 물질이 있으면 블랙홀로 빨려들어갈 것이다. 이들은 바로 블랙홀 중심으로 빨려들어가는 것이 아니라 옆으로 돌면서 떨어지기 때문에 다음 그림 112와 같은 특별한 모양을 형성한다. 은하의 모양이 원판 모양인 것, 토성의 고리가 원형 고리 모양인 것과 비슷한 이유이다. 또한 이런 식으로 물질이 회전하게 되면 원판의 축 방향으로 센 빛이 발생하게 된다. 따라서 블랙홀 자체는 보

그림 112 블랙홀이 별을 빨아들이는 장면을 구성한 그림. ⓒ NASA

이지 않지만 주변의 물질들이 극적으로 변하게 된다.

지금까지 살펴본 고전역학의 맥락에서는 블랙홀에서 나올 수 있는 것이 전혀 없다. 주변의 물체들이 영향을 받는 것을 통해 간접적으로 블랙홀의 존재를 탐색할 수 있었다. 그러나 양자역학이라는 더 근본적인 틀을 통해 생각하면, 블랙홀 지평선 근처에서 물질과 반물질이 생길 수 있으며 이들의 일부가 자연스럽게 블랙홀 밖으로 나온다. 이렇게 난로처럼 열이 있는 물질 자체에서 빛이 나오는 것과 비슷한 현상을 관찰할 수 있다. 이를 처음 제안한 사람의 이름을 따서 호킹 복사라고 한다.

블랙홀 아래로 Down the Black-hole

앨리스는 우주 어딘가의 언저리에서 지루한 여행을 하고 있었다. 언니가 읽고 있는 책을 한두 번 슬쩍 엿보았더니 이상한 수식과 도표가 들어있었다. 앨리스는 '이런 재미없는 그림이 들어있는 이상한 책을 어디다 쓸까?' 하고 생각했다.

문득 눈이 빨간 토끼가 지나갔다. 토끼는 시계를 보더니 "이런, 이런, 시간이 없어!" 라고 하면서 블랙홀로 뛰어내렸다. 블랙홀은 이름처럼 검었지만 타오르는 얇은 테두리가 있었다. 사람들이 사건 지평선이라고 하는 것이 테두리 안쪽에 있을 것이다. 토끼는 블랙홀로 점점 떨어지면서 떨어지는 방향으로 납작해졌다. 블랙홀에서 꽤 멀리 떨어져 있는 앨리스에게 토끼의 길이가 블랙홀 중심 방향으로 점점 짧아지는 것을 관측하는 것이었다.

토끼는 블랙홀 테두리에 가까워지면서 무한히 얇아질 뿐, 테두리 너머로 떨어지지는 않았다. 한참을 관찰해도 토끼는 블랙홀의 표면에 가까워질 뿐 블랙홀 지평면 안으로 사라지지는 않는다. 멀리 있는 앨리스는 토끼의 행동이 점점 둔해지는 것을 볼 수 있었다. 마치 시간 흐름이 점점 더 느려지는 것 같았다. 토끼가 가지고 있는 시계의 바늘도 느리게 돌아갔다.

사실 토끼는 규칙적으로 물건을 밖으로 던지고 있었다. 우산이 날아오고 당근이 날아오고 시계도 날아오는데 앨리스가 보기에는 이들을 던지는 시간 간격이 점점 느려졌다. 이것도 역시, 중력이 점점 세지는 곳으로 가는 토끼의 시간이 점점 느려지는 것을 관찰하게 된 것이었다. 토끼는 점점 전체적으로 붉어졌으며 곧이어 어두워졌고, 사라졌다. 토끼의 시간 흐름이 느려지면서 빛의 진동수가 바뀌고 색깔이 붉은 쪽으로 이동했기 때문이다.

앨리스는 블랙홀이 궁금해졌다. 토끼를 따라 블랙홀로 뛰어들어갔다. 어떻게 다시 나올지는 전혀 고민하지 않은 채로.

아래로, 아래로, 아래로.

앨리스의 크기가 있기 때문에 블랙홀에 더 가까운 부분과 먼 부분의 중력 세기의 차가 있어 조석힘을 느낀다. 블랙홀에서는 중력이 극적으로 세기 때문이 이 조석힘이 앨리스를 떨어지는 방향으로는 위아래에서 당기고, 좌우 방향으로는 눌러 매우 아팠다.

아래로, 아래로, 아래로.

이렇게 힘들어 하고 있는도중 앨리스는 자신과 같이

떨어지고 있는 작은 물병을 발견했다. 거기에는 '마셔'라고 써있었다. 걱정이 되었지만 이 물병에는 '독약'이라고 써져 있지 않다는 것을 영리한 앨리스는 알아차렸다. 앨리스는 용기있게 병에 든 것을 맛보았더니 맛있어서(그 맛은 체리 케익과 카스타드, 파인애플과 훈제 치킨, 초코캐러멜과 버터바른 토스트 맛이 섞여 있었다) 이를 다 마셨다. 마셨더니 몸이 점점 작아지면서 조석력 때문에 생기는 고통이 점점 줄어들었다.

조석력 말고는 특별히 이상한 점을 느낄 수 없었다. 등가 원리에 의하면, 지구나 블랙홀에 자유롭게 떨어지는 앨리스는 시간도 그대로이고 모든 것이 그대로이다. 이 느낌은 무중력 상태의 우주 공간에서 늘 느꼈던 것이다.

앨리스는 블랙홀로 계속 떨어진다. 지평면을 통과할 때도 크게 다른 점이 없다. 지평면을 통과하느냐 여부와 상관없이 여전히 등가 원리가 작용하여 자신이 아무 영향을 받지 않고 둥둥 떠있는 것과 크게 다르지 않기 때문이다. 그런데 조금 다른 것을 보았는지도 모르겠다.*

---

* 최근 블랙홀을 양자역학적으로 이해하려는 노력을 통해, 떨어지면서 직접 지평면을 통과하는 사람이 불벽(firewall)을 보게 된다는 이론이 있다.

지평선 안에서는 빛도 밖으로 나갈 수 없기 때문에, 밖으로 신호를 보낼 수 없다. 그러나 지평선 바깥에 있는 것은 블랙홀 안으로 계속 떨어지므로, 지평선 바깥을 볼 수 있다. 그래서 지평선은 한 쪽으로만 물질을 통과시키는 반투과막이라고 하기도 한다.

블랙홀로 떨어지는 토끼와 앨리스는 심지어는 지평면을 통과하여 유한한 시간 동안 블랙홀의 중심에 도달할 수 있다. 이상하게도 앨리스는 바깥에서 토끼가 영원히 블랙홀 안으로 사라지지 않는다는 것을 관찰하는데, 토끼와 앨리스는 모두 지평선을 통과하였다. 모순이 있는 것 같다. 그러나 여기에서 하나 더 생각해야 하는 것이 있는데, 지구상에 고정되어 있어 중력을 느끼는 엘리베이터 안에서는 (또는 일정한 속도로 가속되고 있는 엘리베이터 안에서는) 높이에 따라 시간이 다르다. 따라서 토끼는 블랙홀 지평면 안으로 떨어졌음에도 불구하고 그 정보가 영원히 밖으로 전달되지 않을 수 있다. 즉 블랙홀 밖에 고정된 관찰자는 블랙홀 안을 볼 수 없다.

그림 113은 블랙홀을 탐사한 앨리스가 나중에 그린 것이다. 블랙홀로 떨어지는 앨리스는 근처의 정보를 즉시 볼 수 있다.

상대성이론의 승리는 이 블랙홀의 지평선 안쪽에서도 어떤 일이 일어나는지 알 수 있다는 것이다. 비록 밖에서 안을 볼 수 없을지라도 블랙홀 안으로 떨어지는 앨리스 입장에서는 똑같이 아래로 떨어질 뿐이다. 조석력을 느끼기는 하지만 이것도 지평선 바깥과 다를 바가 없다.

앨리스는 결국 특이점으로 떨어지면서 자신이 작게 찌부러진다는 것을 알고 있었다. 걱정하면서 이런 저런 생각을 하고 있는데 앨리스는 특이점이 가까워졌다고 느끼는 순간 다시 다른 우주로 나오고 있다는 느낌이 들었다. 그리고 점점 중력의 영향이 없어지는 것을 느끼며 밖으로 나왔다.

원래 블랙홀은 특이점에 도달하면 떨어지는 모든 것이 점이 되고 블랙홀만 더 무거워질 뿐이다. 가만히 있는 블랙홀이라면 무한한 점과 같이 작게 찌부러지지만 블랙홀이 회전하고 있었다면 점이 아니라 고리 모양일수도 있다. 더욱이 만약 일반적인 물질이 아닌 특별한 물질이 블랙홀을 이루고 있으면 웜홀이 될 수도 있다. 블랙홀은 공간을 휘게 만들기 때문에 공간의 아주 먼 곳에 웜홀의 출구가 생길 수 있으며 블랙홀을 통해 공간이동을 하는 이야기가 많은 과학 이야기에 등장한다.

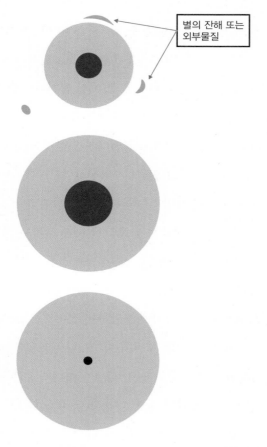

별의 잔해 또는
외부물질

그림 113 블랙홀의 형성. 블랙홀에서 아주 멀리 떨어진 관찰자가 보는 그림. 회색 동그라미는 지평선을 나타내고 이 안은 볼 수 없다. 안의 진한 핵은 블랙홀 안의 물질이지만 밖에서 볼 수는 없다. (맨 위) 별이 어느 한계 이상으로 쪼그라들면 자신의 중력을 이기지 못하고 붕괴하여 지평선을 형성하고 블랙홀이 된다. (가운데) 별의 잔해들 뿐 아니라 주변의 모든 물질이 떨어지면 블랙홀은 더 커진다. (아래) 지평선 안에 있던 물질들은 계속 붕괴하여 점처럼 작아진다.

30
일반 상대성이론의 검증

**모든 것은 더이상 단순하게 만들 수 없을 때까지
최대한 단순하게 만들어야 한다.**

— 알베르트 아인슈타인, *(1933?)*[72]

이 책의 마지막 부분에서 다룰 것은 상대성이론이 과연 실험으로 검증되었는가 하는 것이다. 과학의 가장 큰 특징은 제시하는 설명이 정말 그런가 그렇지 않은가를 확인할 수 있다는 것이다.[73] 과학은 검증 가능한 것만을 다룬다.[74] 그러나 이 과정이 말처럼 단순하지는 않다. 일반 상대성이론의 검증 과정이 이 점을 잘 보여주므로 이를 찬찬히 짚어보기로 하자.

휘는 빛

일반 상대성이론은 빛이 휜다는 것을 예측한다. 그 결

과로 기존에는 볼 수 없으리라 예상했던 별을 보았다면 (23장) 일반 상대성이론을 검증했다고 할 수 있을까?

앞서 이야기한것처럼, 일반 상대성이론이 빛이 휘는 것을 예측하는 유일한 이론은 아니다. 뉴턴의 중력 법칙을 잘만 활용하면 빛이 휘는 것을 설명할 수 있다. 따라서 빛이 휜다는 사실만으로는 일반 상대성이론을 증명할 수 없다. 다만 뉴턴의 중력 법칙이 예견하는 것과 일반 상대성이론이 예견하는 것은 정량적인 차이가 있다. 뉴턴 중력 법칙을 통해 별빛이 태양과 같이 무거운 별에 의해 휘는 정도를 계산할 수 있는데 이것은 실제 관측값의 반밖에 되지 않는다. 뉴턴 역학에 등가 원리를 적용하면 근사적으로 시간이 느려지는 것을 기술할 수는 있지만 공간이 휘는 것은 기술하지 못하기 때문이다. 보통의 물체가 끌어당겨지는 것은 시간이 변하는 것을 통해 설명할 수 있으나, 빛은 매우 빨리 날아가므로 공간의 휘어진 정도도 반영해야 한다. 이를 반영한 일반 상대성이론을 사용해 정확한 계산을 하면 뉴턴의 결과의 두배를 얻고, 이것이 실체 관측값을 잘 설명한다.

상대성이론은 빛이 휘는 것을 정확하게 예측한다. 그러나 이 문장의 역, 즉 '빛이 휘는 것을 정확하게 예측하는 이론은 상대성이론이다'는 말은 성립하지 않는다. 가령 뉴턴의 방정식을 조금 더 수정해서, 무거운 물체에 아주 가까이 갈 때 휘는 효과가 증폭되는 보정을 할 수 있다.* 이 보정의 크기를 잘 조정하면 뉴턴 이론에서 설명하지 못한 2배를 똑같이 설명할 수 있으며, 사실은 알려진 모든 '상대성이론의 증거'를 오차 범위에서 설명할 수 있다. 따라서 아직은 '실험에 의한 검증'이라는 기준에서는 일반 상대성이론이 더 우월하다고 할 수 없다.

뉴턴의 중력 법칙을 고수한다면

뉴턴의 중력 법칙은 강력한 이론이다. 탄생한 지 삼백 년이 훨씬 넘었지만 지금도 여전히 뉴턴의 중력 법칙만으로 대부분의 자연현상을 정확히 예측할 수 있다. 인공위성을 쏘아 올리고 달에 착륙시키며 태양계의 행성 운동을 기술하는 데 거의 문제가 없다. 행성에 대해서는, 행성의 질량을 알고 때에 따른 순간의 위치와 속도를 알면 원칙적으로는

---

* 이 보완은 뉴턴 이후 전개(Post-Newtonian Expansion)라는 새로운 보정으로, 일반상대성이론의 근사로 볼 수도 있지만 우리가 모르는 새로운 이론이 거의 비슷한 보정을 줄 가능성이 없지는 않다.

이후 시간의 위치를 예측할 수 있다. 일반 상대성이론이 뉴턴의 이론보다 중력을 더 정확하게 기술하지만 일상 생활의 영역에서는 별 차이가 없다. 즉 빛의 속력보다 느리고 약한 중력이 있는 상황에서는 뉴턴의 중력과 다르지 않게 보인다.

이런 까닭에 아인슈타인 방정식이 기술하는 일반 상대성이론에서만 예측가능하고 다른 설명이 불가능한 결정적인 증거를 찾기가 힘들다. 아직도 소수의 과학자들은 일반 상대성이론이 필요하지 않을 수도 있다는 합리적 의심을 하기도 한다. 잠시 일반 상대성이론이 없다고 가정하고, 뉴턴의 중력 이론의 정확성과 한계를 생각해본다.

천왕성 운동 이상과 해왕성의 발견

뉴턴은 중력 법칙을 발견한 이후 태양계의 행성 운동에 그것을 적용해 보았다. 뉴턴의 법칙만을 가지고 당대에 알려진 모든 태양계 행성의 운동을 기술하여 보니 잘 설명되었다. 행성의 위치를 측정하여 얼마나 빨리 어떤 자취를 만들며 태양 주변을 도는지를 알아낸다면 뉴턴의 법칙을 적용하여 이후 행성이 어디에 있어야 하는지를 정확하게 계산하고 찾을 수 있었다.

뉴턴 시대까지도 고대로부터 알려진 행성, 즉 수성, 금성, 지구, 화성, 목성, 토성밖에 알려져 있지 않았다. 망원경을 사용하던 과학자들은 사실 은연중에 천왕성을 보았지만 이것이 알려진 여섯 행성과 더불어 새로운 행성이라는 것을 인식하지는 못했다. 이를 제대로 관측한 사람 가운데 하나인 허셸Herschel이 1781년 천왕성Uranus이 움직이는 것을 관측하고, 이것이 알려진 행성은 아니지만 움직이므로 혜성이라고 추측했다. 그리고 사람들은 곧 천왕성이 태양계의 행성이라는 것을 알게 되었다.

그런데 천왕성의 위치를 더 정밀하게 측정하게 될수록 이상한 것이 조금씩 발견되었다. 부바르Bouvard는 60년 동안 천왕성의 궤도 운동을 관측하며 뉴턴의 중력 법칙을 따르면서 움직이는가를 따져보았다.[75] 천왕성 궤도는 태양 주위를 도는 타원 궤도로, 속도를 알면 공전 주기도 알 수 있었다. 그런데 실제 관측해보니 처음 20년은 행성이 뉴턴 법칙을 따르는 것보다 빠르게 움직였고, 그 다음 20년 동안은 제대로 움직이는 것처럼 보였으며, 그 다음 20년 동안은 더 느리게 움직인다는 것으로 나타났다.

무엇이 문제였을까. 몇 가지 가능성을 나열해볼 수 있겠다.

1. 뉴턴의 중력 법칙이 맞지 않았다. 천왕성처럼 멀리 있다든지 하는 행성에는 뉴턴의 법칙이 잘 적용되지 않는다. 더 근본적인 법칙이 있다.

2. 정확한 관측을 하지 못한 것일 수도 있다.

3. 뉴턴의 법칙도 맞고 관측도 맞지만 다른 가능성이 있다.

이는 과학이 발전할 때 일반적으로 일어나는 상황이다. 1을 지적하기에는 뉴턴의 중력이 많은 행성들을 너무 잘 설명하였다. 따라서 비슷하지만 조금 다르게 뉴턴 법칙의 수정이나 확장을 생각해볼 수도 있다. 물론 2번은 언제나 존재하는 가능성이다. 그러나 관측 오류는 독립적인 여러 가지 방법으로 개선할 수 있다. 가령, 천왕성이 태양을 도는 속도가 뉴턴 역학에서 예측한 것보다 언제나 일관되게 느리면 실제보다 느리게 보이도록 하는 오류를 찾을 수도 있다. 60년간 공들여 관측한 자료를 부정하는 것은 심리적으로는 괴로운 일이다.

그러나 일부는 뉴턴 역학이 맞아야 한다는 편견을 가지고 있었다. 법칙 자체가 더없는 아름다움을 가지고 있다는 것도 이유 가운데 하나였을 것이다. 뉴턴의 중력 법칙이 틀린 것도 아니고 관측이 맞다고 해도 새로운 가능성을 생각할 수 있다. 부바르도 3번의 가능성을 생각하여, 아직 보지 못한 모르는 행성이 있어서 천왕성의 궤도가 변형되었을 것이라고 주장하였다. 우리가 모르는 행성이 천왕성 진행 방향 앞쪽에 있다면, 천왕성을 끌게 되어 천왕성이 예상보다 더 빨리 가게 될 것이다. 반대로 천왕성이 뉴턴의 법칙만으로 예견한 것보다 덜 빠르게 갔다면 바깥쪽에 있는 모르는 행성이 천왕성 진행 방향의 뒤쪽에서 당겨 천왕성이 더 천천히 갔을 것이라고 생각할 수 있다.

애덤스Adams와 르베리에Le Verrier는 이러한 착안을 따라 각각 독자적으로 새로운 행성이 어디에 있을때 천왕성의 자취를 잘 설명할지를 계산하였다. 어떻게 계산할 수 있을까? 유일한 방법은 모르는 행성이 일정한 빠르기로 돌때 언제 어디쯤에 있어야 천왕성을 더 빨라지도록 당기고 어디쯤에 있어야 천왕성을 느려지도록 당기는지를 하나하나 바꾸어가면서 속도를 계산하는 것이리라. 무수한 시행착오 끝에 두 사람은 결과를 정리하였고, 마침내, 갈레Galle가 르베리에가 준 계산 결과를 바탕으로 추정되는 자리를 관측하여 1846년 새로운 행성을 발견하고 해왕성Neptune이라는 이름을 붙였다.[76] 물론 이것은 뉴턴 법칙의 승리이며, 이 법칙이 더 먼 영역까지 옳음을 보인 것이었다.

명왕성의 발견

해왕성의 움직임을 관찰하면서 또 비슷한 상황이 일어났다. 해왕성은 태양으로부터의 거리가 지구까지의 거리의 30배 정도 되는 먼 곳에 있어 제대로 보기가 힘들다. 그러나 측정 기술이 발달함에 따라 해왕성의 궤도가 불규칙하다는 것을 또 알게 되었다. 뉴턴 역학을 적용해도 해왕성의 궤도가 설명되지 않는 것이었다. 또다시 뉴턴의 중력 이론의 위기가 닥쳤다.

이번에도 뉴턴의 중력이 관측 결과와 맞지 않으므로 틀렸다고 고민했을까? 천문학자들은 이미 천왕성의 자취 이상을 통해 해왕성을 발견한 경험이 있었다. 뉴턴 역학을 의심하는 사람이 이전보다 더 줄었을 것이다. 해왕성을 발견할 때와 마찬가지로 새로운 행성이 있어 해왕성의 자취를 변형시킨다고 생각했으며, 로웰Lowell이 1906년 천문대를 세우고 새로운 '행성 X'를 찾기 시작하였다. 로웰과 피커링이 계산을 하면서 천문대의 동료들과 함께 새로운 행성을 찾아보았으나 실패하였다. 이후 관측이 한동안 중단되었다가 1929년 새롭게 관측을 시작한 톰보Tombaugh가 일 년 뒤 결국 명왕성Pluto을 발견하였다.[77] 뉴턴 법칙이 미치는 범위는 더 넓어졌으며, 명실상부한 중력의 근본

법칙으로 자리잡았다. 이것은 뉴턴 법칙이 정말 궁극의 법칙이라는 확신이 굳어지는 계기라고 볼 수도 있었다.

수성의 세차 운동

그런데 측정 기술이 더 발달하자 이번에는 수성^{Mercury}의 궤도에 문제가 있다는 것을 알았다.

앞서 보았듯 모든 행성은 태양을 한 초점으로 하는 타원 궤도를 돈다. 수성은 태양에 가까이 있어 원 궤도가 아닌 타원 궤도라는 것이 훨씬 두드러진다.

그런데 이 두 초점을 잇는 축이 조금씩 돌아가고 있었다. 축 자체가 돌아가는 운동을 세차 운동^{precession}이라고 한다. 기울어진 팽이는 축 끝이 원을 그리며 세차 운동을 한다. 최신 관측에 따르면, 태양계의 무게 중심을 기준으로

백년에 574초

(각도 1도는 각도 60분이며 각도 3600초이다. 여기에서는 그냥 초라고 쓴다)정도 돌아갈 정도였다.

물론 태양과 수성만 생각하는 궤도로는 타원에서 벗어나는 세차 운동을 설명할 수 없다. (타)원운동을 조금 건

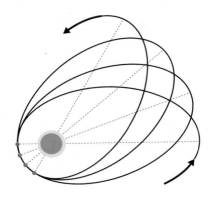

그림 114 가운데 있는 태양을 수성이 공전하면서 그리는 자취는 타원이지만 이 타원 자취가 돌아간다. 수성 자취를 정밀하게 관측하면 1년에 0.0016도 가까이 타원 궤도 축이 돌아간다. 그 차이를 알 수 없을 정도이다. 이 그림은 엄청나게 과장해서 그린 것이다. 위키피디아 CC. 3.0

드리면 세차 운동이 생긴다. 다른 행성들의 궤도도 세차 운동을 하기는 하지만 수성은 워낙 태양 가까이에 있어 공전 궤도가 작아 그 효과가 두드러진다. 이윽고, 사람들은 수성 바깥쪽에 있는 금성이 돌면서 수성의 운동에 영향을 미친다는 것을 깨달았다. 그러나 이 영향을 넣어 계산해보아도 세차 운동이 일어나는 것이 충분히 설명되지 않았다. 계산 기술이 발달하여 목성의 영향까지 다 넣어 계산한 결과는

백년에 531.6초

였다. 이 차이는 공전 주기의 10%도 안되는 작은 값이다. 그러나 앞서 제시한 관측의 오차율은 0.1%정도이다. 한 해만 측정해서는 이렇게 미세하게 돌아가는 것을 관찰할 수 없으나 백년이 넘게 측정했기 때문에 우리는 상당히 정확한 값을 알고 있는 것이다. 천오백만 년이 지나야 겨우 한 바퀴 도는 미세한 차이까지 알고 있으며, 이 차이를 설명해야 하는 것이다.

수성의 세차운동을 잘 설명하지 못하는 뉴턴 이론이 틀렸다고 할 수 있을까? 사람들은 해왕성과 명왕성의 발견이라는 성공을 통해 이번에도 뉴턴 역학을 거의 의심하지 않았을 것이다. 관측은 정확했고, 관측 결과가 뉴턴 중력의 예측과 차이나는 것을 발견할수록 새로운 행성을 찾을 가능성이 높아지리라고 기대했다. 이번에도 자신있게 보이지 않는 새로운 행성을 가정하고, 발견하기도 전에 벌컨Vulcan이라는 이름도 지어 탐사에 나섰다.

그러나 이번에는 새로운 행성을 발견할 수 없었다. 사실 새로운 행성을 발견할 수 없다는 것은 완전한 이야기가 아니다. 당시 기술이 완전하지 못하거나, 행성의 성질을 잘못 예측했기 때문일 수도 있다. 뉴턴의 이론을 포기하는 것은 이런 가능성에 대한 믿음을 포기하는 것과 다르지 않을 수도 있다.

여러가지로 고민한 끝에 지금까지 생각하지 못했던 요소가 있다는 것을 알았다. 태양계의 모든 행성 운동을 고려한다고 하더라도 말이다. 태양이 완전한 구가 아니기 때문에, 중력이 태양 중심 한 점에서 당기는 것과 다른 차이가 있을 것이다.[78] 그러나 이 효과를 계산해보니

백년에 0.025초

차이가 더 생긴다는 것이다. 이만큼의 차이를 보정할 수 있다는 것은 알았지만 이 값이 너무 작아, 타원 궤도가 앞의 관측값만큼 돌아가는 것을 완전히 설명할 수는 없었다.

아인슈타인은 상대성이론을 정리하면서 이 문제가 일반 상대성이론의 문제라는 것을 깨달았다. 태양의 관점에서 볼 때와 수성의 관점에서 볼 때 상대방의 속력이 다르므로 상대방의 거리가 다르게 보인다. 상대성이란 원칙에 모순이 생겼다. 이런 모순이 생기지 않는 이론으로 일반 상대성이론을 진행시켰고, 이를 통해 통한 더 정확한 계산을 할 수 있다. 일반 상대성이론을 통해 얻을 수 있는 보정은

백년에 42.98초

이고, 이 보정을 통해 공백을 설명할 수 있다. 일반 상대성이론(27장)에서 살펴본 구형 대칭 해를 생각하면, 뉴턴 이론에서 예측하는 수성의 운동과 더불어 새로운 운동을 예측할 수 있다. 이 부분이 뉴턴의 중력이 설명하지 못하는 부족한 양을 보충해준다고 볼 수 있다.

여기에서 생각해봐야 할 문제가 있다.

1. 뉴턴의 중력 법칙이 맞지 않다고 판단하고 포기하는 순간은 언제인가?
2. 일반 상대성이론이 이 현상을 설명했다고 할 수 있을까?

새로운 이상 현상^{anomaly}이 발견되었을 때, 그 자체가 이론이 틀렸다는 반증은 바로 되지 않는다. 과학은 실험에 근거하여 객관성을 가지고 참 거짓을 판별한다고 하지만 실제로는 말처럼 이것이 쉽게 적용되지 않는다. 내가 가지고 있는 이론이 틀렸는지, 이론은 옳으나 우리가 모르는 행성 운동을 넣어야 할지를 판단하는 보편적인 기준이 있을까? 여기에 대한 객관적인 답은 없으며 다만 이는 전문가들의 논쟁과 타협을 통해 더 큰 합의를 이루어 나간다고 보기도 한다. 그러나 뉴턴의 중력 법칙의 위대함에 압도된 사람이 새로운 설명을 받아들이는 것이 종교를 바꾸는 것만큼이나 어려운 일이다. 토머스 쿤은 이러한 전환을 과학혁명^{Scientific Revolution}이라고 불렀다.

지금은 아인슈타인의 일반 상대성이론이 수성의 근일점 변화를 옳게 설명한다는 것이 중론이지만, 역으로 그것만이 수성의 운동을 설명하는 유일한 이론이라는 것은 자명하지 않다.

만약 1930년대까지도 아인슈타인의 일반 상대성이론이 이 세상에 없었다면 어땠을까? 뉴턴 법칙만으로 예측했던 명왕성이 1930년에 이르러서야 발견되었다는 것을 상기하자. 아마도 여전히 벌컨을 찾기 위해 더 정확한 탐사를 하여야 한다는 사람들과 뉴턴의 이론을 고쳐가면서 수성의 세차 운동을 설명해야 한다는 사람들이 서로 논쟁을 벌였을 것이다. 아인슈타인의 이론이 아름답다고 주장하는 사람은 후자의 설명을 임시방편적^{ad hoc}이라고 비판할 수도 있다. 그러나 그 임시방편 이론이 당대의 유일한 이론이라 아직 태어나지 않은 일반 상대성이론보다 당연히 훌륭하다고 칭송받았을 수도 있고 노벨상을 받았을 수도 있다. 물론 과학의 아름다움에 대한 기준이 사람마다 달라 그 임시방편 이론이 여전히 비판받았을 가능성도 높다.

아름다운 설명

상대성이론이 맞다는 것을 어떻게 확인하는지, 다른 설명에 비해 얼마나 더 좋은 설명인지를 생각해보았다. 사람들은 일반 상대성이론의 핵심을 담은 한 줄의 방정식인 아인슈타인 방정식을 좋은 설명, 아름다운 설명이라고 이야기한다. 좋은 설명, 아름다운 설명이란 무엇일까?

특수 상대성이론은 갈릴레오의 상대성이론(3장)보다 더 정확할 뿐 아니라, 갈릴레오의 상대성이론을 포함한다. 즉 빛의 속력보다 느린 움직임에 대해서는 갈릴레오의 상대성이론과 비슷한 결과를 주지만, 빛의 속력과 비견할 만큼 빠른 움직임에 대해서는 갈릴레오 상대성이론이 설명하지 못하는 것을 더 정확히 설명할 수 있다.

마찬가지로 일반 상대성이론은 뉴턴의 중력 이론보다 더 정확하며, 뉴턴의 중력 이론을 포함한다. 중력이 세지 않은 경우 두 이론을 거의 구별할 수 없지만, 중력이 세거나 더 정확한 계산이 필요한 경우 상대성이론이 더 나은 결과를 준다. 또한 특수 상대성이론은 일정한 속도로 움직이는 대상에 대한 이야기만 할 수 있으며, 가속도 운동을 하고 있는 대상에 대해서는 제한적으로만 설명이 가능한 정도다. 그러나 일반 상대성이론은 가속도로 움직이는 모든 대상의 운동을 예외없이 기술할 수 있다.

특히, 일반 상대성이론만이 설명할 수 있는 현상이 있다. 가령, 등가 원리를 적용하고 뉴턴의 중력 법칙을 조금 수정한다고 하더라도 블랙홀을 설명할 수 없다. 현재 이를 설명할 수 있는 유일한 것은 아인슈타인의 일반 상대성이론이다. 따라서 블랙홀이 발견되면, 뉴턴의 이론은 상대성이론에 비해 덜 맞는 이론이 된다. 현재 과학자들은 블랙홀을 열심히 찾고 있고, 꽤 많은 후보도 있지만 이것을 검증하는 것은 조금 어려운 문제다.

블랙홀이 발견되지 않는다 하더라도 이론이 얼마나 단순한가의 관점에서 보면, 뉴턴 이론이나 이를 보완한 어떤 이론보다도 상대성이론이 훨씬 우월하다. 이 단순하다는 기준은 가끔 아름답다고 표현되기도 하는데, 이는 더 단순한 가정, 단순한 대칭에 의해서 설명된다. 많은 문제를 한꺼번에 설명할 수 있다면 그것이 더 근본적인 것이다. 이를 다른 말로 하면 같아 보이지 않는 현상을 같은 것이라고 설명하는 것이다. 사과가 땅에 떨어지는 것과 달이 지구를 도는 것이 같은 것이라고 설명한다는 것이 그렇다. 그러나 사과가 떨어진다는 것과 바나나가 떨어지는 것을 한꺼번에 설명한다면 뒤의 것이 앞의 것과 크게 다르지 않다고 볼 수도 있다. 이것이 예견이면 훨신 더 설득력이 있다(라카토슈). 그러나 어려운 문제는 이렇게 새롭고 달라보인다^{novel}는 것이 어떤 것인가는 전문가들이 평가한다는 것이다.

일반 상대성이론은 앞서 이야기했던 모든 것을 한 번에 설명할 수 있다는 점에서 더 근본적인 설명이라고 할 수 있고, 더 여러 검증을 견뎌낸 맞는 (엄밀히 말하면 '덜 틀린') 이론이라고 할 수 있다.

일반 상대성이론 하나만으로 빛이 휘고 적색이동이 일어나는 것을 설명하고, (이상은 등가 원리를 통해 설명할 수 있는 것) 뉴턴의 중력 이론을 보정하며, 무엇보다도 이들이 자연스럽게 설명하지 못하는 숫자도 정확하게 예측하므로 일반 상대성이론을 가장 단순한 설명이라고 하겠다. 비록 방정식을 담은 수식을 이해하기 어렵고 이를 풀기도 힘들지만, 그럼에도 불구하고 아인슈타인의 중력 이론이 아름다운 것은, 가장 간단한 몇 가지 원리로 우리가 그 세계에서 볼 수 있는 거의 모든 것을 설명하기 때문이다.

아름다운 이론의 특징은 보편성이라고 할 수 있다. 모든 것을 평등하게 놓고 적용할 수 있는 것이다. 지구와 사과 뿐 아니라 인간도 중력을 이야기할 때는 질량이 어떻게 늘어놓아졌는지(모양)만 알면 이들이 어떻게 당기는지를 이야기할 수 있다. 갈릴레이의 상대성이론은 이 세상에는 특별한 곳이 없으며, 우주의 중심이라는 것이 따로 있을 수 없다는 것을 보여주었다. 특수 상대성이론은 이 세상의 절대적인 관찰자가 없다는 것을 보여주었다. 이를 발전시켜 나가면 모든 것은 특별하지 않다는 결론에 이르게 되는 것 같다.

더 맞는 이론

결국 갈릴레오의 상대성이론이 틀리고 특수 상대성이론이 맞다고 할 수 있을까? 1905년 당시, 세상에 특수 상대성이론이 가장 완전한 설명을 하던 시절에는 그렇게 이야기할 수 있었을지도 모른다.

그러나 당시에도 수성의 세차 운동과 같은 문제가 해결되지 않았다. 그 이유는 특수 상대성이론이 일정한 속도로 움직이는 대상에 대한 이야기만 할 수 있고 가속도로 움직이는 상황은 이야기할 수 없기 때문이었다. 일반 상대성이론이 더 일반적인 설명을 할 수 있으므로, 특수 상대성이론도 틀렸다고 할 수 있다. 그렇다면 일반 상대성이론은 완벽한가? 그렇지 않다고 본다. 많은 과학자들은 일반 상대성이론이 중력을 잘 다룸에도 불구하고 매우 작은 크기의 현상을 설명하는데 없어서는 안될 양자 역학적 중력으로서 이해하지 못하고 있다고 본다. 따라서 일반 상대성이론도 궁극의 이론은 아니다.

여기에서 맞는 이론 틀린 이론이라고 하는 것은, 논리학의 명제에 해당하는 이야기로, 실제로는 조금 부당한 면이 있다. 실용적으로 보면 '거의 맞는' 이론들을 생각할 수 있기 때문이다. 큰 크기의 세상을 기술하는 데 있어 일반 상대성이론은 더할 나위 없이 정확한 이론이다. 그럼에도 불구하고 가속도가 별로 크지 않은 현상은 특수 상대성이론으로 기술해도 꽤 정확한 결과를 얻을 수 있다. 또 빛의 속력보다 느린 우리의 일상의 경우에는 갈릴레오의 상대성이론과 뉴턴의 중력만으로 모든 것을 이해, 설명 할 수 있다. 따라서 이것들이 그리 틀린 이론은 아니라고 할 수도 있다.

반면에 쿤은, 아인슈타인의 상대성이론과 뉴턴 역학은 서로 양립할 수 없는^{incommensurable, 공약불가능한 또는 통약불가능한} 것이라고 지적한다. 앞의 이론에 따르면 것은 무거운 지구를 가져다 놓으면 주변 공간이 휘는데, 뒤의 것은 공간을 변형시키지 않기 때문이다. 상대성이론에는 공간이 휘면 자동으로 사과가 지구로 떨어지기 때문에 더이상의 설명이 필요 없지만, 뉴턴 역학에서는 모든 것이 끌어당긴다는 개념을 부여해야 한다. 상대성이론을 공부하다 보면 질량, 에너지, 반지름과 같은 개념도 모두 새로 배워야 하는데 뉴턴 역학에서 같은 이름을 쓰던 개념과는 완전히 다른 개념일 수도 있다.

이는 생각보다 극적인 변화이다. 그림 69의 떨어지는 사과는 갈릴레오가 보던 사과이다. 왜 떨어지는지는 모르지만 사과와 깃털이 같은 가속도로 떨어지는 것만은 분명하게 관찰할 수 있다. 그림 71의 사과는 더이상 떨어지는 사과가 아니다. 우리는 이 그림에서 지구와 사과가 서로 당기는 것을 분명하게 관찰할 수 있다. 그러나 그림 98의 사과는 떨어지거나 지구와 서로 끌어당기지 않는다. 아무도 사과를 건드리지 않으며, 주변의 지구가 시공간을 휘게 했으므로 시간이 흐름에 따라 공간상의 위치도 자연스럽게 지구와 가깝도록 바뀌어 있을 뿐임을 분명하게 관찰할 수 있다. 세 그림은 사실 모두 같은 그림인데 우리는 다른 것을 관찰한다! 과학혁명Scientific Revolution 이 일어난 것이다. 이미 '알게된' 우리는 모르던 상태로 돌아갈 수 없다.

따라서 뉴턴의 이론이 일상생활의 물리에서 거의 맞다면 이는 수식이 거의 비슷해서 정량적으로 근사할 수 있다는 것 이상은 아닐 것이다. 다만 일상생활에서 공을 던지거나 로켓을 쏘아 올릴때도 어려운 일반 상대론의 방정식을 풀 필요는 없다. 뉴턴의 중력 법칙을 사용해도 우리에게 필요한 만큼은 정확한 결과를 얻는다.

LINK Gravity Probe B 팀의 수성 세차 운동을 보여주는 동영상

https://einstein.stanford.edu/Media/MercuryPerihelion-Flash.html

31
시간과 공간

시간은 모든 사건이 한꺼번에 일어나지 않도록 하는 것이다.[79]

— 존 아치볼드 휠러

시간은 만들어낸 것일 뿐이다.

— 앙리 베르그송

우주에 대해 알면 알수록 별 뜻이 없어 보인다.
(The more the universe seems comprehensible,
the more it seems pointless.)

— 스티븐 와인버그, 처음 3분간, (1977)

　　상대성이론이 나오기 전에는 시간과 공간을 다음과 같
이 생각했다.

- 시간과 공간은 보는 사람과 관계없이 존재한다.
- 누구나 같은 거리를 재고, 같은 시간 흐름을 잰다.

- 물체의 길이와 시간 흐름은 가만히 있으나 움직이나 같다.
- 시간과 공간은 서로 상관 없는 개념이다.

사실은 이것이 우리가 이 21세기에도 여전히 시간과 공간에 대해 떠올리는 가장 자연스러운 상이라고 할 수 있다.

그러나 상대성이론을 통해, 시간과 공간이 절대적이 아니라 보는 사람에 따라 다르다는 것을 받아들여야 했다.

그밖에, 상대성이론과는 직접적인 관련이 없지만 시간과 공간에 대한 생각은 다음과 같다.

- 공간은 세 방향이 있으며, 물체를 돌리면 다른 방향을 향하게 할 수 있다.
- 우주에 중심이나 기준이 있다. 가령, 지구가 우주의 중심이다, 또는 태양계가 우주의 중심에 있다, 우리 은하가 우주의 중심에 있다.

시간이나 공간이라는 개념에 대해서는 조금 주의해야 할 필요가 있다.

시간과 공간은 독립적으로 존재하는가.
공간이 휘었다는 것은 무슨 뜻일까?

공간은 물체를 움직여서 이동시킬 수 있는 곳이라고 정의하면 될 것이다. 물체를 어떤 방향으로 던졌는데 점점 사라지면 그 방향으로 공간이 있다고 할 수 있다.

물체가 휘었다는 것은 쉽게 말할 수 있다. 평평하던 오징어가 불에 구우면 휘어지는 것을 볼 수 있다. 역시, 우리가 사는 땅이 평평한지, 공처럼 생겼는지를 말하는 것은 개념상으로 문제가 없다. 그러나 공간 자체가 평평한지 휘었는지를 이야기할 수 있을까?

평평한 땅에 공을 굴리면 한없이 굴러가지만, 지구에 공을 굴리면 지구 반대편으로 한 바퀴 돌아서 제자리로 돌아온다. 반대로 말하면, 굴렸던 공이 되돌아오는 것으로 지구 표면이 휘었다는 것을 알 수 있다. 마찬가지로 어떤 방향으로 공을 던졌는데 아주 오랜 시간 후에 공이 되돌아오면 공간이 휘었다고 말할 수도 있다. 그러나 공을 던져보지 않고 공간이 휘었다고 말하는 것은 의미가 있을까?

실재론자realist : 시간과 공간은 나와 상관 없이 존재한다. 내가 보지 않는다고 우주가 존재하지 않는다는 것은 이

상하다. 사과가 존재한다는 것은 의심의 여지가 없다. 볼수도 있고 만져볼수도 있으며, 깨물어 먹으면 달콤하면서 신 맛도 느낄 수 있다.

또 전자electron는 비록 사과처럼 눈에 보이지는 않지만 충분히 좋은 도구를 사용하면 간접적으로 '보고' '만져볼' 수있다. 전자 자체가 존재하지 않는다면, 전자가 나오는 전자총electron gun 앞에 놓아둔 바람개비가 돌아갈 리가 없지 않은가. 아마도 과학기술이 발전할수록 전자도 사과처럼 존재한다고 더 자신있게 말할 수 있을 것이다.

같은 이유로, 공간 자체에 대해 말할 수 있다.

논리실증주의자logical positivist, 줄여서 실증주의자: 맞는지 틀리는지를 확인할 수 있는 것만 이야기해야 한다. 시간과 공간이라는 것이 편한 개념이긴 하지만 실체인지는 모른다. 우리는 시간이나 공간 자체를 직접 보거나 알 수 있는 방법이 없다. 시간을 보기 위해서는, 시간에 '매여'bound 변화하는 물체를 보아야만 한다. 물체를 놓아보고 공간을 점유하는 것을 보아야만 공간의 성질을 알 수 있다.
우리는 움직이는 물체(가령 기차)의 길이가 줄어드는 것을 보았다(10장. 9장에서 살펴본, 시간이 천천히 흐르는 것도 마찬가지이다). 그러나 이를 보고 공간 자체가 줄어든다고 섣불리 말할 수는 없다. 줄어든 것은 기차의 길이

일 뿐이다. 아무것도 없는 공간이 움직인다고 말하기도 힘들다. 마찬가지로, 확실하게 이야기할 수 있는 것은, 사과를 지구 근처에 가져갔더니 모양이 변하고 날아가는 (떨어지는) 방향과 정도가 정해진다는 것이다. 사과를 가져가지 않았더라면 지구 근처의 공간의 변화를 볼 수 없었을 것이다.[80]

그래도 지구 주변에서 기차의 모양이 변하는 것이나, 기차가 '떨어지는' 방향과 빠르기는, 지구에서 어떤 방향으로 얼만큼 떨어진 곳에 가져가면 딱 그만큼만 변한다 (그림 104). 모든 것이 그 자리에서는 같은 만큼 변하므로, 기준이 되는 자를 가져가서 얼마나 변화하는지를 보면, 다른 물체가 변하는 것을 예측할 수 있다. 따라서, 공간 자체를 이야기할 수 없음에도 불구하고, 공간이 줄어든다는 표현을 직관적으로 쓸 수 있다. 그렇다면 정말 공간이 줄어든다고 말해도 되지 않을까?

물체의 길이가 줄어든다고 하더라도 공간 자체가 줄어든다는 결론을 내릴 수 있는 것은 아니다. 공간은 그대로이고 물질만 줄어든다고 할 수도 있다. 움직이기 때문에 길이가 줄어드는 기차를 생각해보자. 같은 자리를 두 배 빠르게 가는 기차는 길이가 더 줄어든다. 더 빠른 기차가 같은 자리를 지나가면, 즉, 같은 공간을 점유하고 있어도 이동 속도가 다르면 길이가 줄어드는 정도가 다르다. 길이를 줄이는 데 중요한 것은 바로 속도인데, 이것은 공간의 성질이라기보다는 물체가 가지고 다니는 성질처럼 보인다. 따라서 공간만을 생각하면 이러한 변화를 잘 설명할 수 없다.

일반 상대성이론의 가장 중요한 미덕 중 하나는 공간을 원래 처음부터 주어진 것으로 생각하지 않는다는 것이다. 아인슈타인 방정식은, 물질이 어떻게 분포하느냐와 공간의 모양이 어때야 하는가를 연관지어준다. 상대성이론은 공간의 개념을 예상하지 못했던 방식으로 바꾸었다.

그래도 역시 시간과 공간에 대해, 실재론의 말투를 빌려쓰는 것(시공간이 휜다)이 여러모로 편하다. 따라서 이 책은 실증주의의 자세를 갖고 실재론의 말투를 빌어썼다.

시간과 공간을 섞어서 4차원 공간을 만드는 것은
편리함 때문인가, 아니면 필연적인가?

전통적으로 시간과 공간을 따로 생각해왔지만 특수 상대성이론을 통해 시간과 공간의 대칭을 이해하게 되었다. 시간과 공간을 함께 생각하는 시공간을 생각하면 많은 것들이 간단해졌다. 간단해지는 것은 우리에게 편리한 것일 뿐 시간과 공간은 여전히 본질적으로 다르고 별개인 것이라고 할 수 있을지도 모른다.

비슷한 질문을 할 수 있다. 동쪽과 북쪽은 서로 다른 방향인데 이들을 아울러 '두 방향'이라고 이야기하는 것은 어떤가. 독립된 동쪽과 독립된 북쪽이 있는데 '북동쪽'이나 '1시방향' 등을 생각하다 보면 동쪽과 북쪽의 본질적인 차이가 없다고 느낄 것이다. 내가 서 있는 곳에서 주위를 한바퀴 둘러 보면 동쪽과 북쪽의 구별이 무의미하게 느껴질 것이다. 사실은 지구가 평평하지 않고 공처럼 생겼기 때문에 동쪽과 북쪽이라는 것은 무의미하다. 이런 의미에서 편리하게 생각할 수 있는 것을 통합하여 생각한다는 것과, 더 본질에 가까운 일반적인 것이 차이가 없다는 것을 알 수 있다.

과학의 역사를 통하여 배우게 되는 것은, 서로 달라 보였던 것들이 사실은 같은 종류의 것이라는 것이다. 처음에는 편의상 같다고 생각했는데 그것이 언제나 적용되는 보편성을 얻게 되고 결국, 이들은 모든 사람에게 '당연히' 같은 것이 되는 것이다.

절대 기준이 점점 없어졌다

상대성이론을 배우면서 얻게 된 가장 큰 교훈은, 바로 보편성universality이다. 자연 현상의 절대적인 기준이 점점 없어졌다. 많은 인위적으로 보이는 상태가 자연스러운 상태라는 것이다. 공을 일정한 속도로 움직이게 하려면 계속 밀어주어야 할 것 같은데, 가만히 놔두어도 그렇게 운동하는 것이다. 지구가 사과를 끌어당겨서 떨어지는 것처럼 보였는데, 지구는 주변 시공간을 휘게 만들었을 뿐, 가만히 놔두어도 그렇게 운동하는 것이다. 이러한 상대성relativity이 역학적인 힘에서부터 전자기력, 중력을 포함해도 구별할 수 없는 보편적인 현상이라는 것이다.

이는 세상의 중심을 찾을 수 있는 방법을 점점 잃게 된 것이다. 현재 실제 우주 관측을 통해서도 이 우주는 균일하고 중심이 없다는 기준과 부합한다는 것을 알고 있다.

게다가, 지구, 사과, 달, 태양은 중력 앞에서는 모든 특성을 잃어버리고 질량이 얼마나 큰가가 유일한 정체성일 뿐이다. 또 이들은 우주의 바닥으로 떨어지는 것이 아니라 서로를 끌어당길 뿐이다.

모든 특별하다고 생각했던 것이 별것 아닌 것이 되었고, 사실상 같아졌다. 점점 기준이라고 할 만한 것이 없어지고 별 뜻이 없어지는 것 같다. 그럼에도 불구하고 우리는 다양하고 복잡한 세상을 보며, 때로는 목적이 있는 것처럼 보이는 형상을 보며, 의인화할 수 있는 만물을 본다는 것이 신기하다.

상대성이론을 통해 우리는 시간과 공간을 이해하게 되었을까? 상대성이론은 시간과 공간이 무엇으로 이루어졌느냐에 대한 설명은 하지 못한다. 가령, 시계바늘이 1초 후를 가리키는 동안 세상에 어떤 변화가 일어나는지를 설명하지는 못한다. 그럼에도 불구하고 공간이라는 개념이 절대적인 것이 아니라 중력의 영향을 받으며, 물체가 이동하거나 보는 사람이 이동하는 것에 따라 다르다는 것을 보여준다. 시간과 공간이 주어졌다면, 이들이 모순 없이 어떻게 이어져있는가 하는 것을 설명하는 이론이다.

시간과 공간을 조작하는 방법을 알게 되었는가? 이는

부분적으로만 그렇다. 시간과 공간이 무엇인지 본질은 모르지만, 이들이 물체들이 어떻게 놓여있느냐에 따라 어떻게 변화하는지를 알 수 있게 되었다. 우리는 시간과 공간 자체를 조작할 수는 없지만, 물질을 어떻게 놓으면 시간과 공간이라는 물이 다른 물길로 흐르도록 만들 수 있는지를 알게 되었다. 가령, 시간 여행 장치를 만드는 것은 적당한 물체들을 적당한 위치에 놓는 일이 될 것이다.

못다한 이야기

지금까지 상대성이론의 기본 개념을 알아보았다. 특수 상대성이론에서는 빛의 속력이 일정하다는 성질 때문에 시간, 공간, 질량에 대한 개념이 보는 관점에 따라 달라져야 하지만, 그 관점들이 대등하게 옳다는 것을 배울 수 있었다. 일반 상대성이론에서는 모든 것이 같은 빠르기로 '떨어지기' 때문에, 중력과 가속이 본질적으로 같은 것이고, 빛이 떨어지는 것을 통해 중력은 공간의 변형이라는 것을 알 수 있었다. 이 책은 여기까지 아는 것으로 만족한다.

하지 못한 이야기가 많은데, 어쩔 수 없이 다음과 같은 재밌는 이야기를 생략하였다.

이미 멀리 있는 별이 더 빨리 우리에게서 멀어진다는 것을 통해 우주가 팽창한다는 것을 보았다. 일반 상대성 이론의 가장 중요한 결과 가운데 하나는 우주가 팽창하는 것을 설명할 수 있다는 것이다. 우주의 특별한 중심이 없다고 가정하면 팽창하는 우주의 모습을 아인슈타인 방정식의 답으로써 얻을 수 있다. 그리고 보이는 별의 대부분의 행동은 뉴턴 역학으로 거의 기술할 수 있다. 또 뭉쳐진 먼지에 대한 아인슈타인 방정식을 풀어보면 별이 언제 불안정해지고 부서지는지 하는 별의 역사를 알 수 있다.

블랙홀은 일반 상대성이론이 기술하는 극단적인 예로서 아주 독특한 위치를 차지하고 있다. 블랙홀과 양자 역학을 함께 생각하면 놀라운 현상들이 많이 있다. 양자역학에서는 빈 공간에서도 끊임없이 물질과 반물질이 생겼다 소멸했다를 반복한다고 한다. 입자가 생기는 비율의 평균을 내면 온도와 연관 지을 수 있는데, 재미있게도 블랙홀의 질량과 온도를 연관 지을 수도 있다. 또 블랙홀의 크기는 무질서도를 나타내는 엔트로피라는 양과 연관지을 수 있다. 특별한 모양을 가지고 있는 블랙홀에 대해서는 끈string 이론이 엔트로피를 예견한다.

완전히 다른 측면도 있다. 사람들이 빛에 대해 연구하며 상대성이론을 탄생시키고 발전시켰을 뿐 아니라, 양자역학이라는 완전히 다른 빛의 성질을 이해하게 되었다. 양자역학을 특수 상대성이론과 같이 고려하면 이 세상에서 일어나는 일이 훨씬 재미있고 이상하다는 것을 알게 된다. 가령, 이 세상에 단일한 입자는 없으며 여러 입자들이 탄생하고 소멸할 수 있다는 중간 과정을 생략해야 한다는 것이다.

이론 물리학 최후의 문제는 아마도 이 일반 상대성이론을 양자역학과 조화시키는 양자 중력을 이해하는 것이다. 특히, 양자역학과 일반 상대성이론의 해(풀이)인 블랙홀을 같이 생각하면 양자 역학 자체가 온전하지 못하다는 것을 잘 부각시킬 수 있다. 이것은 이 글을 쓰는 현재(2016년)에도 아직 명확하게 풀리지 않은 문제이다. 이런 이야기가 재미있기 때문에 물리학에 빠진 사람들이 많다.

제 **4** 부

수식으로 이해하는
상대성이론

APPENDIX

여기에서는 최소한의 수학을 가지고 앞서 정성적으로 설명했던 것들을 정량적으로 보인다. 그러면 여러 이점이 있다. 몇 가지를 나열하면,

1. 설명이 간결해진다.

2. 말로 설명하는 것보다 오해가 줄어든다. 설명을 하지 않아도 식을 들여다보면 알게 되는 것이 있다.

3. 실제로 길이가 얼마나 짧아지는지, 시간이 얼마나 느려지는지 구체적인 값을 구할 수 있다. 식을 이해 못해도 어쨌든 제대로 다루기만 하면 식은 정답을 준다.

4. $E = mc^2$와 같이 직관으로는 얻을 수 없는 결과를 얻을 수 있다.

32
자연스러운 상태

여기에서는 일정한 빠르기로 나아가는 직선 운동, 즉 등속도 운동이 아무런 외부 영향을 받지 않는 상태라는 것을 보일 것이다. 그런 뜻에서 등속도 운동은 가만히 있는 것만큼이나 자연스러운 상태이다.

공을 비탈에서 굴려보자. 공이 굴러 내려가면서 점점 빨라지므로 바닥면을 지날 때 가장 빠르다. 그 빠른 여세를 몰아 비탈을 올라갈 수 있다. 그러나 올라가면서 점점 느려지며, 어느 높이까지 올라가고 멈춘다. 그 후, 다시 뒤로 굴러가기 시작하여 원래 있던 곳까지 못 올라오더라도, 어느 정도는 올라올 것이다. 그리고 멈추었다가 다시 굴러가며 왔다 갔다를 반복하다가 바닥에 멈출 것이다.

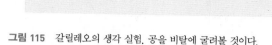

그림 115 갈릴레오의 생각 실험. 공을 비탈에 굴려볼 것이다.

바닥이 거칠수록 속력이 빨리 줄어들고 얼마 안 있어 바닥에 멈출 것이다. 바닥이 미끄러울수록 오르막길에서 높이 올라간다. 바닥이 완전히 미끄럽기만 하다면 공이 원래 높이까지 올라간다는 것이다.

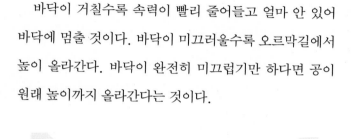

그림 116 공은 원래 높이 이상을 올라갈 수 없으나, 미끄러울수록 원래 높이에 가깝게 올라간다.

갈릴레오의 중요한 관찰은, 비탈의 경사를 다르게 해도, 바닥이 완전히 미끄러우면 원래 높이까지 올라간다는 것이다.

원래 높이보다 더 높이 올라갈 수는 없다. 만약 원래 높

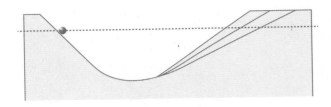

그림 117 빗면의 기울기를 다르게 해도 바닥이 미끄럽다면 공은 원래 높이까지 올라간다.

이보다 높이 올라갈 수 있다면 다음 번 내려갈 때는 그보다 더 높은 높이까지 올라갈 수 있고, 그 다음번 에 더 높이 올라가서 무한히 높이 올라갈 수 있기 때문이다.[81] 따라서 가장 이상적인 상태에서는 공이 더도 말고 원래 높이까지만 올라갈 것이다.

바닥의 경사를 없애고 수평으로 하면 어떻게 될까.

그림 118 빗면의 경사가 없다면 공은 원래 높이까지 올라가려고 '노력할' 것이므로 영원히 굴러간다.

역시 원래 높이까지 올라가려고 한다. 그러나 이 경우 올라갈 수 있는 경사면이 없으므로 영원히 '올라가려는 성질'을 가지고 앞으로 나갈 것이다. 물론 이 '올라가려는 성질'은 우리가 사람의 관점에서 생각한 것이다. 공은 굴러갈 뿐이다. 바닥이 완벽히 매끄러우면, 공은 계속 같은 속력으로 미끄러져간다.

갈릴레오: 등속도 운동, 즉 일정한 빠르기로 나아가는 직선 운동은 외부 영향을 받지 않는 상태이다.

33

얼마나 느리게 흐르나

앞서 9장에서 시간을 비교하기 위해 빛 시계를 사용하였다. 그 결과, 움직이는 물체의 시간이 느려진다는 것을 알았다. 여기에서 실제로 얼마나 느려지는지 계산을 해보겠다. 승무원은 일정한 속도로 오른쪽으로 가는 기차에 타고 있고, 기차 안에서 수직으로 빛을 쏜다. 밖에는 역무원이 플랫폼에 가만히 서서 이 빛을 본다. 승무원이 쏜 빛은 대각선으로 이동한다.

승무원은 자신과 기차가 가만히 있고 창밖의 풍경이

기차 밖에 가만히
있는 역무원의 관점

그림 119 승무원이 일정한 속도로 가는 기차 안에서 빛을 수직으로 쏘았다. 역무원에게는 대각선으로 날아가는 것으로 보인다.

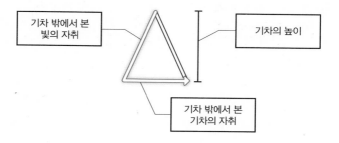

그림 120 빛이 지나간 거리. 각 거리를 빛의 속력으로 나누면 시간 간격을 얻는다.

반대 방향으로 움직인다고 생각한다. 빛 시계를 이용하여 시간을 잴 수 있다. 본문(9장)에서 설명한 것처럼, 여러 시계를 맞추는 골치아픈 문제를 피하기 위해, 하나의 시계만 사용하려면 빛을 왕복하도록 하여 시간 간격을 재어야 한다. 승무원 기준으로 한 번 빛이 왕복하는데 걸리는 시간을 $2t$라고 하자. 빛의 속력이 일정하므로, 기차 안에서 빛이 수직으로 갔다가 천장 거울에 반사되어 되돌아온 거리는 $2ct$이다. 따라서 기차의 높이는 ct이다.

기차의 운동 방향이 가로 방향이므로, 기차의 높이는 역무원이 기차 밖에서 보나 승무원이 안에서 보나 같다는 것을 10장 마지막 부분에서 확인했다. 따라서 역무원도 기차의 높이가 ct라는 것을 관찰한다. 똑같이 빛을 수직으로 쏘는 실험을 통해, 역무원도 자기 자신이 관찰하는 시간 간격이 t라는 것을 알 수 있다. 역무원과 승무원 모두 스스로는 같은 시간 흐름을 느낀다.

그러나 이들이 서로의 시간을 비교하면 차이가 생긴다. 역무원이 볼 때 빛은 대각선 방향으로 날아가지만 빛의 속력 c는 같다. 빛이 대각선으로 진행했다가 천장 거울에 반사되어 돌아온 거리는 $2cT$이다. 대각선은 수직선보다 길기 때문에 빛이 천장에 도달하는 시간 T는 가만히 있을때의 시간 t보다 더 길다고 본다.

정리하자면, 역무원은 자신이 쏜 빛이 천장에 도달하는데는 t, 승무원이 쏜 빛이 천장에 도달하는데는 T가 걸린다고 관찰한다. 이 시간 T동안, 기차는 속력이 v이므로 기차는 vT만큼 갔다. 이들이 만족하는 관계를 그림 120에 나타내었다. 이 이등변 삼각형을 수직으로 자르면 직각삼각형이 된다. 피타고라스 정리를 사용하면

$$(\text{비스듬하게 날아간 거리})^2$$
$$= (\text{기차의 높이})^2 + (\text{기차가 간 거리})^2$$

이다. 가만히 있는 역무원이 움직이는 기차 안의 빛을 본 것이다. 기차 안의 시간이 천천히 흐르는 것이므로 cT이

다. 기차의 높이는 기차 안의 승무원이 기차 안의 빛을 통해 측정한 것이다. 이는

$$(cT)^2 = (ct)^2 + (vT)^2$$

이다. 따라서, 시간간격 T는

$$T = \frac{t}{\sqrt{1 - v^2 / c^2}}$$

가 된다. 이는 역무원이 본 기차 안의 시간간격이다. 시간 간격이 길다는 것은 시간이 천천히 흐른다는 것이다. 역무원 자신이 볼 때는 t밖에 안 걸리는 일—기차 바닥에서 쏜 빛이 천장에 도달하는 사건—이 T나 걸렸다. 기차 안의 시간이 더 길게 흘렀으며 기차 안의 일들이 더 굼뜨게 일어났다.

기차의 속력 v에 따라 시간이 얼마나 느려지는지를 알 수 있다. 예를 들어 기차의 속력이 빛의 속력의 0.87배라면, 기차 안에서 잰 1초가 기차 밖에서는 2초처럼 보인다. 기차 안의 시간이 두배로 느리게 가는 것이다. 다만 이 속도는 시속 1080000000km이며 이러한 극적인 효과를 일상생활에서는 볼 수 없다. 기차의 속도가 빨라질수록 기차의 시간이 더 느리게 간다.

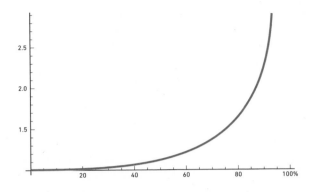

그림 121 속력이 빨라짐에 따라 길이, 시간, 질량이 변화하는 비율. 가로 축은 움직이는 물체가 광속의 몇 퍼센트로 가는가를 나타내고, 세로축은 시간 간격이 늘어나고, 길이가 줄어들고, 질량이 늘어나는 비율이다.

이 상대적인 정도를 그래프로 그려보면 다음과 같다.[*] 이는 그림 120의 높이와 대각선의 비율일 뿐이다. 가로 축은 빛의 속력의 몇 퍼센트로 이동하느냐를 나타내고, 세로 축은 줄어드는 길이를 나타낸다.

빛의 속력으로 다가가면서 이 비율은 무한대가 된다.

본문 10장에서 길이가 줄어드는 비율은 시간 간격이 늘어나는 비율과 같다는 것을 보였다(따라서 늘어나고 줄어드는 것은 역수 관계에 있다). 멈추어 있는 입장에서 길이가 L이라면, 밖에서 볼 때는 움직이는 길이는

---

[*]   이 비율을 흔히 감마(γ) 인자라고 부른다

$$\ell = L\sqrt{1-v^2/c^2}$$

이다.

또한, 11장에서 본것과 같이, 운동하는 물체의 질량이 증가하여야 하는데 이는 다음 장에서 계산해본다.

빛보다 빠를 수 없다 1

그림 120을 보자. 기차가 느릴수록 빛은 수직에 가깝도록 날아가고, 빠를수록 수직에서 더 벗어나므로, 대각선이 길어지고 그만큼 시간이 더 천천히 간다는 결과를 얻는다. 똑같은 방법으로 생각해보면, 기차가 반대 방향으로 가더라도 역시 시간이 느려지고 느려지는 정도는 속력과만 관계가 있다.

기차가 빠르게 갈수록 빛은 더 기울어진다. 이 빛은, 기차에 타고 있는 이가 천장을 향해 수직으로 쏜 것임을 상기하자. 기차의 운동에 실려 비스듬하게 날아가던 빛은 극단적인 경우 기차가 진행하는 수평 방향으로 나란히 날아갈 것이다. 따라서, 대각선의 길이가 기차가 진행한 길이와 같으므로, 기차의 속도도 빛의 속력이다. 직각

삼각형에서 대각선의 길이가 다른 변의 길이보다 길 수는 없으므로 기차는 빛보다 빠를 수 없다.

34

질량과 에너지

과학에서 가장 유명한 공식 $E = mc^2$를 소개한다.

에너지와 운동량의 통합

상대성이론을 도입하기 전의 운동량은 질량과 속도의 곱

$$(\text{비상대론적 운동량}) = mv$$

으로 정의한다.[*] 힘을 받으면 물체가 가속된다는 말은 힘을 받는 만큼 물체의 운동량이 시간에 따라 변한다고 바

---

[*] 벡터에 익숙한 독자는 위치 x와 속도 v를 성분이 3개인 벡터로 보아주기 바란다.

꾸어 이야기할 수 있다.

상대성이론의 효과를 고려하면 움직이는 물체의 움직임이 둔해진다는 것을 알았다. 이는 움직이는 물체의 시간이 느리게 간다는 말로 해석할 수도 있고 물체가 무거워지기 때문이라고 할 수도 있는데, 이들이 서로 같은 것임을 보았다(11장). 따라서 상대성이론을 고려한 운동량은 비상대성이론적인 운동량에 시간 간격이 늘어나는 비율을 곱한 것과 같다.

$$\text{(상대론적 운동량)} = \frac{mv}{\sqrt{1 - v^2/c^2}}$$

힘을 받는 만큼 운동량이 시간에 따라 변한다는 사실은 여전히 유효하다.

상대성이론에서는 위치 x와 시간 t가 독립적인 양이 아니라, 관찰자에 따라 이들이 섞인다는 것을 보았다. 즉, 이들은 언제나 함께 변환되며 시간에 빛의 속력 c를 곱하면 위치와 단위가 같은 대등한 양이 된다. 이를 시공간의 위치를 나타내는 4벡터라고 하고

$$\text{(시공간 4벡터)} = (ct, x)$$

와 같이 쓸 수 있다. 마찬가지로 운동량은 에너지를 빛의

속력 c로 나눈 양과 4벡터를 이루며

$$(\text{운동량 4벡터}) = \left(\frac{mc}{\sqrt{1-v^2/c^2}} , \frac{mv}{\sqrt{1-v^2/c^2}} \right)$$

와 같이 쓸 수 있다.

에너지를 이해하기 위해 함수 $\frac{1}{\sqrt{1-x}}$의 성질을 이해할 필요가 있다. 이 함수에 $x = 0$을 넣어 보면 1이 되므로, x가 아주 작을 때 이 함수는 상수함수 1과 거의 차이가 없다.

물론 정확한 1은 아니므로 차이가 조금 있는데, 그래프 범위를 넓혀 그려보면 차이가 보인다.

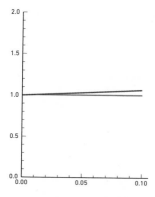

그림 122　$\frac{1}{\sqrt{1-x}}$의 그래프. 원점 근처에서는 상수함수 1과 거의 차이가 없다.

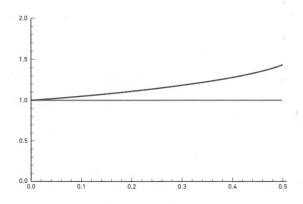

그림 123 그림 122를 더 넓은 영역으로 연장한 그래프

이를 보정하기 위해 상수함수 1에 $x/2$를 추가하면 원래 함수와 큰 차이가 없는 비슷한 함수가 된다.

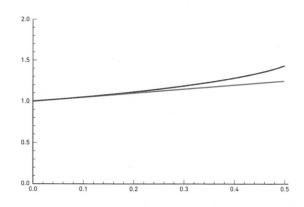

그림 123 그림 122 그래프를 보정하기 위하여 상수함수 1에 추가로 $x/2$를 더한 그래프

따라서 $1 + x/2$를 이 함수에 대한 더 좋은 근사식으로 생각할 수 있다. 물론 0.2 이후에는 오차가 생기지만, 이후에도 더 정확한 값을 원할 때마다 추가로 항을 더해서 더 비슷하게 만들 수 있다.[82] 따라서 앞서 구한 양은 물체가 움직이는 속도가 매우 작을 때 다음과 같이 된다.

$$\frac{mc^2}{\sqrt{1-v^2/c^2}} = mc^2 + \frac{1}{2}mv^2 \cdots$$

여기에서 두 번째 항은 우리가 알고 있는 운동 에너지이다. 따라서 앞서 구했던 양을 상대성이론에서 정의하는 에너지라고 불러도 무방할 것이다. 물체는 속력이 0이어서 정지해 있을 때에도 에너지

$$E = mc^2$$

를 갖는다. 물체가 질량을 갖고 있기만 하면 에너지를 지니고 있는 것이다.* 이는 시간을 거리로 환산할 때 빛의 속력을 곱하는 것과 마찬가지로, 질량을 에너지로 환산할 때 빛의 속력을 두 번 거듭 곱하는 것이다. 다시 한 번

---

* 그래서 이 식을 질량-에너지 동등성(mass-energy equivalence)이라 부르기도 한다.

빛의 속력은 빛의 존재와 관계없이 두 다른 양을 이어주는 자연의 기본 상수라는 것을 알 수 있다.

100원짜리 동전 하나의 무게가 5 g이다. 빛의 속력을 300 000 000m/s로 근사하여 식에 대입하면

$$450\ 000\ 000\ 000\ 000\ kg\ m^2/s^2$$

이 나온다. 이 양의 단위는 전력량을 나타내는 와트(W)에 1초를 곱한 와트초라고 하기도 한다. 이를, 3600초가 한 시간이라는 것을 이용하여 우리에게 익숙한 와트시(Wh)로 바꿀 수 있다. 한국의 보통 가구가 한 달 동안 쓰는 전기가 200 kWh에서 400 kWh이다. 따라서 동전 하나의 에너지를 이 전력량으로 나누어보면, 30만 가구가 한 달 동안 쓸 수 있는 양이라는 것을 알 수 있다. 원자력 발전 과정에서 나오는 에너지양을 따져보면 이 공식과 부합한다는 것을 알 수 있다.[83]

빛보다 빠를 수 없다 2

어떤 물체를 밀어서 가속을 시키면 빛보다 빠르게 만들 수 있을까? 앞의 결과를 가지고 운동할 때의 질량을 정

의할 수 있다.

$$\text{(운동 질량)} = \frac{m}{\sqrt{1-v^2/c^2}}$$

이를 다시 해석하면 물체가 빨라질수록 운동질량이 커진다고 할 수 있다. 힘을 가하면 물체는 더 빨라지고, 운동 질량이 더 커진다. 힘을 세게 가해서 빛보다 빠르게 만들 수 있을까? 힘을 순간적으로 가할 수 없다면 속력은 연속적으로 커진다. 따라서 빛의 속력보다 빠르려면 우선 빛의 속력에 다다라야 하는데 그 전에 운동 질량이 무한대가 된다. 그러므로 질량이 있는 물체에 힘을 가해서 빛의 속력이 되도록 빠르게 만들 수 없다. 다시 한 번, 빛의 속력이 빛의 고유한 성질이 아니라 이 세상 만물과 관계있는 자연법칙의 상수라는 것을 알 수 있다.

35
빛의 속력이라기보다는
자연의 기본 상수

상대성이론은 전자기학의 한 분과가 아니며,
빛과 상관없이 [이론을] 전개할 수 있다.

— *N. D. 머민(1984).*

1부에서, 빛의 속력이 관찰자에 관계없이 언제나 일정
하다는 문제를, 움직이는 대상의 길이와 시간, 질량이 달
라진다는 것으로 해결하였다. 속력은 이동 거리를 시간
으로 나눈 것이므로, 길이와 시간이 달라진다는 것을 반
영하여 상대적인 속력을 구할 수 있다. 이 상대적인 속력
이 빛의 속력을 이해하는 열쇠가 될 것이다.

상대적인 속력

가만히 있는 '갑돌이'를 기준으로 속력 u로 달리는 기
차를 생각하자. 기차에 탄 '을순이'가 기차가 나아가는 방

향으로 공을 던진다. 공의 속력은 을순이를 기준으로 v이다. 공은 기차의 운동에 실려 더 빨라질 것이다. 갑돌이가 관찰한 공의 속력은

$$u \text{ 더하기 } v = \cfrac{u + v}{1 + \cfrac{uv}{c^2}} \qquad (1)$$

임을 보일 것이다. 두 속력은 조금 복잡한 방식으로 '더해졌다'. 이는 보통의 더하기와 다르므로, '+' 기호를 쓰는 대신 우리말로 '더하기'라는 기호를 써서 표현하였다.

이 식은 몇 가지 주목할만한 성질을 가지고 있다. 첫째, 기차의 속력 u나 공의 속력 v가 c에 비해 매우 작다면 분모에 있는 uv/c^2는 엄청나게 작은 값이다. 가령 기차의 속력이 시속 100km이고 공의 속력이 시속 10km라면 uv/c^2 는 약 0.000000000000001이다. 따라서 이 부분을 무시해도 속력 덧셈 식은 거의 차이가 없다. 이를 그냥 0이라고 근사해보면, 위의 식은

$$u + v \qquad (2)$$

가 된다. 이는 상대성이론의 효과를 고려하지 않고 속력을 단순히 더한 것과 같다. 일상생활에서 빛의 속력이 일

정한데 따른 효과를 인지하지 못하는 이유가 여기에 있다. 새로운 속력 덧셈 식 (1)을 가지는 아인슈타인의 상대성이론은 이전의 속도 덧셈 식 (2)를 가지는 갈릴레이의 상대성이론을 포함하고 있다(일반화한 것이다). 빛의 속력은 갈릴레이의 상대성이론이 어떤 한계를 가지는지를 보여준다.

둘째, 둘 가운데 하나가 빛의 속력 c라면, 이 덧셈식의 결과는 언제나 c가 된다. 기차의 속력 u에 상관 없이, 을순이가 속력 $v = c$인 빛을 비춘다면, 이 식의 결과는 c라는 것을 확인할 수 있다. 움직이는 기차에서 비춘 빛의 속력이 변하지 않는 것처럼 보이지만, 사실은 식 (1)에 따라 정교하게 '변하는' 것이며 그 결과가 c이다.

상대적인 속력의 의미[84]

호수에서 관찰해보면 오리의 움직임에 관계 없이 물결이 일정한 빠르기로 퍼져나가는 것을 볼 수 있다. 파도는 한번 일으키면 독자적으로 퍼져나가며, 파동의 속력은 어떤 매개체(매질^{media}: 물 또는 공기)를 통해 퍼져나가는지와만 관계가 있다. 그러나 움직이는 관찰자에게도 물결의 속력이 같으리라는 법은 없다. 이것이 물결파와 빛의 차이인데, 빛은 물과 같은 매질을 통해 전파되지 않으며, 누가 봐도 속력이 같다.

이제, 시간이 누구에게나 같은 빠르기로 흐른다는 생각을 포기해보자. 처음부터 시간 간격과 길이가 관찰자에 따라 다를 수 있다는 것을 받아들이고 시간을 비교해보자.

갑돌이는 가만히 있고 을순이는 속력 u인 기차를 타고 움직인다. 갑돌이가 관찰하는 자신의 시간간격(가령 자신의 빛 시계의 한 째깍)을 t라고 하고, 갑돌이가 관찰한 을순이의 시간간격(가령 을순이의 동일한 빛 시계의 한 째깍)을 T라고 하자. 을순이가 얼마나 빨리 움직이는지에 따라 (즉 u가 얼마나 크냐에 따라) 시간간격 T가 달라진다. 9장에서 본 것과 같이 T는 을순이가 움직이는 방향과는 관계가 없다. 시간 간격은 비례하므로, 상대적인 비율을 $f(u)$라고 하면,

$$T = f(u)t \tag{3}$$

라 할 수 있다. 즉, 한 째깍을 비교하나 두 째깍을 비교하나 두 시간간격의 관계는 같아야 한다.

이제 갑돌이가 을순이에게 신호를 보내고, 을순이는

거울로 이 신호를 반사하여 다시 갑돌이에게 전한다면, 갑돌이가 신호를 받는 시간간격은

$$T = f(u)^2 t = \frac{c + u}{c - u} t \tag{4}$$

가 된다. 처음의 관계식은 식 (3) 양변에 $f(u)$를 더 곱한 것이다. 이 과정에서 갑돌이가 가지고 있는 단 하나의 시계로 시간을 재기 때문에 일관되게 시간을 측정하고 있다. 을순이의 시계는 움직여서 느리게 작동하므로 같은 기준으로 시간을 잴 수 없다. 식 (4)의 마지막 항은 갑돌이가 을순이에게 신호를 보낼 때 생기는 도플러 효과(분모, 17장)와 을순이가 다시 갑돌이에게 신호를 보낼 때 생기는 도플러 효과(분자)를 모두 고려한 것이다.[*]

따라서 식 (4)를 풀면

$$f(u) = \sqrt{\frac{c + u}{c - u}}$$

이 나온다. 이렇게 움직임 때문에 생기는 시간간격의 차이는 빛의 진동수 차이로 인식되므로 이를 상대론적인 도

[*] 도플러 효과에 관한 것은 고등학교 물리책을 참조한다.

플러 효과라고 한다.

　마찬가지로, 을순이가 속력 v로 날아가는 공에 똑같이 신호를 보내고 받는다면, 을순이가 관찰하는 자신과 공의 시간 비율을 똑같이 구할 수 있다. 그 결과는

$$f(v) = \sqrt{\frac{c+v}{c-v}}$$

가 된다.

　이제 갑돌이가 본 공의 속력 s는 어떨까? 갑돌이가 을순이에게 신호를 보내고, 을순이는 공에 신호를 보낸다. 신호가 공에 반사되어 되돌아오면 을순이는 곧바로 갑돌이에게 신호를 되돌려 보낼 수 있다. 이 결과는 갑돌이가 공에 신호를 한 번에 주고받은 것과 같아야 하므로

$$\frac{c+s}{c-s} = \frac{c+u}{c-u} \frac{c+v}{c-v}$$

를 얻는다. 이 식은 다름 아닌 상대성이론의 속도 덧셈 식

$$s = u \ \ 더하기 \ \ v = \frac{u+v}{1 + \dfrac{uv}{c^2}}$$

임을 확인할 수 있다.

빛의 속력은 공간의 구조를 담고 있다

앞서 이야기한 식 'u 더하기 v'의 다른 대칭은 다음과 같다. 셋째, 두 속력 u와 v를 바꾸어도 같은 결과를 얻는 다. 기차에서 공을 던진 상황에 대해 상대성 원리를 사용 해보자. 비록 을순이가 공을 던졌지만, 공의 입장에서는 공이 을순이를 반대 방향을 향해 같은 속력으로 '던진' 것 과 다름 없다. 따라서 공이 '볼' 때 갑돌이의 속력은 'v 더 하기 u'이다.

넷째, 기차의 속력 u는 가만히 있는 관찰자를 기준으로 한 것이었다. 역시 상대성 원리에 따라, 기차와 반대 방향 으로 일정한 속력 w로 지나가는 사람이 이 현상을 관찰하 여도 마찬가지이다. 이 사람도 등속도 운동을 한다는 점에 서 대등한 관찰자이기 때문이다. 속력 w로 가는 사람이 본 기차의 속력, 공의 속력을 사용하더라도 같은 속도의 덧셈 식이 나와야 한다. 위의 식은 다음을 만족한다.

(u 더하기 v) 더하기 (w 더하기 v) = (u 더하기 v)

머민[Mermin, 1987]과 센[Sen, 1994]은 공간이 울퉁불퉁하지 않 고 여러 의미에서 균일하다는 가정을 하면 이 두 조건(셋

째와 넷째)을 만족하는 가장 일반적인 식이 다음과 같음
을 보였다.

$$\frac{u + v}{1 + Kuv}$$

이는 앞의 빛의 속력을 더하는 식 'u 더하기 v'과 사실
상 같은데, 두 속도를 제외하고 결정되지 않는 상수 K가
있다. 이는 공간의 균일성이라는 가정에서 나왔으므로
빛의 속력일 필요는 없으며, 이 세상의 시간과 공간의 성
질을 담고 있는 기본 상수라 할 수 있다. 물론 우리는 위
의 방법으로 K를 측정할 수 있고 그 값이 빛의 속력의 제
곱의 역수와 같다는 것을 알 수 있다. 따라서 역사적인 이
유에서 제곱근 K의 역수를 빛의 속력 c라고 부른다.

지금까지는 빛의 속력을 재는 것으로 이야기했는데,
사실은 빛이 특별한 것이 아니다. 빛이 아닌 완전히 독
립적인 신호, 이를테면 중력이 전달되는 것으로 측정해
도 마찬가지 결과를 얻으며 이때도 길이가 바뀌어야 한
다는 설명이 필요하다. 중력이 전파하는 속력도 c이다.
이는 빛의 속력이라기보다는 우주의 보편적인 숫자이며,
빛도 이 속도로 퍼져나가는 물체(?) 가운데 하나라고 보

아야 한다.[85]

이 속도의 덧셈 식은 복잡해 보인다. 그래서 이 식으로 속도를 더하게 되는 세상의 구조가 단순하지 않고 복잡하게 꼬여있다고 생각할 수도 있다. 그러나 공간뿐 아니라 시간을 고려한 시공간을 생각하면(12장) 여전히 단순한 구조를 가지고 있다고 볼 수도 있다. 이 식의 바탕이 되는 균일하다는 가정을 살펴보자.

1. 공간의 균질성homogeneity: 모든 실험을 공간의 다른 지점에서 해도 같은 결과를 얻는다.
2. 공간의 등방성isotropy: 모든 실험을 현재 위치에서 다른 방향을 향하고 해도 같은 결과를 얻는다.
3. 시간의 균질성homogeneity in time: 실험을 다른 시각에 해도 같은 결과를 얻는다.

여기까지는 '멈추어 있는 공간'에 대한 자연스러운 성질이라고 할 수 있다. 속도는 시간의 변화에 대해 공간의 변화를 나타낸 것이다. 이들을 고려해도 특별한 속도 덧셈식이 나올 여지가 없어 보인다. 그런데 이 속도를 도입하는 대칭을 하나 더 생각한다.

4. 상대성relativity: 일정한 속도로 움직이며 실험을 해도 가만히 있으면서 할 때와 같은 결과를 얻는다.

정말 우리 세상이 이렇게 생겼을까? 엄밀히 말하면 그렇지 않다.

1번에 따르면, 지구 위의 어떤 마을에서 공을 던지나 목성의 어떤 지점 상공 100km에서 공을 던지나 공이 똑같이 날아가야 한다. 실제로는 그렇지 않다. 지구가 공을 당기는 것과 목성이 당기는 것이 차이가 있기 때문이다. 그럼에도 불구하고 1번은 근사적으로 맞다. 공 던지기를 잠실야구장 홈 베이스에서 하나, 1루에서 하나 공은 비슷하게 날아간다. 아마 홈 베이스에서 1cm떨어진 점은 더 비슷할 것이며 1mm, 0.00001mm 떨어진 점은 더 비슷할 것이다. 충분히 거리 차이가 작다면 두 점은 공간상으로 거의 차이가 없을 것이다. 이 작은 공간은, 아무 물체도 없는 텅 빈 세상을 생각하는 것과 크게 다르지 않다. 이 근사적인 가정이 맞지 않다면 여기에서 조금씩 벗어나는 효과를 반영하면 된다.

빛보다 빠를 수 없다 3

속도 식 'u 더하기 v'를 분석해보면, 빛보다 느린 속력끼리는 더해도 언제나 c를 넘길 수 없다는 것을 알 수 있다.

이를 공간이 균일하다는 성질에 비추어 다시 한 번 생각해보자. 1,2번은 이 세상이 상당히 평평하고 균일하다는 것이다. 이런 구조를 가진 세상이 한계 속도를 가진다는 것이 자명하지 않아 보인다. 그러나 속도는 시간이 흐름에 따라 위치가 바뀌는 것이다. 멈추어 있는 세상의 평평함은 속도의 성질에 대해 아무런 이야기도 해주지 않는다. 3번도 크게 다르지 않다. 시간이 균일하게 흐르지 않으면 우리는 어려움을 겪는다. 세 조건 모두 시간과 공간이 어떻게 섞이는가는 이야기하지 않는다.

4번에 이르러서야 시간과 공간을 동시에 사용하는 개념인 속도에 대한 이야기가 나온다. 그런데 속도라는 것이, 시간과 공간 크기의 비율이기 때문에, 각각이 이상하게 변해도 속도는 그대로일 수 있다. 더욱이 (예를 들면 움직이는 물체에서 공을 던지는 경우) 속도는 단순히 산술적으로 더해지는 것이 아닐 수 있다. 이그나토브스키와 머민은 여기에 주목했다. 이 공간뿐이 아닌 시공간이 균일하다는 가정과 속도의 덧셈 식의 최소한의 성질을 만족시키는 가장 일반적인 식을 찾아낸 결과가 바로 위의 'u 더하기 v' 식이다.

36
중력과 등가 원리

22장에서 질량을 두 가지로 정의하였다. 첫번째 정의는 관성 질량으로, 물체가 힘을 받아도 밀리지 않으려는 저항의 크기이다. 두번째는 뉴턴의 중력으로 정의되는 중력 질량인데, 이 중력 질량이 클수록 물체들이 세게 당긴다.

질량

첫번째 정의인 관성 질량을 이해하려면, 얼음판처럼 미끄러운 면 위에서 물체를 밀어보면 된다. '가벼운' 물체를 밀면 잘 밀리고 '무거운' 물체를 밀면 잘 밀리지 않는다. 같은 힘으로 물체를 밀 때 잘 밀려나가면 질량이 작은 것이다. 잘 밀려나간다는 것은 일정한 시간 뒤에 얼마나 속력이 빨라졌나로 이야기할 수 있다. 이를 식으로 나타내면 다음과 같다.

(가한 힘) = (관성 질량) × (가속도)

여기에서 가속도는 물체가 겪는 가속도이다.

질량의 두 번째 정의는 사과가 땅에 얼마나 세게 떨어지는가를 정량적으로 말해준다.* 이는 사과와 지구가 서로 끌어당기기 때문이다. 자석이 다른 극끼리 향하고 있으면 끌어당기는데 이 끌어당기는 자석힘은 자석의 세기에만 관계가 있고 두 자석이 얼마나 무거운가와는 상관이 없다. 마찬가지로 중력에 대해서 자석의 세기에 해당하는 것이 중력 질량이다. 이를 식으로 나타내면 다음과 같다.

$$(중력) = G \frac{mM}{r^2}$$

여기에서 G는 중력 자체가 절대적으로 얼마나 센가를 결

---

* 사과가 '왜' 떨어졌는지를 설명한다고 볼 수도 있다. 중력 때문에 사과와 지구가 서로 당기기 때문이다. 그러나 이 방식이 왜 떨어지는가를 설명하기보다는 얼마나 빨리 떨어지나를 정확하게 정량화했다고 볼 수도 있다.

정하는 중력상수이며, 크기는 $6.67384 \times 10^{-11} \mathrm{m}^3 \mathrm{kg}^{-1} \mathrm{s}^{-2}$정도이다. m은 사과의 중력 질량, M은 지구의 중력 질량, r은 지구와 사과 사이의 거리이다. 힘의 방향은 서로 끌어당기는 방향이다.

뉴턴의 중력 법칙은 지구와 사과의 구별을 없애버렸다. 지구와 사과는 다른 물체이지만 이 식은 m과 M을 바꾸어도 똑같다. 사과와 지구의 구별이 없어졌다!

다른 중요한 성질은 힘이 거리의 제곱에 반비례한다는 것이다. 이는 22장과 28장에 설명되어 있다.

등가 원리

관성 질량과 중력 질량은 다르게 정의된다. 그러나 이들의 단위가 같으므로 자연스럽게 같은 것이 아닐까 하고 생각할 수 있다. 이 둘의 차이를 밝히려는 실험들이 있었는데 현재까지는 매우 정밀한 실험을 통해서도 차이를 찾지 못하였다. 더 나은 실험을 통해 미래에 차이점이 밝혀질 가능성도 있으나 이 둘이 같다고 생각하면 재미있고 놀라운 결과를 얻을 수 있어 이것 또한 원리가 되었다. 이 두 질량을 같다고 보는 것이 등가 원리이다.

두 번째 정의에 따라 중력, 즉 지구와 사과가 당기는 힘이 사과의 중력 질량에 비례한다. 다시 말해 사과의 중력 질량이 클수록 지구와 사과는 세게 당긴다.

아인슈타인(1915): 조금 생각해보면, 관성 질량과 중력 질량이 같다는 법칙이, 중력 마당에서 물체들이 성질과 관계없이 같은 가속을 받는다는 사실과 동등하다는 것을 알 수 있다. 중력 마당에서 뉴턴의 방정식을 써보면

(관성 질량) × (가속도) = (중력 마당의 세기) × (중력 질량)

과 같다. 관성 질량과 중력 질량이 같은 값을 가져야만 가속도가 물체의 성질과 관계없다.

가령, 질량 M인 물체(예: 지구)를 향해 어떤 물체가 떨어진다고 하자. 이 물체의 중력 질량 m_g과 관성질량 m_i이 같지 않으면 물체가 겪는 가속도는

$$a = \frac{m_g}{m_i} \frac{GM}{r^2}$$

가 된다. 두 질량의 비는 물체마다 다르므로 줄이 끊어진 엘리베이터에서 물체들이 각각 다른 가속도로 떨어질 가능성이 있다. 등가 원리가 성립하면 모든 것이 같은 가속

도로 떨어진다. 위의 두 식을 생각해 중력을 가한다고 하면 다음과 같은 가속도를 얻는다.

$$a = \frac{GM}{r^2}$$

한편, 이를 통해 지구 표면에서 모든 물체가 같은 가속도로 떨어진다는 것을 설명할 수 있다. 사과가 떨어지는 동안 지구와 사과 사이의 거리가 변하기는 하지만 그 차이가 0.01%도 안되게 미미하다. 따라서 지구와 사과와의 거리는 거의 상수라고 볼 수 있으며, 그 값으로 지구 반지름을 사용하면 된다. 식에 지구의 반지름과 질량을 대입해보면 가속도가 $9.8m/s^2$정도가 나온다.

빛도 같은 가속도로 떨어질까?

모든 물체는 질량과 관계 없이 같은 가속도로 떨어진다는 것을 알았다. 이 결과에 따르면 빛도 같은 가속도로 떨어진다고 할 수 있지 않을까? 주의해야 할 것은, 위의 식의 결과는 비록 떨어지는 물체의 질량과 상관 없지만, 이를 얻는 중간 과정에서 물체와 지구가 당기는 힘을 계산했다. 빛의 질량이 관측할 수 없을 만큼 작지만 0은 아니어야 위의 식이 유효하다. 처음부터 빛의 질량이 정확히 0이면 뉴턴의 중력 자체가 작용하지 않을 것이다. 솔드너^{Soldner, 1801}는 앞의 경우를 가정하고 빛이 휘는 정도를 계산하였다. 이 계산은 다음 장에서 소개한다.

일단 실험을 해보면 정말 중력장에서 빛이 휘는 것을 확인할 수 있다. 빛도 중력을 받아서 떨어지는 것이다(23장). 뉴턴의 법칙을 이용한 솔드너의 계산과 아인슈타인의 일반 상대성이론을 이용한 계산 결과가 다르다. 따라서 정밀한 관찰을 통하여 어떤 이론이 빛이 떨어지는 것을 더 잘 설명하는지를 확인할 수 있다.

빛의 질량은, 아직도 1971년 윌리엄스, 팔러, 힐이 측정한 결과가 세계 최고 기록을 가지고 있다. 여기에 의하면 빛의 질량은

0.000 000 000 000 000 000 000 000 000 000 000 000
000 000 000 000 02 kg

보다 작다. 그렇다면 빛의 질량이 0인 것이 아닐까? 아무리 실험 장치가 정교하다고 하더라도 0을 측정할 방법은 없다. 계기판에 0이 나오더라도 감지 장치가 충분히 민감하지 못하여 아주 작은 값을 무시했을 수 있기 때문이다.

어떤 사람은 이 정도도 측정이 안되면 0이라고 보는 것도 무방하다 생각할 수 있겠지만 이 기준은 사람마다 상대적으로 다르다.

다른 방법으로 빛의 질량을 이야기할 수도 있다. 빛을 가장 잘 기술하는 이론은 양자 마당 이론인데, 특별한 대칭성[86] 때문에 빛의 질량이 정확히 0이어야 한다. 거의 모든 사람들이 양자 마당 이론이 빛을 잘 기술한다고 생각한다.

빛의 중력 질량이 정확히 0이면 중력을 받지 않을 것 같다. 따라서 가속도가 일정하다는 이 식이 대상의 질량과 무관하더라도, 질량이 없는 경우에는 이 식을 정당화할 수 없다.

그러나 뒤에서 보겠지만 아인슈타인의 일반 상대성이론에서는 빛의 질량이 정확히 0이어도 떨어진다는 것을 예견한다. 거기에서는 물체가 중력을 얼마나 받는가를 나타내주는 양이 질량이라기보다는 운동량이기 때문이다. 양자 마당 이론에서는 질량이 0이어도 운동량이 0이 아닐 수 있다. 따라서 양자 마당 이론이 맞는 이론이라고 해도 아인슈타인의 일반 상대성이론은 빛이 휜다는 것을 설명할 수 있다. 따라서 뉴턴 역학과 등가 원리를 사용하면 빛이 휜다는 사실은 두 번 틀려 옳은 말이 되었다고 이야기할 수도 있겠다. 단순히 두 번 틀린 것일까? 가끔 물리학에서 얻는 교훈은 자연이 상당히 매력적인 제안을 따른다는 것이다. 모든 것이 보편적인 가속도로 떨어지는 것이, 뉴턴의 중력 법칙보다 더 근본적인 원리일 수도 있다. 일단 그것을 더 중요한 원리로 삼고, 실험을 통하여 지지되지 않으면 그때 가서 버리면 된다. 솔드너의 계산이 설명하는 것을 뉴턴 이론에 등가 원리를 더 도입한 새로운 이론이라고 부르면 된다.

다만 솔드너가 계산한 빛이 휘는 정도는 아인슈타인이 일반 상대성이론에서 계산한 정도의 정확히 반이며, 앞의 에딩턴의 측정을 통해 아인슈타인의 설명이 더 정확하다는 것을 보였다. 따라서 뉴턴-솔드너의 이론은 정량적으로 틀렸다. 그러나 빛의 휨과 같은 극단적인 경우를 생각하지 않으면 뉴턴의 이론은 일상생활에 거의 다 맞는다.

37

중력 때문에 빛이 휘는 효과

여기에서는 중력의 영향을 받아 빛이 휘며, 빛이 휘어 중력을 탈출할 수 없는 임계 밀도 등을 이야기한다.[87] 이들과 관계되는 물리량은 다음과 같은 표준단위를 가진다.

- 중력의 절대적인 세기를 나타내는 중력 상수 G: $\mathrm{m^3\,kg^{-1}\,s^{-2}}$
- 중력을 '발생시키는' 물체의 질량 M: kg
- 중력의 영향을 받는 거리 r : m
- 빛의 속력 c : m/s $= \mathrm{ms^{-1}}$

여기에서 음수 첨자는 역수를 나타낸다. 빛이 휘는 정도는 처음 빛이 날아가다가 물체의 질량 때문에 꺾여 날아가는 각도로 나타낼 수 있다. 각도는 단위가 없는 양이다.* 위의 양들을 조합해 단위가 없는 양을 만들어보면, 각도를 나타낼 수 있는 가장 간단한 양은 다음과 같다.

$$\frac{GM}{rc^2}$$

이 양의 단위를 확인해보면 정말 상쇄된다는 것을 알 수 있다.

$$\frac{(m^3kg^{-1}s^{-2}) \times (kg)}{m \times (mg^{-1})^2} = 1$$

단위가 없기로는 이의 역수도 마찬가지이나 다음을 고려해보면 적합하지 않다는 것을 알 수 있다. 일단 중력이 셀수록 빛이 많이 휘어야 한다. 따라서 이 각도는 G에 비례해야 한다. 빛은 가벼운 지구를 지날 때보다 무거운 태양을 지날 때 더 많이 휜다. 따라서 질량이 클수록(무거울수록) 빛이 많이 휘므로 질량 M은 분자에 있어야 한다. 가까이 있을수록 (r이 작을수록) 빛이 많이 휜다.

이 분석은 차원이 있는 양들의 비율은 결정할 수 있지만, 차원이 없는 계수를 정확히 줄 수는 없다. 정확한 계

---

* 각도의 단위는 물론 도(°)나 라디안(rad)을 쓴다. 그렇다고 하더라도 각도는 숫자들의 비율일 뿐이며, 나타내는 무게와 같은 단위가 없다는 뜻이다.

산을 해보면 아주 먼 곳에 와서 물질(태양) 근처를 지나 아주 먼 곳으로 가면서 빛이 휘는 각도는 여기에 2를 곱한 값인

$$2\frac{GM}{rc^2}$$

가 나온다.

일반 상대성이론, 즉 아인슈타인 방정식으로 빛이 휘는 것을 계산해보면, 실제로 빛이 휘는 각도는 여기서 구한 것의 두 배(즉 앞 페이지의 식에 4를 곱한 값)가 된다. 이 '두 배'에 대한 사연을 다음 장 이후에 소개할 것이다.

38
휜 시공간의 기술

일반 상대성이론에서는 중력이라는 개념 대신 휜 시공간에서 아무런 영향을 받지 않는 자연스러운 운동을 생각한다. 따라서 휜 공간을 나타내는 기하학이 중요한 역할을 한다. 이 장에서는 수식을 사용하여 공간을 표현하며 아인슈타인 방정식을 풀어 얻게되는 공간이 어떤 성질을 가지는가를 살펴본다.

공간이 휘었다는 것이 무슨 뜻인지 알아보자. 주어진 시공간의 각 위치에서 시계가 얼마나 빨리 가는가, 길이가 어떻게 바뀌는가가 공간의 모양과 휜 정도를 나타낸다. 움직이는 관찰자는 길이와 시간을 다르게 관찰한다는 것을 보았다. 그래도 이들은 서로가 시간과 길이를 얼마나 다르게 관찰하는지를 비교할 수 있다. 등속도로 움직이기 때문에 다르게 보이는 것은, 언제나 움직이는 당사자의 관점에서 시간 간격(고유 시간)과 길이(고유 길이)를 보는 것으로 해결할 수 있다. 이를 제외하고 순전히 공간이 휜 것에 대한 정보는 피타고라스의 정리가 어떻게 바뀌는가로 나타날 수 있다. 이 정보를 계량^{metric, 거리잴기}이라고 한다.

가령 평평한 공간의 계량은 피타고라스의 정리로 나타낼 수 있다. 어떤 막대기의 x좌표 간격을 dx, y좌표 간격을 dy라고 하면, 변하지 않는 길이는 다음과 같이 표현할 수 있다.

$$dl^2 = dx^2 + dy^2$$

공간을 돌리면 dx와 dy는 바뀌지만 길이 dl는 바뀌지 않는 불변량이다. 불변량을 알면 바뀌는 양에 대한 상대적인 정보를 알 수 있다. 차원이 하나 더 있어 3차원이면 좌표가 하나 더 있어야 한다. 이 경우에는 dz^2를 여기에 더해주면 된다.

그런데 평평한 2차원 공간을 나타내는 방법이 또 있다. 극좌표라고 하는 것을 사용하면 되는데, 원점으로부터의 거리 r과 기준 축에서 돌아간 각도 θ로 만드는 방법이다. 각도 θ는 2π의 주기를 가지고 있다. 각도가 $d\theta$만큼 돌아가고 거리가 dr만큼 늘어났을 때 계량은

$$dl^2 = dr^2 + r^2 d\theta^2$$

로 나타낼 수 있다. 이를 r과 θ라는 새로운 좌표가 만드는 새로운 피타고라스 정리라고 생각할 수도 있다. 막대끝의 r쪽 좌표가 dr이고, θ쪽 좌표가 $d\theta$만큼 바뀌었을 때 막대의 길이는 dl이다. 똑같은 공간이지만 좌표를 다르게 도입하여 피타고라스 정리가 바뀌었다.

구의 표면은 대표적인 휜 공간이다. 이를 나타내는 계량은 다음과 같다.

$$dl^2 = R^2(d\theta^2 + \cos^2\theta d\phi^2)$$

구의 안쪽은 생각하지 않고 표면만 생각하므로 위도 θ와 경도 ϕ로 위치를 나타낼 수 있는 2차원 공간이다. 표면이 얼마나 굽었나를 나타내주는 양이 바로 R이다. 표면만 생각하더라도 이를 포함하는 가성의 구 전체를 상상한다면 표면이 얼마나 굽었나를 직관적으로 이해할 수 있는데, R은 구 중심으로부터 표면까지의 거리라고 볼 수 있다. 이때에는 위도와 경도가 아닌 어떤 좌표를 써도, 앞에서 본 평면의 계량(피타고라스 정리)으로 되돌릴 수가 없다. 이를 통해 구의 표면은 휜 공간이라는 것을 알 수 있다.

3차원 구형 대칭을 가지고 있는 계량은

$$dl^2 = dr^2 + r^2(d\theta^2 + \cos^2\theta d\phi^2)$$

이다. 여기에서 r은 원점으로부터의 거리이고 나머지 변수는 이전과 같이 위도와 경도를 나타낸다. 반지름이 일정한 경우 $r = R$ 앞서 논의한 구의 표면을 기술한다는 것을 알 수 있다. 이 경우에는 좌표들을 새로 잘 정의하면 3차원 평평한 공간의 계량으로 바꾸어 쓸 수 있다. 그러므로 이 계량으로 기술되는 공간은 평평하다.

11장에서 시간을 공간과 같은 맥락에서 기술할 수 있다고 하였다. 따라서 평평한 시공간의 계량은 평평한 공간의 계량과 거의 마찬가지로

$$ds^2 = c^2 dt^2 - dy^2 - dz^2$$

이라고 쓸 수 있다. 여기에서 시간(dt)과 공간의 거리를 구할 때 부호가 반대가 된다는 데 주의하자.

이 시공간에 뉴턴 중력을 생각해보자. 26장에서 본 것과 같이 위로 가속되는 엘리베이터를 생각하고 등가 원리를 사용하면 다음을 볼 수 있다. 엘리베이터 안에서 보면, 엘리베이터는 가만히 있으며, 아래쪽으로 중력이 작용하고, 또 이것은 아래쪽으로 갈수록 시간 흐름이 느려지는 것이라고 할 수 있다. 이를 다음 계량으로 나타낸다.

$$ds^2 = \left(1 + \frac{2gh}{c^2} \right) (c\,dt)^2 - dh^2$$

h가 작아질수록, 즉 높이가 낮아질수록, 기준 시계의 시간 간격 dt에 작은 수를 곱하기 때문에 기준 시계가 빠르게 가는 것처럼 보이고 상대적으로 자신의 시간은 느리게 간다. 물체가 떨어지는 것이 이 시간이 느리게 흐르는 곳을 찾아가는 것이라고 하면, 뉴턴의 중력을 사용하여 이를 일반화할 수 있다.

$$ds^2 = \left(1 + \frac{2\Phi}{c^2} \right) (c\,dt)^2 - dr^2 - r^2(d\theta^2 + \cos^2\theta d\phi^2)$$

뉴턴 중력의 경우 $\Phi = -GM/r$이다. 여기에서 M는 지구와 같이 중력을 발하는 물체의 질량이다. 나머지 부분의 계량은 위에서 본 구형 대칭을 가진 공간을 나타낸다.

그런데 빛은 시간 방향뿐 아니라 공간 방향으로도 빠르게 날아간다. 따라서 나머지 방향의 변화도 무시할 수 없고 정확한 정보를 알아야 한다. 더 이상 등가 원리를 통해서 주어진 중력이 공간의 형태를 어떻게 변형시키는지에 대한 정보를 얻을 수 없다. 이를 위해서는 다음 장에서 살펴볼 아인슈타인 방정식이 필요하다.

39

아인슈타인 방정식의 형태

여기에서는 아인슈타인 방정식(28장)이 어떤 모양을 가지는지를 조금 더 구체적으로 스케치한다. 먼저 뉴턴의 중력을 포아송 방정식

$$-\nabla^2\Phi = -4\pi G\rho$$

으로 기술하면 중력이 퍼져나가는 것을 더 잘 이해할 수 있다는 것을 보였다. 여기에서 G는 36장에서 보았던 중력상수이며 중력의 절대적인 세기를 나타낸다.

좌변은 중력이 퍼져나가는 것에 대한 정보를 담고 있다. 중력을 물 흐름에 비유한다면 Φ는 각 지점에서 물을 흘려줄 수 있는 능력^{potential}에 대한 정보를 담고 있다. 이 능력은 다름아닌 물이 흐르기 시작하는 높이이며 해당 정

보는 등고선으로 나타낼 수 있다. 또, 역삼각형 기호를 붙인 양 $-\nabla\Phi$는 등고선의 기울기를 주게 되어 그 지점에서 물이 어느 방향으로 얼마나 세게 흐르는지를 알려준다. 한 지점에서 물이 나오는데, 주변 높이도 비슷하다면 그 방향으로는 물이 흘러가지 않을 것이다. 마지막으로 역삼각형 기호를 한 번 더 붙인 양 $-\nabla^2\Phi$는 그 지점에서 물이 나오는 '총 변화량'이라고 할 수 있는 일종의 대푯값이다.

중력에 대해서도 마찬가지로 생각할 수 있다. 어떤 지점에서 $-\nabla\Phi$를 계산하면 중력이 어떤 방향으로 얼마나 세게 작용하는가를 알 수 있다. 이를 다름 아닌 중력 마당이라고 불렀다. 중력마당이 모든 방향으로 퍼져나가는 총 량을 $-\nabla^2\Phi$라 할 수 있다.

우변은 중력을 일으키는 물질의 양과 관계가 있다. 물론, 질량이 클수록 거기에서 나오는 중력이 세지므로 이 양은 질량과 관계가 있어야 한다. 지구라는 큰 덩어리는 질량을 가지고 있지만 지구의 각 점에서는 밀도 ρ를 생각해야 한다. 밀도는 질량을 부피로 나눈 것이다. 다시 한 번 물의 비유를 하자면 ρ는 이 지점에서 나오는 샘물의 양이다. 우변에 (−)부호가 있으므로 이는 샘물이 나오는 것 보다는 흘러들어가는 것을 이야기한다. 우리는 중력 때문에 모든 것이 이 물체 쪽으로 빨려 들어간다는 것을 알고 있다.

이제 상대성이론과 조화하도록 포아송 방정식을 바꾸어 보자.

우변에 대해 먼저 생각할 것이 두 가지가 있다. 먼저 34장에서 보았듯, 질량은 에너지이다. 따라서 질량을 에너지라고 부를 것이다. 다른 하나는, 시간과 공간을 한꺼번에 생각하는 시공간(4벡터, 12장)이 자연스러운 개념이라는 것을 기억하자. 따라서 에너지보다는 에너지-운동량(4벡터)이 더 자연스러운 개념이다.

그러나 밀도는 질량을 부피로 나눈 것이므로 단순한 4벡터보다 더 복잡하게 기술되는 양이 된다. 시공간의 위치뿐만 아니라, 물체가 움직이면서 시공간의 위치를 바꾸는 속도 4벡터를 (u_1, u_2, u_3, u_4)라고 일일이 쓸 수 있으나, 간단히 u_a라고 쓸 수도 있다. 여기에서 아래첨자 a는 시간 한 방향, 공간 세 방향을 가진다. 이 방향을 나타내는 아래첨자가 두 개 필요한 $4 \times 4 = 16$개의 수로 이루어진 에너지-운동량 텐서 T_{ab}를 생각할 수 있다. 이를 계수 rank가 2인 텐서라고 한다. 가장 간단한 계수 2 텐서는 속도 두개를 붙인 것 $u_a u_b$이지만 에너지-운동량 텐서는 더 복잡한 구조를 갖는 양이다.

다음, 좌변의 중력마당에 해당하는 것이 길이의 변화이고 이에 해당하는 정보가 계량 g_{ab}의 변화량에 들어 있다는 것을 이전 장에서 보았다. ∇는 공간 방향으로 어떻게 퍼져나가는가만 담고 있으므로, 상대성이론과 조화시키기 위해서는 공간 뿐 아니라 시간도 포함한 시공간의 변화량을 사용하여야 한다. 여기에 해당하는 기호를 $\Box$로 쓰자. 그렇게 하면 시공간 방향의 기울기 $\Box g_{ab}$를 생각할 수 있다. 한편, 이 시공간 변화량의 총량 $\Box^2 g_{ab}$은 텐서가 되지 않는다. 다행히도 우리가 필요로 하는 조건을 모두 갖춘 유일한 계수 2 텐서가 있는데 이를 R_{ab}라고 쓴다.[*]

이제 좌변에는 R_{ab}를 넣고 우변에는 T_{ab}를 넣어 등호로 맞추어주기만 하면 되는데, 여기에 두 가지 문제가 있다.

---

[*] 먼저 계량 g_{ab}이 공간을 이동함에 따라 얼마나 변화하는가를 나타내는

$$\Gamma^c{}_{ab} = \frac{1}{2} \sum_{d=1}^{4} g^{cd} \left(\frac{\partial}{\partial x^b} g_{da} + \frac{\partial}{\partial x^a} g_{db} - \frac{\partial}{\partial x^d} g_{ab} \right)$$

을 정의한다. 여기에서 $\partial/\partial x^a$는 좌표 x^a에 대한 편미분이다. 이를 통해 리치(Ricci) 텐서를 다음식과 같이 구할수 있다.

$$R_{ab} = \sum_{c=1}^{4} \left(\frac{\partial \Gamma^c{}_{ab}}{\partial x^c} + \frac{\partial \Gamma^c{}_{ac}}{\partial x^b} + \sum_{d=1}^{4} (\Gamma^c{}_{ab} \Gamma^d{}_{cd} - \Gamma^d{}_{ac} \Gamma^c{}_{bd}) \right)$$

하나는 단위가 맞지 않는다는 것. 이는 중력상수와 빛의 속력의 적절한 비 G/c^4를 우변에 곱하여 해결할 수 있다. 가장 큰 문제는 T_{ab}는 포아송 방정식의 정신에 따라 한 점에서 들어가고 나가는 총량이 0인데, R_{ab}는 그렇지 못하다. 다만 이를 조금 개조한 G_{ab}**이라는 양은 총량이 보존된다는 것을 보일 수 있다. 따라서, 포아송 방정식을 확장한 아인슈타인 방정식은

아인슈타인(1915): $G_{ab} = \dfrac{8\pi G}{c^4}\, T_{ab}$

이다.

슈바르츠실트 블랙홀

아인슈타인 방정식은 실제로는 풀기가 매우 어려워 지금까지도 찾아낸 해가 많지 않다. 다만 시공간의 대칭을 도입하면 식의 꼴이 상대적으로 간단해지므로 풀 수 있는 경우가 있다. 가장 간단한 해는 아무런 물질이 없는 빈 공간을 기술하는 해일 것이다. 따라서 식의 우변에 0을 대

** 여기서 $R = \sum\limits_{a=1}^{4}\sum\limits_{b=1}^{4} g^{ab}R_{ab}$, $G_{ab} = R_{ab} - \dfrac{1}{2}g_{ab}R$와 같이 정의한다.

입한다. 다음, 좌변에는 공간이 구형 대칭이라는 것을 반영하여 풀면 다음과 같은 해를 얻는다.

슈바르츠실트^{Schwarzschild}**(1916):**

$$ds^2 = \left(1 - \frac{2GM}{c^2 r}\right)(c\,dt)^2 - \frac{1}{\left(1 - \frac{2GM}{c^2 r}\right)}\,dr^2$$
$$- r^2\,(d\theta^2 + \sin^2\theta d\phi^2)$$

여기에서 r은 구형 대칭을 가정한 공간의 중심으로부터의 거리이고, θ와 ϕ는 위도와 경도이다. M, t는 중심으로부터 무한히 먼 거리에서 관찰한 블랙홀의 질량과 시간이다. 이때 이 계량은 평평한 시공간의 계량이 되는데, 그곳에서는 질량과 시간을 어려움 없이 정의할 수 있다.

고정된 위치(r, θ, ϕ 가 일정)에서는 우변의 첫 항만 고려하면 된다. 거기에 있는 관찰자의 시간간격 ds/c은, 무한히 먼 곳의 표준 시간간격 dt에 $\sqrt{1-2GM/c^2 r}$ 을 곱한 것이다. 지평선으로 가까이 갈수록(즉 r이 작아질수록) 관찰자는 표준 시계의 시간 간격 dt가 $\sqrt{1-2GM/c^2 r}$ 만큼 짧아 보인다. 즉, 표준 시계가 "째 깍… 째 깍… 째 깍…"흐르면 이 관찰자는 그 시계가 "째깍 째깍 째깍"하고 빨리 흐르는 것으로 관찰한다. 관찰자 자신의 시계는 그에 비해 느리게 흐르는 것이다. 이는 모든 고정된 관찰자가 보게 되는 사실이다. 블랙홀로 가까이 갈수록 시간은 천천히 흐른다. 마찬가지로 길이도 짧아진다는 것을 알 수 있다. 어떤 거리 r에 있는지에 따라 시간과 길이가 바뀌기 때문에 거리 r을 잘 정의해야 한다. 여기에서는 거리 r인 점들이 이루는 구면의 넓이가 $4\pi r^2$이 되는 것으로 거리를 정의한다.

이 식은 빈 공간에 대해서 풀었지만, 구형 대칭의 중심에 질량 M인 물체가 중력을 발하는 상황을 묘사한다. 앞 장의 결과에 따르면 $(c\, dt)^2$의 계수가 중력마당의 세기를 나타내기 때문이다. 특별히 시간 간격이 무한히 길어지고 길이가 무한히 짧아지는

$$r = 2GM/c^2$$

인 곳에 지평선이 존재한다. 만약 질량 M이 이 반지름 안에 들어 있다면 이 물체는 블랙홀이다. 이 해를 처음 얻은 이론물리학자의 이름을 따서 이를 슈바르츠실트 블랙홀이라고 부른다. 그림 98에 나타내었다.

슈바르츠실트 해의 우변의 첫 항만 생각하면 뉴턴의 중력 법칙을 유도할 수 있다고 하였다. 빛의 속력에 비해

느리게 움직이는 물체는 약한 중력을 일으키는 지구 근처에서 이 효과만으로 거의 모든 운동을 설명할 수 있다. 그러나 빛 자체는 빛의 속력으로 이동하고, 태양이 일으키는 중력의 영향을 받으면 공간이 휘는 우변의 두번째 항의 영향도 받는다. 이 효과는 앞의 효과와 정확히 같은 양이므로, 뉴턴 역학에서 계산했던 결과(37장)의 두 배가 되는 것을 설명할 수 있다.

여기에 태양의 질량인 $M = 2 \times 10^{30}$kg를 집어넣어보면 블랙홀의 지평선의 거리 r이 약 3km가 나온다. 이는 여의도의 긴 폭에 해당하는 거리인데, 이 거리 안에 태양의 전체 질량이 꽁꽁 뭉쳐 담겨 있으면, 블랙홀이 된다. 지구 질량에 대해서는 9mm이다.

'아인슈타인의 최대 실수'인 우주 상수와 암흑 에너지

뉴턴의 중력이나 일반 상대성이론 모두 물질들이 서로 끌어당긴다는 것을 말해준다. 특히 일반 상대성이론은 공간을 주어진 것으로 생각하지 않고 공간 자체를 물질이 결정한다고 기술하였던 것을 기억하자(28장). 모든 것이 서로 끌어당긴다는 것은 우주가 줄어드는 방향으로 힘을 받는다는 것이다. 다시 말해, 우주가 수축하려는 가속이 생겨야 하는데, 우주가 평형을 이루었다면 이후 점점 줄 어들어야 한다. 그러나 아인슈타인 방정식이 탄생할 당 시 관측으로 우주는 가만히 있는 것처럼 보였다. 이를 어 떻게 해결할까 고민했던 아인슈타인은, 아인슈타인 방정 식의 시공간 대칭성을 깨지 않는 한에서 상수 항을 방정 식에 추가할 수 있다는 것을 발견하였다.

아인슈타인(1917): $G_{ab} + \Lambda g_{ab} = \dfrac{8\pi G}{c^4} T_{ab}$

이 상수 Λ를 우주상수cosmological constant라고 한다.

우주상수 항을 추가한 방정식은 빈 공간들이 서로 밀 어내는 효과를 예견한다! 시간이 지날수록 공간 안에 있 는 모든 물질들 사이의 거리가 늘어난다면 공간이 점점 커진다고 할 수 있다. 그런데 우주상수의 효과는 공간을 커지게 만드는 것 뿐 아니라 점점 더 빨리 커지게(가속의 개념과 비슷하다) 한다.

빈 공간이 서로 밀어낸다는 것을 직관적으로 이해할 수는 없지만 식으로 보면 정말 그런 일이 일어난다는 것을 알 수 있다. 공간이 비어서(물질이 없어서) T_{ab}가 0이 되더라도, 우주 상수항을 우변으로 넘겨 보자. 이 식은 우주 상수항이 없는 이전(1915년) 방정식에 $T_{ab} = -\Lambda g_{ab}$로 주어지는 '진공 물질'이 있는 효과가 생겨, 우주를 가속 팽창하도록 한다. 빈 공간마다 이 효과가 있으므로, 우주가 팽창할 때마다 빈 공간이 더 생기고 이 효과 때문에 빈 공간끼리 더 밀어내려고 하는 것이다.[88]

일반적으로, 이런 방식으로 우주를 가속시키는 '진공 물질'을 암흑 에너지dark energy라고 한다.* 우주 상수항은 암흑 에너지를 설명하는 한 가지 방법이나, 아직 암흑 에너지의 정체가 무엇인지는 모른다. 일반적인 물질로는 이러한 암흑 에너지 조건을 만족시킬 수 없다. 암흑 에너지는 우주 전체에 퍼져있어야 하며, 공간을 점유하고 있는 물질과는 다르다. 일반적인 물질은 서로 당기는데, 물체들만 당기는 것이 아니라 우주 전체의 물질들이 서로 당겨 가까워지면 공간이 작아지는 것과 같다.

일반적인 물질은 서로 끌어당기므로, 별들이 임의로

---

* 흔히 이야기하는 반중력과는 다르다. 반중력은 정확한 의미로 쓰이지는 않지만, 보통은 일상적인 물질이 서로 밀어내는 성질을 이야기한다. 암흑 에너지는 일상적인 물질이 아니다.

흩어져 있어도 이들이 충분히 가깝거나 수가 많으면 점점 뭉치려고 한다. 우주 전체에서 보아도 이는 마찬가지이다. 따라서 물질의 분포가 어떤 한계 이상으로 많으면 우주는 수축한다. 그러나 암흑 에너지가 어느 한계 이상으로 많으면 우주는 팽창하려고 한다. 물질과 암흑 에너지는 팽창-수축에 대해 서로 경쟁하고 있다.

이후 우주가 팽창한다는 허블의 관측이 알려져, 팽창하기는 하지만 팽창 속도가 점점 느려지는 우주를 생각할 수 있게 되었다. 우주 상수가 필요 없게 된 것이다. 아인슈타인은 우주 상수의 추가를 최대 실수$^{biggest blunder}$이라고 표현하였다. 그러나 현재 우주를 관측하면, 우주가 아주 미세하게 가속 팽창하고 있다는 것을 알 수 있다.[89] 밝기가 언제나 일정하다는 것을 다른 방법으로 알 수 있는 초신성^{supernova}들이 점점 어두워지고 있다는 것은 점점 이들이 멀어지고 있다는 것이다. 우주가 가속 팽창하는 것은 암흑 에너지가 물질(을 에너지로 환산한 것)보다 더 많아서 밀어내는 '힘'이 더 세다고 설명할 수 있다. 가속도는 아주 작아서, 우리 우주가 이 수축과 팽창하려는 성질이 절묘하게 평형을 이루고 있으나, 그래도 조금씩 팽창한다는 것이다.

참고자료와 간단한 해설

이 책은 역사적인 맥락과 수식을 통한 간결한 설명을 의도적으로 피했다. 더 깊은 공부를 위해 참고자료를 제시하고 간략한 설명을 덧붙였다.

우선, 어떤 질문도 위키피디아Wikipedia에서 최고의 답을 얻을 수 있다. 이 책을 읽다가 모르는 것이 있거나 자세한 설명이 필요하면 위키피디아에 들어가서 해당 항목을 검색하면 된다. 구글에서 검색해도 위키피디아의 설명이 가장 먼저 검색 결과로 나온다. 위키피디아는 이제 상당히 믿을만하며, 이 책의 수준에서는 틀린 것이 거의 없다고 보아도 된다.

1. 영문 Wikipedia: http://en.wikipedia.org 이제 정평있는 브리태니커 백과사전을 양적으로나 질적으로나 뛰어넘었다.

2. 한국어 위키백과: http://ko.wikipedia.org 한국어 위키백과의 자료는 빈약했으나 비약적으로 발전하고 있다.

3. 특수 상대성이론은 좋은 교과서가 많기도 하고, 일반물리학 책을 보면 잘 설명되어 있다. 조금 더 꼼꼼한 설명을 원한다면 Taylor and Wheeler(1992)를 추천한다. 보다 현대적인 관점에서 설명한 책은 Mermin(2007)이다. 바이스 (2008)를 통해서는 민코프스크 다이어그램과 삼각함수만을 가지고도 특수 상대성이론에 나오는 모든 것에 대한 정량적인 계산을 할 수 있다. 이 책과 함께 읽을 책으로 추천한다.

4. 일반 상대성이론의 다음 단계 입문서로 글쓴이가 추천하는 책은 Schutz (2004)이다. 블랙홀에 대한 좋은 책은 손 (2005)이 있다. 특수 상대성이론의 수식 전개를 확실하게 익힌 다음에는 일반 상대성이론을 역시 수식을 통해 정확하게 공부할 수 있다. 이 때 주로 쓰이는 대학교 교재는 Hartle (2003), Carroll (2003)과 Ohanian and Ruffini (1994)이다.

5. 온라인 강의로, iTunes U에 있는 김찬주 교수님의 '현대 물리학과 인간 사고의 변혁' 강좌는 정평이 나 있다. 상대성이론 뿐 아니라 양자역학도 배울 수 있다.

6. HyperPhysics: http://hyperphysics.phy-astr.gsu.edu/ hbase/relativ/relcon.html#relcon 우리가 궁금해 할 물리에 대한 거의 모든 것을 망라하면서도 자세히 설명되어있다. 이 사이트의 상대성이론 부분이다.

다음은 인용된 책과 논문의 목록이다. 가나다 순 다음에 알파벳순으로 배열하였으며, 번역된 책의 경우에는 저자 이름을 한글로 썼다.

- 갈릴레오 갈릴레이(1598). 이무현 옮김(1997). 새로운 두 과학. 사이언스북스. 상대성을 제일 처음 제시하였고 아인슈타인은 이를 확장하였다. 또 넓은 의미에서 등가 원리를 처음으로 제안하였다.

- 게로치, 로버트(1978). 김재영 옮김(2003). General Relativity from A to B. 로버트 게로치 교수의 물리학 강의. 휴머니스트. 추천하는 일반 상대성이론 교과서 가운데 가장 자세한 설명이 되어 있다. 그러나 너무 전문적인 것 까지 설명하려고 해서 간략하게 훑어보기에는 어려움이 있다. 이 글을 쓰는 당시 절판되어 구하기가 힘들지만 수식의 의미를 잘 설명하였다.

- 그린, 브라이언. (1999). 박병철 옮김. (2002). 엘러건트 유니버스. The Elegant Universe. 승산. 끈 이론을 대중들이 잘 이해하도록 설명한 책. 끈 이론을 이해하기 위해서는 상대성이론과 양자역학이 필요한데 이를 개략적으로 잘 설명하였다.

- 김찬주. 현대물리학과 인간 사고의 변혁. iTunes U. 상대성이론과 양자역학 및 현대물리학 전반에 걸친 자세한 명강의를 동영상으로 들을 수 있다.

- 러셀, 버트란드(1925). 김영대 옮김(1997). *The ABC of Relativity*. 상대성 이론의 참뜻. 사이언스북스. 상대성 이론을 대중에게 소개하였다.

- 바이스, 산더르. 김혜원 옮김(2008). *Very Special Relativity*. 특, 특수상대성 이론. Harvard University Press. 에코리브르. 시공간을 통합한 민코프스키 공간의 변형을 통해서 특수상대성이론의 많은 증명을 직접 보여준다.

- 손, 킵, S. 박일호 옮김(2004). 블랙홀과 시간굴절. *Black Holes and Time Warps*. 이지북. 일반 상대성이론을 블랙홀과 우주론에 무궁무진하게 응용하였다.

- 와인버그, 스티븐. 이종필 옮김(2007). *Dreams of Final Theory*. 최종이론의 꿈. 사이언스북스. 아름다운 이론이란 어떤 이론인가에 대한 설명이 들어있다.

- 이종필(2012). 물리학 클래식. 사이언스북스. 과학 역사상 가장 중요한 10개 논문을 선정하고 해설하였다. 마지막 장에 있는 말다세나의 논문은 특수한 모습을 한 우주에서 중력은 기본힘이 아니라 다른 힘에서 유도할 수 있는 현상이라는 증명이 있다.

- 차머스, 앨런, F. 신중섭, 이상원 옮김. (2003). 과학이란 무엇인가. *What is This Thing Called Science?* 서광

사. 과학철학 입문서로, 이론을 검증하는 것이 무슨 뜻인가에 대한 논쟁을 잘 소개하였다.

- 최무영(2008). 최무영 교수의 물리학 강의. 책갈피. 현대물리학은 물론 물리학 전반에 대한 좋은 개설서. 이 책을 읽고 심화학습을 하고 싶은 독자들에게 권한다.

- 캐럴, 숀. 김영태 옮김(2012). 현대물리학, 시간과 우주의 비밀에 대해 답하다. 다른세상. 시간이라는 개념, 시간의 흐름, 시간 여행에 대한 정확하고도 자세한 설명을 담고 있다.

- 쿤, 토마스(2015). 김명자, 홍성욱 옮김(2015). 과학혁명의구조. 4판. *University of Chicago Press*. 까치.

- Ball, Phillip. (2007). Arthur Eddington Was Innocent, *Nature*, 7. September 2007. 에딩턴의 자료 해석에 대한 의혹을 해명한 글.

- Bell, John Stewart. (1987). *Speakable and unspeakable in quantum mechanics*. Cambridge: Cambridge University Press. 양자역학의 해석에 대한 논의를 담은 논문집. 이중 한 장이 상대성이론을 다루고 있고, 벨의 우주선 역설이 잘 소개되어 있다.

- Born, Max. (1962). *Einstein's Theory of Relativity*. Dover. 움직이는 물체의 길이 수축 때문에 완전한 강체가 휠 수 있다는 성질을 잘 다루고 있다.

- Carroll, Sean. (2003). *Spacetime and Geometry: An*

Introduction to General Relativity, Addison-Wesley.
일반 상대성이론의 가장 대중적인 교과서. 유명한 MIT
강의를 정리한 것이다.

- Debs, Talal A. & Redhead, Michael L.G. (1996). "The
twin "paradox" and the conventionality of simultane-
ity". *American Journal of Physics*. **64** (4). 384-392.

- Dewan, Edmond M. & Beran, Michael J. (1959).
"Note on stress effects due to relativistic contraction".
American Journal of Physics. **27** (7). 517-518. 벨의 우
주선 역설을 가장 먼저 생각하였다.

- F. W. Dyson, A. S. Eddington, and C. Davidson, A
Determination of the Deflection of Light by the Sun's
Gravitational Field, from Observations Made at the
Total Eclipse of May 29, 1919. Philosophical Transac-
tions of the Royal Society of London. Series A, Con-
taining Papers of a Mathematical or Physical Character
(1920): 291-333, on 332. 에딩턴 탐사단이 태양의 일식
을 통해 빛이 휜다는 것을 분석한 논문.

- Einstein, Albert (1905). Zur Elektrodynamik bewegter
Körper. Annalen der Physik 17 (10). 891-921. 아인슈
타인의 특수 상대성이론 논문. 영문 번역판을 인터넷에서
많이 찾을 수 있다. 한국어 번역은 임경순. (2007). *100
년만에 다시 찾는 아인슈타인*. 사이언스북스.에 수록되

어 있다.

- Einstein, Albert (1915). Zur allgemeinen Relativität-stheorie. *Preussische Akademie der Wissenschaften, Sitzungsberichte*, **1915 (part 2)**, 778-786, 799-801. 일반상대성이론의 원 논문. 이 논문이 쓰여진 지 100주년을 기념하기 위하여 이 책이 나왔다. 역시 (임경순, 2007)에 수록되어 있다.

- Hafele, J. C. & Keating, R. E. (1972). Around-the-World Atomic Clocks: Observed Relativistic Time Gains. *Science* **177** (4044). 168-170. 정밀한 원자 시계를 비행기에 싣고 비행하여 정말로 시간이 느리게 간다는 것을 보인 실험.

- Hartle, J. (2003). *Gravity: An Introduction to Einstein's General Relativity*. 민건 옮김 (2011). *중력: 아인슈타인 일반 상대성 입문서*. Pearson. 청범출판사. 수식보다는 개념 위주로 일반 상대성이론을 설명한 입문서. 학부 수준에서 일반 상대성이론을 처음 공부하기 좋은 책이다.

- Ignatowski, W. V. (1910). Einige allgemeine Bemerkungen zum Relativita tsprinzip. Phys. Zeits. 11, 972-976. 아래 Mermin의 논문의 원조. 이 논문과 1911년에 발표한 여러 편의 논문에서 속도 합을 군론으로만 이해하면 아인슈타인의 속도 합 식을 얻을 수 있다는 것을 보였다. 따라서 빛의 속력이라는 것을 가정할 필요가 없으며, 나중에 빛의 속력으로 해석할 수 있는 독립적인 상

수가 있어야 한다는 것을 보였다.

- Mahajan, S. (2002). Estimating light bending using order-of-magnitude physics. http://www.inference.phy.cam.ac.uk/sanjoy/teaching/approximation/light-bending.pdf 빛이 휘는 것을 차원 분석으로 간단히 설명한 논문.

- Mermin, N. D. (1984). Relativity without Light. *American Journal of Physics*. 52 (2). 119-124. 시공간이 여러 의미로 균일하다는 가정만 있으면 빛의 속력과 상관없이 가장 일반적인 형태가 특수 상대성 이론이어야 한다는 것을 보였다. 이를 처음 제창한 사람은 Ignatowsky라고 알려져 있다.

- Mermin, N. D. (2007). *It's About Time: Understanding Einstein's Relativity*. Princeton University Press. 고등학교 수학 수준을 벗어나지 않고 특수 상대성이론의 모든 것을 엄밀하게 증명한 책이다. 설명은 정확하고 보여주는 것 또한 명확하지만 정확도를 높이기 위하여 수식이 조금 많아졌다.

- Ohanian, H.C. & Ruffini, R. (1994). Gravity and Spacetime, 2판. W. W. Norton. 학부 수준에서 이해할 수 있으며 간결한 설명을 제공하는 좋은 전문서. 아인슈타인의 중력 방정식을 이 책(그리고 대부분의 책)과 다르게 유도한다. 스핀 2인 입자인 중력자가 만족해야 하

는 모든 대칭을 갖춘 간단한 선형 방정식을 만든 뒤, 이 이론이 좌표를 어떻게 잡느냐와 상관 없어야 한다는 조건을 사용한다.

- Penrose, Roger. (1959). The Apparent Shape of a Relativistically Moving Sphere. *Proceedings of the Cambridge Philosophical Society* **55** (01): 137-139. 움직이는 물체가 실제로 보면 회전한 것으로 보인다는 논문.

- Peres, Asher. (1987). Relativistic telemetry. *American Journal of Physics* 55, 516. 상대론적으로 속력이 더해지는 식을 도플러 효과로 간단히 설명한 논문.

- Pound, R. V. & Rebka Jr. G. A. (November 1, 1959). Gravitational Red-Shift in Nuclear Resonance. *Physical Review Letters* 3 (9): 439-441. 중력이 센 곳에서 정말 시간이 느리게 흐른다는 것을 최초로 잰 실험.

- Schutz, B. (2004). *Gravity from the Ground Up: An Introductory Guide to Gravity and General Relativity*. Cambridge University Press. 특수 상대성이론 뿐 아니라 일반 상대성이론을 비전공자들을 대상으로 쓴 책 가운데 가장 간단한 수식으로 정확하게 상대성이론을 설명한다.

- Schwarzschield, Karl (1916). Über das Gravitationsfeld eines Massenpunktes nach der Einstein'schen Theorie. *Reimer, Berlin*, S. 189 ff. (Sitzungsberichte der Königlich-Preussischen Akademie der Wissenschaften;

1916). 상대성이론을 직접 푼 최초의 해를 담았다. 구형 대칭의 가장 간단한 블랙홀을 기술한다.

- Sen, Achin. (1994). How Galileo could have derived the special theory of relativity. *American Journal of Physics*. 62, 157. 빛의 속력을 가정하지 않고 속도 식을 유도한 논문.

- Soldner, J. G. v. (1801/4). On the deflection of a light ray from its rectilinear motion, by the attraction of a celestial body at which it nearly passes by. *Berliner Astronomisches Jahrbuch*: 161-172. http://en.wikisource.org/?curid=755966 뉴턴역학을 통해 빛이 휘는 정도를 계산하였다. 신기하게도 일반 상대성이론이 예측하는 값의 정확히 반을 예측한다.

- Stukeley, William. (1752). Memoirs of Sir Isaac Newton's. http://ttp.royalsociety.org/ttp/ttp.html?id=1807da00-909a-4abf-b9c1-0279a08e4bf2&type=book 뉴턴의 사과 일화가 들어있는 회고록.

- Susskind, L. & Lindsay, J. (2009). An Introduction to Black Holes, Information and the String Theory Revolution. World Scientific. 블랙홀과 블랙홀에서 일어나는 양자역학적인 효과를 차분히 설명한 강의록. 아직까지 해결되지 않은 양자역학의 인과율 문제를 간결하게 보여준다.

- Taylor, E.F. & Wheeler, J. A. (1992). Spacetime Physics. 2판. Freeman. 특수 상대성이론에 대해 이모저모로 깊게 생각할 수 있는 책. 시중에 알려진 여러 역설들을 통해 상대성이론이 무엇을 말할 수 있는가 이해하도록 도와준다.

- Terrell, James. (1959). "Invisibility of the Lorentz Contraction". *Physical Review* **116** (4): 1041-1045. 길이 수축을 직접 보면, 길이가 줄어든 것처럼 보이는 것이 아니라 돌아간다는 것을 처음 지적한 논문. 펜로즈나 바이스코프 등의 논문을 통해 다시 각광받게 되었다.

- Wald, R. M. (1983). General Relativity. University of Chicago Press. 대학원 수준 일반 상대성이론의 가장 대표적인 교과서. 블랙홀, 양자역학, 특이점 문제를 현대적으로 다루어 표준적인 교과서로 자리잡았으나 수식 표현이 일반적으로 쓰는 방식과 조금 다르다.

- Wheeler, J. A. (1990). *A Journey Into Gravity and Spacetime, Scientific American Library*, San Francisco: W. H. Freeman.

- Williams, E. R., Faller, J.E. and H. A. Hill, "New Experimental Test of Coulomb's Law: A Laboratory Upper Limit on the Photon Rest Mass," *Physical Review Letter* 26, 721-724 (1971). 빛의 질량을 측정한, 지금까지 가장 정확한 실험.

용어 설명

가만히 있다 정지해 있다, 멈추어 있다는 말 대신 이 책에서 선택한 용어이다. 속도가 0이라는 뜻이다. 물론 가만히 있다는 것은 관점(계)에 의존한다.

계량^{metric} 시공간의 휜 정도를 나타낸 양. 주어진 공간의 한 점에 자와 시계를 놓으면 시간 간격과 거리가 어떻게 바뀌는지를 정보로 나타낼 수 있다. 피타고라스의 정리가 어떻게 바뀌는가를 가지고 일반화한 것이다.

고유 길이, 고유 시간^{proper length, proper time} 물체의 길이와 시간을 물체에 대해 상대적으로 멈추어 있는 관찰자가 잰 길이와 시간. 관찰자마다 다른 길이와 시간 간격을 재지만, 모든 관찰자가 같은 고유 길이와 고유 시간을 계산할 수 있다.

고전역학Classicla Mechanics　양자역학 이전에 자연을 기술하는 방법으로, 모든 물체를 작은 공이나 점으로 환원하고 이들의 위치가 어떻게 변화하는가를 서로 힘을 주고받는 것으로 기술한다. 꽤 큰 크기의 물체는 대개는 양자역학을 고려하지 않고 고전역학만으로도 기술할 수 있다.

관성inertia　가만히 있는 것과 일정한 속도로 움직이는 것 모두 자연스러운 상태이다. 속도를 바꾸는 것이 상태를 바꾸는 것인데, 이를 위해서는 힘이 필요하다. 힘을 가하는 것은 '힘들다.' 물체는 자신의 상태를 유지하려고 하기 때문이다. 이 성질을 관성이라고 한다.

국소성 locality　모든 사건은 빛의 속력보다 느리게 전달되기 때문에 멀리 떨어진 이들이 짧은 시간 동안에 정보를 주고받거나 영향을 주고받을 수 없다는 성질. 신호를 보내거나 물질을 이동시키는 등 고전역학에서 서술되는 것은 국소성을 만족한다. 양자역학에서 '얽힌 상태를 측정'하는 것은 국소성을 만족하지 못한다는 것이 알려져 있다. 그러나 양자역학적 성질이 모여 고전역학적인 성질을 나타낼때는 국소성이 성립하여 모순이 없다. 국소적 인과율local causality이라고 부르기도 한다.

기준틀reference frame　같은 속도로 운동하는 모든 것들이 같은 기준틀 안에 있다고 한다. 일정한 속도로 달리는 기차 안에 있는 모든 것들이 같은 기준틀 안에 있을 뿐 아니라, 기차 밖에 있어도 같은 속도로 움직이면 (가령, 옆에서 같은 속도로 날아가는 자동차) 같은 기준틀에 있는 것이다. 모든 등속도 운동을 하는 기준틀은 대등하다: 자신이 힘을 받지 않는 상태에 있으며, 가만히 있다고 주장할 수 있다.

길이^{length} 물체의 한 특성으로서, 기준이 되는 자를 가지고 길이가 같다 또는 더 길다 짧다를 이야기한다. 상대성이론에 따르면 빨리 움직이는 물체일수록 길이가 더 많이 줄어들며, 중력의 영향을 많이 받을수록 길이가 더 줄어든다.

길이 수축^{length contraction} 움직이는 물체는 길이가 줄어드는 것을 관찰할 수 있다. 속력이 빠를수록 길이가 많이 줄어든다. 길이가 줄어들며 당김힘을 받는다. 이를 처음 발견한 피처랄드와 처음 수식화한 로렌츠의 이름을 따서 로렌츠 수축, 로렌츠 피처랄드 수축이라고도 한다.

끈이론^{string theory} 이 세상을 이루는 기본 단위가 점과 같은 입자가 아니라 길이가 있는 끈이라고 상정하는 이론. 점이 아니라 끈이기 때문에 진동을 생각할 수 있으며, 이 진동이 점입자에 인위적으로 부여하는 질량, 스핀, 전하 등의 성질을 설명한다. 따라서 끈 이론은 이들을 특성으로 갖는 힘을 설명할 수 있다. 양자역학적인 끈을 생각하면 자연스럽게 아인슈타인의 중력 방정식이 나오며, 중력을 양자역학과 결합시켜 생각하는 중력자를 설명한다. 끈이론은 중력 뿐 아니라 지금까지 알려진 자연의 나머지 세가지 기본힘을 모두 통합할 수 있는 가능성이 있는 이론이다.

뉴턴 상수 → 중력 상수

뉴턴 중력 Newton's gravity   천체의 운동과 지상의 운동을 한꺼번에 설명할 수 있는 개념. 모든 물체가 서로 당기고, 당기는 힘은 각각의 질량에 비례하고 둘의 거리 제곱에 반비례한다는 설명이다.

대등한equivalent **관찰자**   서로 등속도 운동을 하는 관찰자들은 (1) 자신이 아무런 외부 영향을 받지 않고 있다고 할 수 있다. (2) 자신이 멈추어 있다고 주장할 수 있다. 뉴턴의 첫 번째 운동 법칙으로 정의한다. 각각의 대등한 관찰자가 같은 행동(물리 실험)을 해도 똑같은 일이 일어난다. 즉, 어떤 행동으로도 내가 가만히 있는지 움직이는지를 구별할 수 없다. 이를 상대성이 성립한다고도 한다.

동시성simultaneity   두 사건이 같은 시간에 일어났다는 말은 잘 정의되어있지 않다. 같은 시간 같은 공간에 일어난 두 사건은 누가 보아도 동시에 일어나지만, 공간적으로 떨어져 있는 두 사건은 관찰자에 따라 동시에 일어나지 않은 일일 수 있다. 인과율을 참조하라.

등가 원리equivalence principle   (1) 모든 자유낙하 하는 계(예를

들면 엘리베이터 안)는 충분히 작으면 빈 우주공간에 떠있는 계와 구별할 수 없다는 원리. 구별할 수 없다는 것은 두 계에서 하는 모든 실험 결과가 동일하다는 것이다. 다만 실제로 계는 충분히 크지 않으므로 조석힘을 받는다. 이와 대등한 다양한 서술들은 다음과 같다. (2) 모든 가속하는 계는 가만히 있으면서 중력이 반대방향으로 작용하는 계와 구별할 수 없다. (3) 모든 것이 예외 없이 같은 가속도로 떨어진다. (4) 정지 질량과 관성 질량이 같다.

로렌츠 변환 Lorentz transformation   등속도로 운동하는 관찰자끼리 시간과 공간이 어떻게 보이나 비교할 수 있는 변환. 시공간을 생각하면 공간의 회전과 같은 방식으로 시공간을 회전한다.

마이컬슨-몰리 실험 Michelson-Morley experiment   마이컬슨과 몰리가 빛의 속력을 측정했던 실험인데, 특히 여러 방향으로 빛의 속력을 측정하는 실험을 뜻하기도 한다. 20세기 초 과학자들은 빛이 지구의 운동에 실려 더 빨리 갈 것으로 예상하였으므로 이 실험을 통하여 지구 공전 방향과 공전과 상관없는 두 방향으로 빛의 속력을 측정하여 보았다. 그리고 그 결과는 방향에 따른 차이가 없었으므로 빛의 속력이 변하지 않는다는 결론을 얻을 수밖에 없었다. 빛의 속력 항목을 보라.

무게weight   지구와 같은 중력이 작용하는 곳에서 저울을 누르는 힘. 저울에 kg으로 표시되는 것은 힘을 환산해서 보여주는 것일 뿐이며, 무게의 단위는 힘과 같은 뉴턴(N)이나 kg·m/s²이다. 달에서는 달이 더 약하게 끌어당기므로 저울을 더 약하게 눌러 무게가 줄어든다. 물리에서는 이를 질량과 구별한다. 달에서는 무게가 줄어들지만 질량은 같다.

밀도density 같은 부피의 물건이라도 더 무거울 수 있는데, 이를 밀도가 높다고 한다. 질량을 부피로 나눈 양이다.

블랙홀black hole. 검은 구멍 여기에서는 일반 상대성 이론의 중력방정식(아인슈타인 방정식)의 해로서 지평선이 있는 해이다. 또는 이 해로 기술되는 천체를 말하기도 한다. 지평선에서는 길이가 무한히 짧아지고, 시간이 무한히 느리게 간다. 지평선 안에서 출발한 빛은 지평선 바깥으로 탈출하지 못한다.

빛의 속력speed of light 자연의 근본적인 상수 가운데 하나로서 속력의 단위를 갖는다. 흔히 진공에서 퍼져나가는 빛의 속력을 말하고, 299792458m/s이다. 빛에 한정된 것이 아닌 자연의 기본 양이며 그저 빛이 이 속도로 퍼져나갈 뿐이다. 빛 뿐 아니라 질량이 없는 물질은 빛의 속력으로 퍼져나간다. 이 상수를 통해 길이와 시간을 환산하고 질량과 에너지를 환산할 수 있다. 길이와 시간의 통합에 대해서는 시공간을 참조하라.

사건event 물리에서는 사건을 4차원 시공간의 한 점으로 정의한다. 가령 공을 던지면 공이 날아가는 것을 볼 수 있는데, 이를 시간이 지나며 공간의 다른 점으로 이동하는 것으로 생각할 수 있다. 시공간을 생각하면 이러한 사건의 진행은 점들을 잇는 곡선을 긋는 것이다. 공간적으로 떨어진 두 사건은 보는 사람에 따라 동시에 일어난 사건일 수도, 아닐 수도 있다. 그러나 각 사건이 일어난다는 사실 자체는 변함이 없다. 한 관찰자가 사건이 일어나는 것을 보았는데, 동일한 사건이 다른 관찰자에게 일어나지 않은 것으로 볼 수는 없다.

사건 지평선horizon 빛의 속력을 유한하기 때문에 내가 있는 곳까지 신호가 영원히 전달되지 않는 경계가 있다. 이 경계를 사건 지평선event horizon이라고 하고 줄여서 지평선이라고 한다. 블랙홀에서는 밀도가 높은 물질에 매우 가까이 갈수록 시간이 더 느리게 흘러 결국에는 시간이 흐르지 않게 되는 경계가 있는데 이것이 사건 지평선이 된다. 지평선 안쪽에 있는 어떤 고전역학적인 신호나 물질 또는 힘도 지평선 바깥으로 전달되지 않는다.

사차원 → **차원**

상대성Relativity **또는 상대성 원리**Principle of Relativity 서로 등속도 운동을 하는 관찰자끼리 누가 더 옳은 관점인지, 또는 누가 더 주된 관점인지를 밝힐 수 없다는 원리. 원리를 참조하라. 이들 가운데 멈추어 있는 상태에 누가 더 가까운지도 결정할 수 없다. 한국어로 상대성이라고 하는 것을 영어로는 단순히 상대성^{Relativity}이라고 부른다.

속도^{velocity}　속력과 방향을 같이 고려한 것. 나중 위치에서 처음 위치까지 직선으로 이었을 때 이 직선 방향으로 얼마나 빨리 갔는가로 정의한다. 방향을 바꾸면 속력이 같아도 속도가 바뀐다고 한다.

속력^{speed}　어떤 물체의 빠르기를 나타내는 말로, 일정한 시간에 얼마나 멀리 갈 수 있느냐로 정의하며, 방향은 고려하지 않는다. 주어진 시간은 시, 분, 초와 같은 단위를 쓰고, 거리는 미터 등을 사용한다. 보통 자동차의 빠르기는 시속 60km정도 된다. 이는 60km/h라 쓰기도 한다.

슈바르츠실트 반지름^{Schwarzschild radius}　가장 간단한 블랙홀인 슈바르츠실트 블랙홀의 지평선까지의 거리. 주의할 것은 블랙홀 주변의 공간이 엄청나게 휘기 때문에 블랙홀 중심으로부터의 거리를 이야기하기가 어렵다. 대신, 반지름 r인 구의 표면적이 $4\pi r^2$인 것을 이용한다. 블랙홀 주변에서 블랙홀을 덮는 표면적을 구한 다음 식을 써서 구한다. 이 경우 '반지름'은 $2GM/c^2$이다.

시간 팽창^{time dilation}　움직이는 물체의 시간이 느리게 가는 특수 상대성이론의 결과(우리는 시간이 시각적으로 팽창하는 것을 볼 수는 없다).

시공간spacetime　시간을 빛의 속력으로 환산하면 공간처럼 생각할 수 있으며, 상대성이론을 통해 공간의 한 방향으로 생각하면 수학적으로 일관되게 설명할 수 있다. 이 통합된 개념을 시공간이라고 한다. 특수 상대성이론을 생각하는 시공간은 창안자의 이름을 따 민코프스키 시공간이라고도 부른다.

실린다속도가 더해진다　운동하는 자동차에서 공을 던지면 가만히 있을 때 던진 것과 다르게 날아간다. 가만히 있는 사람 기준으로 볼 때 자동차의 운동이 영향을 미친다. 수학적으로는 자동차의 속도와 공의 속도가 벡터로서 더해진다. 이 상황을 위해 이 책에서만 쓰이는 용어이다.

양자역학Quantum Mechanics　물질을 고전역학적인 입자나 파동으로 보지 않고 이 두 성질을 가진 대상으로 보며, 위치나 속도를 제한적으로 이용하여 기술하는 체계. 고전역학보다 더 근본적으로 자연을 기술한다. 분자 크기보다 작은 물질을 기술할 때에는 양자역학을 필수적으로 고려해야 한다.

에너지energy　열로 바뀔 수 있는 어떤 양. 자연계의 모든 에너지 합은 사라지거나 생성되지 않고 보존된다는 원리가 있다.

에테르ether　빛을 알갱이입자, particle가 아닌 파동wave로 본다면, 파동이 전달되는 매질medium이 필요할 것이라고 생각했고 이 '아직 발견하지 못한 매질'을 에테르라고 불렀다. 소리는 파동이고, 공기를 흔들며 지나간다. 이때 공기가 소리라는 파동의 매질이다. 소리의 전파 속도는 매질의 상태(공기 자체의 흐름, 온도, 압력)에 의존한다. 상대성이론의 초창기에는 이 에테르의 성질을 이해하려고 노력하였다. 결국, 특수 상대성이론을 통해 에테르가 필요 없으며, 빛은 진공을 이동한다고 결론지어야 했다.

역사적으로 빛을 전자기파, 즉 파동으로 이해하려면 파동이 전파되는 매질이 있어야 한다고 생각했고 이를 에테르라고 불렀다. 그러나 에테르가 없어도 빛을 설명하는데 아무 지장이 없다.

운동에 실린다 → 실린다

원격 작용action-at-a-distance 뉴턴의 중력 방정식을 보면, 물체가 멀리 떨어질수록 중력이 약하다는 것만 설명한다. 중력이라는 힘이 얼마나 오래 걸려야 전달되는지를 말하지 않는다. 만약 전혀 시간이 걸리지 않는다면 다른 은하 사람들과 즉시 신호를 주고받을 수 있을 것이다(기술적으로는 불가능하지만, 원칙적으로). 특수 상대성이론의 국소성은 어떤 신호도 빛의 속력보다 빨리 전달될 수 없다는 것이다. 시간과 공간의 대칭을 이용한 시공간의 대칭과 부합하는 중력 이론인 일반 상대성 이론은 중력도 빛의 속력으로 퍼져나간다는 것을 예견하여 원격 작용이 아니라는 것을 설명한다.

원리principle 다양한 현상을 한꺼번에 설명할 수 있는 최소한의 설명. 가장 근본적인 설명으로 여겨지며 따라서 다른 것에서 유도하거나 증명할 수 없다. 에너지 보존 법칙이나 우주 원리 등이 있다.

인과율^{causality}　상대성이론에서는 동시성이 파괴되었지만, 먼저 일어난 사건과 나중 일어난 사건의 순서는 바뀌지 않는다는 원리.

일반상대성이론^{General Relativity}　중력과 가속도가 같은 것이며, 빛이 최단거리를 가는 성질을 통해 중력이 공간의 휘어짐이라는 것을 설명한다.

적색이동^{redshift}　각각의 색은 고유의 진동수를 가지고 있다. 진동수가 높은 빛이 무지개에서 보라색 쪽에 있고 진동수가 낮은 빛이 빨강색 쪽에 있다. 적색이동은 우리가 보는 빛들이 다 진동수가 낮아져 빨강색 쪽으로 이동하는 현상이다. 적색이동이 일어나는 경우는 두 경우이다. 첫째, 우리가 빛을 쏘는 광원에서 점점 멀어지면 도플러 효과 때문에 적색 편이가 나타난다. 이를 통해 별들이 우리에게서 멀어진다는 것을 알 수 있다. 둘째, 빛이 중력 마당을 탈출할수록 에너지가 약해져서 빛의 적색이동이 생긴다.

중력 상수^{gravitational constant}　중력이 얼마나 센가를 나타내는 상수. 이 상수만 알면, 물질의 질량과 거리를 바탕으로 중력이 얼마나 센지(뉴턴의 설명) 시공간이 얼마나 휘었는지

(아인슈타인의 설명)을 알 수 있다. 흔히 G라고 표기하고, $6.67x \ 10^{-11}m^3kg^{-1}s^{-2}$이다.

중력gravity   자연의 기본 힘 가운데 하나. 뉴턴은 모든 중력 질량이 있는 물질이 끌어당긴다는 법칙을 제시하여 이해했으며, 아인슈타인은 (등가 원리를 바탕으로) 일반 상대성이론을 통해 물질이 공간을 휘게 만들어 다른 물질의 경로를 바꾼다고 이해했다.

중력가속도   지구 표면에서 모든 물체는 약 $9.8m/s^2$의 같은 가속도로 떨어지는데, 이 가속도를 중력가속도라고 한다. 정밀한 측정을 해보면 이 가속도는 장소마다 조금씩 다르지만, 여전히 한 장소에서는 모든 물체가 같은 가속도로 떨어진다. 뉴턴의 중력을 통해 지구와 물체가 서로 당길때의 가속도로 설명할 수 있다. 흔히 g로 표기한다.

중력마당gravitational field   두 물체가 서로 끌어당기는 현상을 따로 분리하기 위하여 도입한 중간 단계. (사과와 지구가 서로 당긴다는) 뉴턴의 법칙은 지구가 중력장을 만들고 사과가 그 중력장을 통해 지구 쪽으로 끌려가도록 하는 것이라고 바꾸어 말할 수 있다. 그러면 중력이 지구에서 사과로 즉시 닿지 않고 중력마당이라는 중간 단계를 거치므로, 원격 작용 문제를 해결할 수 있다. 현대에는 양자 마당 이론을 통하여 중력자라는 입자들이 중력마당을 설명한다.

중력장 → 중력마당

지평선 → 사건 지평선

질량mass   kg 단위를 쓰는 이 양은 두 가지로 정의할 수 있다. i) 중력 질량: 중력은 모든 질량있는 물체는 서로 당긴다는 것이다. 중력 질량이 클수록 서로 세게 당긴다. ii) 관성 질량: 같은 힘으로 어떤 물체를 밀 때 관성 질량은 가속도에 반비례한다. 즉 관성 질량이 큰 물체일수록 더 어렵게 가속된다. 이 둘이 같다고 보는 원리가 등가 원리이다.

차원dimension   선은 일차원, 면은 이차원, 우리가 일상에서 경험하는 공간은 삼차원이다. 수학적으로는 위치를 나타내는데 필요한 숫자(좌표)의 개수로 정의한다. 원래는 공간을 이야기하는 수였으나, 상대성이론에서 시간과 공간의 대칭을 통해 시공간을 자연스럽게 이해하므로 시간 차원을 한 차원 더한 시공간의 차원을 이야기할 수 있다. 우리가 일상적으로 보는 차원은 시간 1차원과 공간 3차원을 합하여 4차원이다. 차원의 절대성과 여분 차원에 대해서는 주석 22을 보라.

측지선geodesic   주어진 공간의 두 점을 잇는 가장 짧은 선. 이는 매 순간마다 최선을 다해 똑바른 선을 그리려고 노력하면 얻을 수 있는 선이다. 구의 측지선은 그 점과 구의 중심을 포함해서 자르면 생기는 원의 둘레이다.

타키온tachyon 빛보다 빠르게 움직이는 가상의 입자. 실제로 있다고 하더라도 존재를 확인할 수는 없으나 존재를 가정하면 몇몇 물리현상을 이해하는 데 도움이 된다.

특수 상대성이론 Special Relativity 등속도로 움직이는 물체들을 관찰할 때 어떤 일이 일어나는지를 설명하는 이론이다. 빛의 속력이 일정하다는 것을 통해 길이와 시간 흐름이 바뀌는 것을 설명한다.

주석

1   영화 〈헐리우드 키드의 생애〉를 보면, 움직이는 버스 안을 촬
영하기 위해, 밖에 있는 제작진이 나무를 들고 버스 뒤에서 버
스 앞으로 뛰어간다.

창문을 열고 밖을 보아도 내가 움직이는지 가만히 있는지를
원칙적으로는 알 수 없다. 창밖에 보이는 풍경이 지나가고 있
기는 하지만, 내가 움직여서 그런지 풍경이 (여러 사람들이 나
무들을 들고 반대로 뛰어서) 실제로 움직이는 지 알 수 없다.

질문: 배경이 단순하지 않고, 산과 해처럼 움직이기 어려운
것이 있으면 상식적으로 내가 움직인다고 해야 하지 않나? 이
세상 모든 것이 반대 방향으로 움직인다면 너무 비경제적인
설명이다. 일개 기차의 엔진과 바퀴가 이 세상을 반대 방향으
로 움직이는 것인가?

답변: 이는 눈에 보이는 것에 대한 (뇌의?) 해석이 개입된 것
이다. 아무것도 없는 우주 공간에 기차와 나무만 있다면, 기
차를 움직이는 것처럼 나무를 움직이기 쉽다. 다만, 이 세상

의 많은 사람들이 산과 같이 움직이고 있기 때문에 산이 정지해 보인다.

나와 같은 동조자를 만들기 위해서는 나와 같은 속도로 움직이도록 해야, 내가 가만히 있고 그밖에 산이 반대로 움직이는 것처럼 보이는데, 동조자를 만드는 데는 그만큼의 에너지가 들어간다.

2   지구가 태양 주위를 도는 운동은 물론 직선 운동이 아니라 원운동이지만, 원이 워낙 커서 직선 운동과 별 차이가 없다.

3   매끄러운 바닥이 어색하다면 아무 것도 없는 우주를 상상하고, 공 하나가 우주 공간에서 아무런 영향을 받지 않고 있다고 생각해보자. 공이 굴러가는지 멈추어 있는지 어떻게 알 수 있을까? 보는 사람(가령, 나)이 서 있으면 내 기준으로 공이 가는지 멈추어있는지 알 수 있을 것이다. 그런데 공이 나를 기준으로 한 방향으로 이동하면, 공이 이동하는지 내가 이동하는지는 어떻게 알 수 있나?

4   가령 기차가 앞으로 움직이고 있으므로, 공을 떨어뜨려 보면 공이 뒤로 쳐지면서 떨어질지도 모른다. 공은 가만히 있으려고 하지만 기차는 공과 상관없이 앞으로 갈 것 같기 때문이다. 실제로 공을 떨어뜨려 보면, 가만히 있는 기차 안에서 떨어뜨린 것과 전혀 차이가 없다.

5   뉴턴의 두 번째 운동 법칙이다. 원문을 번역하면 다음과 같다. 물체의 운동량은 물체에 가한 힘에 비례하여 변하며, 변하는 방향은 힘이 가해진 방향이다. 운동량과 힘은 현대의 용어이다.

6   현대 물리학의 양대 산맥이라고 할 수 있는 상대성이론과 양
    자 역학 모두 빛을 연구하면서 탄생했으나, 결국 이들의 결론
    은 빛이 특별하지 않다는 것이다.

7   빛의 속력을 재는 것도 공의 속력을 재는 것과 크게 다르지 않
    다. 대신 손전등을 이용하면 된다. 손전등을 든 사람이 불을
    켜면 불이 전구에 들어오는 순간 손전등의 위치를 기록할 수
    있고, 퍼져나간 빛이 멀리 있는 물체에 닿아 반짝하는 순간 그
    물체의 위치를 기록할 수 있다. 실제로는 빛이 너무 빨라 과학
    자들이 더 정교한 방법으로 정밀하게 속력 재는 법을 고안했
    으나, 기본 원리는 같다.
    속력은 오른쪽, 왼쪽으로 날아가는 빛 모두 같다. 빛이 어디
    를 퍼져나가느냐에 따라 속력이 느려질 수 있다. 빛이 공기속
    을 퍼져나갈 때는 위의 속력보다 조금 느리다. 유리나 물속을
    퍼져나갈 때는 더 느리다. 진공은 공기조차 없는 완전히 비어
    있는 상태이다.
    빛을 비추는 손전등이 움직일 때도 이런 방식으로 빛의 속력
    을 잴 수 있다.

8   모든 상대성이론 책 그림이 이 입장을 취하고 있다. 정말 빛이
    중간에 오는 모습을 볼 수 없을까? 방 안에 먼지나 담배 연기
    가 가득하다면? 자욱한 담배 연기 하나하나는 눈에 안 보이는
    티끌이지만 많은 수가 날아다닌다. 빛이 날아가면서 가끔 부
    딪히므로 빛이 날아가는 모습을 볼 수 있다. 어두운 방에서 엄
    청나게 빠른 영상을 찍을 수 있는 카메라가 있다면 이때는 빛
    이 중간 중간에 부딪히는 것이 보일텐데 이것이 빛이 오는 중
    간과정을 보여주는 것은 아니다. 빛이 중간에 먼지 입자와 부

덮혀 빛이 생기는 것이고, 이 빛은 여기에서 출발한다. 모두 내 눈에 (또는 카메라에) 들어온 후에야 그 빛을 볼 수 있다.

9 기차가 빛을 비추는 방향과 같은 방향으로 100m/s로 달리고 있다고 가정하자. 공의 속력을 잰 경험에 비추어보아, 밖에서 본 빛의 속력도 이 둘을 더한 값이라고 예상할 수 있다. 즉, 299792458m/s + 100m/s = 299792<u>558</u>m/s을 예상한다. 그러나 실제로 측정해보면 실제 측정값은 299792<u>458</u>m/s이 나온다. (어쩔 수 없이 정확한 빛의 속력을 쓰느라 숫자가 복잡해졌다. 밑줄 그은 부분을 비교해보자) 왼쪽을 향해 날아가는 빛도 마찬가지다. 예상했던 값은 기차의 속도를 뺀 값인데, 실제 측정값은 정지할 때와 같다.

10 이는 정밀한 실험을 통해 확인되었다. 빛의 속력을 재는 실험은 사실은 엄청나게 어려운 실험이다. 빛이 너무 빨라 빛을 감지하는 장치가 빨리 작동하지 않으면 빛은 이미 도착한 뒤가 되어 버리기 때문이다. 빛 속도 측정의 역사에 대한 좋은 책이 많이 있다.

상대성이론이 나오기 직전에 가장 정교한 실험은 마이컬슨과 몰리의 실험이었다. 이 실험에서는 달리는 기차를 태양 주위를 공전하는 지구로 삼았다. 앞서 계산하였던 것처럼, 지구는 시속 100000km 정도로 상당히 빨리 날아가고 있으므로 빛의 속력이 지구 속도에 실려 크게 변화하리라고 기대하였다. 이 장치는, 그림과 같이 장치 전체를 돌릴 수 있도록 되어 있어서 처음에는 지구의 공전 방향으로 쏘아 속도를 재고, 지구의 자전 방향으로 쏘아 빛의 속력을 재어서 실험하였다.

이 두 경우 빛의 속력은 같았다.

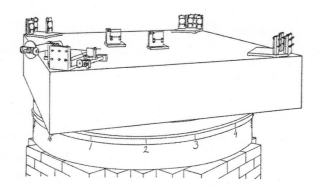

사람들은 지구가 이동하는 방향으로 맞바람이 부는 것과 같이 빛을 느리게 만들어서 빛의 속력이 변하지 않는 것으로 이해했다. 이 설명에는 몇가지 어려움이 있다. 첫째, 바람이 어떻게 불길래 빛의 속력이 변하지 않는 것처럼 정확하게 상쇄시킬 수 있을까? 또 왜 수직 방향으로는 바람이 불지 않을까?

11 조금 쉽게 바꾸었다. 원문을 번역하면 다음과 같다.

1. 빛은 빈 공간을 언제나 일정한 속도 c로 지나가며, 이는 빛을 쏘는 물체가 움직이는 상태와 무관하다.

2. 물리 계의 상태가 어떻게 변하게 될 지를 관장하는 법칙은, 서로 일정한 속도로 이동하는 어떤 계의 관점에서 보더라도 변하지 않는다.

두 번째 것에 대해서: 서로 일정하게 움직이는 관찰자 가운데 누가 보든지, 공을 던지는 것도, 자석으로 밀고 당기는 것도, 핵분열을 시켜서 방사능이 나오는 것도 같은 법칙으로 기술되는 현상으로 보인다는 것이다. 이들을 기술하는 방정식에는 조금 차이가 있지만, 힘이 작동하여 현상이 일어난다는 관점에서는 완전히 같다.

12 이 책에서는 이야기하지 않을 것인데, 빛의 속력이 변하지 않는다는 수수께끼는 빛을 전자기파로 이해하면서 생긴 의문이다. 많은 실험을 통하여 전기와 자석의 힘인 자기가 같은 힘이라는 것을 알게 되었으며, 특히 맥스웰은 이들을 통합하여 이해하면 더 간단히 이해할 수 있다는 것을 수학적으로 확립하였다. 이 과정에서 빛의 속력이 등속도로 운동하는 모든 관찰자에 대해 같아야 된다는 모순되는 결론을 얻게 되었고, 상대성이론의 본격적인 논쟁이 시작되었다.

13 선험적인ᵃ ᵖʳⁱᵒʳⁱ 방법이 없다. 과학에서 다루는 것과 가치 판단은 별개이다. 과학에서 다루지 않는다고 해서 나쁜 것은 아니다. 단지 검증할 수 없기에 과학이 아닐 뿐이다.

14 19세기 후반부터 빛을 물결파와 같이 파동으로 이해했다. 물결파의 경우에는 물과 같은 매질이 진동하며 퍼져나가는데, 매질이 어떻게 흐르느냐에 따라 물결이 퍼져나가는 속도와 양상이 다르다.
빛의 전파를 설명하는 전자기 이론은, 이 매질이 어떻게 흐르느냐와 상관없이 빛의 속력이 바뀌지 않는다는 이해하기 힘든 결과를 준다. 이를 확인하기 위하여 빛의 속력을 여러 방향으로 재었는데, 전자기 이론에서 예측한 결과이기는 하지만 놀랍게도, 매질이 흘러가는 방식과 관계없이 속력이 바뀌지 않는다는 결과를 확인했다.
이에 대한 여러 가지 해결책이 제시되었지만, 아인슈타인은 이를 해결하기 위하여 결국 시간과 공간이 절대적이지 않으며, 보는 사람에 따라 시간이 느리게 흘러가거나 길이가 다를 수 있다는 것을 인정한다면 문제가 해결된다는 것을 깨달았다. 그러나 아인슈타인의 해결책은 더 근본적인 것으로, 전자기파에 대한 이론을 모르더라도, 시간과 공간에 대한 생각을 잘 해 보면 빛이 퍼져나가는 방식을 이해할 수 있다는 것이다.

15 이 눈물겨운 사연들은, 예를 들어 토마스 쿤의 '과학 혁명의 구조'를 보면 수없이 나온다.

16 재미있는 문제 가운데 하나는 '시간의 화살'이라고 부르는 문제이다. 왜 시간은 미래로 흐르는가. 가령, 왜 우리는 과거를 기억하는데 미래를 기억하지는 않는가? 이에 대한 좋은 설명은 캐롤(2012)을 참조하라.

17 길이는 같은 시각에 앞머리와 뒤꽁무니의 위치 차로 정의한다.

18 이 세상의 모든 물체의 크기가 두 배로 작아졌음에도 불구하고 시간은 변하지 않는다면, 그때는 이 변화를 알아차릴 수 있다. 빛이 같은 시간에 반의 거리를 가므로, 속도가 반으로 줄어들 것이기 때문이다. 그러나 길이와 시간이 모두 같은 비율로 변하면 그 변화를 알아차릴 수 없다. 뒤에서 볼 4차원 시공간은 이러한 대칭을 가지고 있다. 그렇다면 질량은? 뒤에 보겠지만 중력은 중력 질량과 관성 질량 두 가지가 있다. 뉴턴의 이론에서 중력 질량이 변하지 않고 길이만 반이 되면 중력이 네 배 약해지기 때문에 그 변화를 알아낼 수 있을 것이다. 가속이 변위를 시간으로 두 번 나눈 것이므로, 관성 질량은 가속이 잘되지 않는 것으로 감지할 수 있을 것이다. 그러나 이 모든 경우 질량도 각각 반으로 줄어든다면 이를 감지할 수 없을 것이다.

19 움직이고 있는 기차에 탄 승무원은, 자신과 기차가 가만히 있다고 관찰한다. 본문의 방법대로 길이를 잴 수 있다. 이 길이는 물론 승무원 입장에서 가만히 있는 기차의 길이이다. 그런데 이 길이가 기차가 멈추고 나서의 길이와 같다는 것은 어떻게 알 수 있을까?

가령, 똑같은 자를 두 개 만들고, 하나는 가만히 놓아두고, 다른 하나를 기차에 실어 일정한 속도로 달리면 되지 않을까?

그러면 간단히 해결할 수 없는 문제가 생긴다. 정지한 상태에서 일정한 속도로 가속시키는 동안 점점 길이가 짧아질 것이다. 그런데 기차의 앞을 당기느냐, 뒤를 미느냐에 따라 길이가 어디서부터 줄어드느냐 하는 문제가 생긴다. 14장을 보라. 일정한 속도로 운동하는 기차를 구현하려면, 애초부터 그 속도로 운동하고 있어야 한다. 우리는 상대성을 사용하여 이 둘이 같다고 가정한다.

20 따라서 최소한의 개수이다. 가령 출장을 가기 위해 타는 기차의 모든 자리를 생각하면, 기차표에는 4량, 15번 좌석이라고 두 개의 숫자가 나오지만, 기차의 모든 좌석을 다 고려해도 40015로 나타내면 하나의 숫자로 나타낼 수 있다. 유한한 차량과 좌석수가 있다면 언제나 하나의 숫자로 나타낼 수 있다(무한하면?).

21 또 기차!

22 차원은 불변하는 개념이 아니고, 얼마나 대상을 확대할 수 있는가에 따라 변한다. 전선 위의 개미 예를 들어 1차원을 설명했지만, 전선을 더 확대해보면 전선이 무한히 가는 직선이 아니라 원통이 쭉 이어진 면으로 되어 있다는 것을 알 수 있다.

따라서 개미보다 작은 세균에게는 전선이 2차원으로 보일 것이다. 애초부터 2차원이므로, 1차원은 근사라고 볼 수도 있다. 그러나 더 확대해보면 더 많은 차원이 보일 수 있다!

우리가 경험하는 차원은 3차원이지만, 더 확대해보면 더 높은 차원을 볼 수 있을 수도 있다. 우리가 차원을 경험하는 것은 '그 방향으로 갈 수 있다'는 것이다. 그런데 거시적인 사물은 공간의 4번째 차원으로 갈 수 없지만 아주 작은 크기의 기본입자들은 공간의 4번째 차원으로 갈 수 있을지도 모른다. 중력을 고려하면 지금까지 우리가 실험으로 확인한 차원은 물론 3차원 공간이지만, 수mm이하에서는 실험이 유효하지 않다. 더 정밀한 실험을 통해 더 작은 차원을 발견할 수 있을지도 모른다.

23 지금까지 알려진 모든 힘을 통합할 강력한 후보 이론인 끈 이론이나 M이론을 생각하면, 끈이 모순 없이 존재할 평평한 차원은 10차원 시공간 또는 11차원 시공간이다. 우리가 경험하는 차원보다 훨씬 많은 차원이 있다. 여분의 6~7차원이 아주 작은 크기를 가지고 있으면, 지금까지의 실험으로 볼 수 없었다 하더라도 모순이 생기지 않는다.

24 물론 둘이 같이 태어났다면 정지한 상태에서 기차가 출발하는 가속을 생각해야 한다. 그러나 쌍둥이라는 말을 쓰지 않으면 원래부터 기차에 타고 있던 다른 사람의 시간을 생각할 수 있다.

엄밀히 말하면, 이 실험에서는 고도가 바뀌므로, 뒤에 볼 중력의 효과를 고려해야 한다. 중력의 효과를 감안하여 계산하면, 정말로 시간이 천천히 흐르는 효과가 맞음을 알 수 있다. 같은 높이에서 실험하여 중력의 효과를 생각하지 않을 수 있는 실험도 있다. 자세한 것은 Wikipedia의 http://en.wikipedia.org/wiki/Time_dilation#Experimental_confirmation를 참조하면 된다.

25 이 현상을 제일 처음 제기한 것은 Dewan과 Beran이나(1959), Bell(1997, 9장)에서 알기 쉽게 소개되어 유명해졌다.

26 어떻게 영원히 등속도 운동을 할 수가 있단 말인가. 기술적인 어려움을 무시하고 애초부터 등속도 운동을 하는 경우를 생각할 수 있다. 그러나 이 경우 말고도, 줄로 맨 기차가 등속도 운동을 하는 상황이 있다. 기차 밖의 관찰자가 반대 방향으로 등속도 운동을 하면 된다. 정지해 있다가 점점 빨라져 어느 순간부터 등속도 운동을 하면, 줄로 맨 기차가 바로 이 그림처럼 된다. 그러나 본문의 논의에 의하면 우리가 장력을 받는 상황이 된다.

27 밖에서 볼 때 기차가 같은 간격을 유지하면서 움직이는데 왜 기차 안에서 볼 때는 멀어지는가. 움직이는 관찰자는 동시성이 다르다. 밖에서 볼 때 두 기차가 동시에 가속된다고 해서, 기차 안에서 볼 때도 동시에 가속된다고 할 수 없다. 기차 안에서 보면 두 기차가 시차를 가지고 가속하기 시작하고, 점점 앞에 있는 기차가 더 빨리 가속된다.

28 일상생활에서는 일어나지 않지만 우주를 관측하면 이 효과를 볼 수 있다. 우주의 먼 곳은 우리가 보기에 빛의 속력에 못지않게 빠르게 팽창하기 때문에 별들이 빨리 멀어지는 것으로 보이며, 이 별에서 나온 빛을 관측하면 실제로 색이 이동한 효과를 볼 수 있다.

29 이 현상을 처음으로 생각해낸 사람인 테렐^{Terrell, 1959}의 이름을 따 테렐 회전이라고 한다. 펜로즈^{Penrose, 1959}도 독자적으로 발견하여 테렐-펜로즈 회전이라고 부르기도 한다.

30 이런 가상의 물질을 그리스어로 빠르다는 단어 tachys를 빌어 타키온이라고 부르기도 한다. 속도가 빛보다 빠르려면 질량이 실수(양수)가 아니라 순허수여야 한다. 질량의 제곱이 음수여야 한다.

31 이 경우 파도를 일으키는 오리를 중심으로 파면이 V자를 이루면서 퍼져나가는 충격파를 만든다.

32 음악을 카세트 테이프나 LP음반에 녹음하던 시절에는 모터를 거꾸로 돌려 이런 연주를 들을 수 있었다. 디지털 시대에는 많은 프로그램으로 음원 파일을 아예 거꾸로 연주할 수 있다. 이를 의도적으로 이용하여 녹음하는 기술을 백워드 마스킹 backward masking 이라고 한다. 유명한 예로 비틀즈의 'Because' 를 거꾸로 틀면 베토벤의 월광 소나타가 나왔다. 보통 음악을 거꾸로 연주하면 원래 음악과는 많이 다르게 들린다. 가령 "메롱"이라고 말하고 녹음한 것을 거꾸로 틀면 "롱메"가 나오지 않는다. 공기를 흔드는 순서가 다른데 메라고 발음할 때는 입술을 닫았다 열며 소리를 내므로, 거꾸로 들면 -ㅁ으로 끝나는 소리가 들린다.

33 물과 흙에 대해 자연스러운 곳은 세상의 중심을 뜻하기도 했다 (아리스토텔레스, 형이상학, 델타 권, 4장 5절). 물체의 구성 성분에 따라 떨어지는 속도가 다른데, 흙은 더 빨리 떨어지고 공기는 더 느리게 떨어진다. 여기에서 불, 흙, 공기, 불은 일상생활에서 볼 수 있는 것을 일컫는 것이 아니라, 아리스토

텔레스 과학 용어이다. 특별한 원소를 가리킨다.

34 그림을 자세히 보면 사과가 더 많이 빨라지는 것을 볼 수 있다. 깃털보다 사과 사진 사이의 간격이 더 많이많이 벌어진다. 그렇다면 아리스토텔레스가 옳은가? 사실은 공기를 완전히 뺄 수 없기 때문이다. 공기를 더 많이 빼면 둘의 차이가 더 없어질 것이다.

다른 방법으로, 깃털을 뭉쳐 떨어뜨려보면 사과와 비슷하게 떨어지는 것을 알 수 있다. 공기 저항은 떨어지면서 공기를 얼마나 잘 둘러싸느냐와 관계가 있기 때문이다.

35 뉴턴의 프린키피아 3권에 보면, 금, 은, 납, 유리, 모래, 소금, 나무, 물, 보리 등 다른 재료로 실험해 보았지만 차이가 없다는 결론을 얻었다는 이야기가 나온다.

36 아리스타쿠스는 기원전 270년쯤에 태양이 가운데 있는 지동설을 제창하였고, 에라토스테네스는 지구가 둥글다는 것을 알고 지구의 크기를 계산하였다. 그러나 아리스타쿠스의 지동설은 에우독소스 등의 천동설보다 그 당시에 알고 있던 현상들을 설명하지 못하는 것이 훨씬 많았으므로 폐기되었다.

37 한자어로 무거움과 관계있는 힘이라는 뜻이다. 영어로는 gravity이며 라틴어로 무거움을 뜻하는 gravis에서 왔다. 질량이 있는 모든 물질이 서로 당기므로, 모든 것에 있는 힘이라는 뜻으로 만유인력이라고도 한다.

38 더 근본적인 다른 힘으로 환원할 수 없는 힘을 기본 힘이라고 한다. 달이 지구 주위를 도는 '천상의 원형 힘'과 사과가 땅에 떨어지는 '지상의 직선 힘'은 서로 다른 힘으로 여겨졌지만,

바로 아래 나오는 뉴턴의 중력 법칙을 통해 하나의 힘으로 이해할 수 있다. 마찬가지로 전기 힘과 자석의 힘은 같은 힘의 다른 측면임이 알려져 지금은 전자기력이라고 부른다. 핵분열을 일으키는 약한 핵력weak nuclear force은 전자기력과 같은 힘이지만 큰 영역에서 다른 힘으로 보이는 것이라고 이해할 수 있다. 따라서 이 세상에는 기본 힘이 단 세 가지가 있는데, 중력, 전자기-약한 핵력(전약력이라고 줄여 부른다), 강한 핵력이다. 다만 역사적인 이유에서 전자기력과 약한 핵력을 따로 보고 네 가지 기본 힘이라고 이야기하기도 한다.

따라서 이 기준은 지금까지 알고 있는 지식을 바탕으로 한 것이며, 미래에는 서로 다르게 보이는 힘이 같은 힘으로 이해될 수 있다. 중력을 제외한 힘을 모두 통합하는 이론은 충분히 이론적으로 설득력 있으며 이를 대 통일 이론이라고 부른다. 이 세상의 근본 물질 단위를 점이 아닌 자체 진동을 하는 물질(끈)으로 이해하면 중력을 포함한 모든 힘을 통합할 수 있다고 보기도 한다. 많은 이론물리학자들이 성공적인 후보로 보고 있으나 실험으로 증명되지는 못했다.

이와 다르지만 더 흥미로운 관점도 존재한다. 최근 연구의 중요한 결론 중 하나는 우주 공간의 중력은 우주 경계의 다른 힘으로 환원할 수 있다는 것이다. 이 때 우주는 특별한 모양을 하고 있어야 한다. 설득력이 있지만 아직 많이 받아들여지지는 않고 있다. 이에 대해서는 이종필(2012년, 10장)을 보라.

39 호수에 떠 있는 무게가 비슷한 두 보트를 생각하자. 한 보트는 가만히 있고 다른 한 보트는 상대방 보트를 민다. 밀린 보트만 뒤로 물러날까? 실제로는 두 보트가 같은 속력으로 서로

밀려난다. 한 보트는 가만히 있었음에도 불구하고, 본의 아니게 다른 보트를 같은 힘으로 밀었다. 같은 힘으로 밀었다는 말은, 원래 있던 점에서 방향은 반대이지만 같은 속도로 밀려나고 있다는 것으로 알 수 있다. 당기는 것도 마찬가지이다.

40 수학 계산을 통해 이 때 달이 그리는 자취는 타원임을 알 수 있다. 그리고 지구는 타원의 한 초점이 된다. 역사적으로는 티코 브라헤의 관측 결과를 바탕으로 케플러가, 행성이 태양을 한 초점으로 하는 타원 궤도를 도는 것을 관찰하였고, 뉴턴은 위와 같은 중력을 도입하면 이 타원 궤도를 설명할 수 있다는 것을 알았다. 이 때 중요한 것은 중력의 세기가 두 물체의 거리의 제곱에 반비례한다는 것이다.

41 물론 이 오랜 기간 동안 이 문제만을 생각한 것은 아니다. 찬드라세카는 이를 뉴턴의 끝내주는 정리Newton's superb theorem라고 부른다. 이것을 증명하는 과정이 구 껍질을 생각하는 것이라 구껍질 정리shell theorem이라고 부르기도 한다. 이에 대해서는 Christoph Schmid. (2011). Newton's superb theorem: An elementary geometric proof. American Journal of Physics. 79(5), pp536~539을 참조하라. 중력의 세기가 거리 제곱에 반비례한다는 것부터 시작하면 논리적으로 옳은 이론을 만들 수 있지만, 실제로는 크기가 0인 점과 같은 물체가 없기 때문에 뉴턴의 법칙은 순환 논리가 되고 만다. 따라서 뉴턴은 크기가 유한한 공 모양의 물체를 가지고 중력을 정의한다. 이 장의 시작 부분의 인용을 보라. 다행히도 지구와 태양을 비롯한 천체들은 모두 거의 완전한 공 모양이다. 그리고 사과도.

42 그렇다면 마술이 일어나는 것인가? 받아들이기에 따라 이 원

격 작용은 곤란한 문제이다. 아주 민감한 실험을 해 보면 자석과 자석 사이에 힘이 전달되는 시간차가 있다는 것을 알 수 있다. 그 시간차는 거리를 빛이 날아가는 동안의 시간이다. 다름 아니라 자석과 자석 사이의 힘은 빛이 매개한다. 지구와 사과 사이에도 힘을 전달하는 시간차가 정확히 빛의 속력만큼 있다. 다만 여기에서는 빛이 중력을 매개하는 것이 아니라 중력파가 빛을 매개한다는 것으로 설명한다. 중력파도 빛의 속력으로 날아간다. 모든 질량이 0인 물체는 빛의 속력으로 날아간다는 점에서 빛의 속력은 더 근본적인 속력이다. 4부를 보라.

당시 뉴턴은 이 먼 거리 작용을 설명해 줄만한 당대의 이론을 찾고 있었다. 모든 이론을 검토한 후 신학의 천사가 먼 거리의 힘을 전달해주는 매개체라고 했다. 지금은 뉴턴의 역학이 다른 종교와 구별되어 보이지만 당시에는 연금술, 점성술이 과학의 역학과 크게 다르지 않았다는 것을 이해해야 하며, 천사의 역할을 '과학적'으로 재 정의하고 설명하기에 힘썼다. 천사는 중력마당으로 대체되었지만 이것이 완전히 다른 개념도 아니고, 조금 더 개량된 개념이라고 볼 수 있다. 여기에 대해서는 Simon Shaffer. (2008). The Information Order of Isaac Newton's Principia Mathematica http://www.vethist.idehist.uu.se/pdf/schaffer.pdf 을 보라.

지금도 과학의 많은 이론이 주어진 현상을 설명할 수 있는 유일한 이론이라는 이유 때문에 채택되지만 천사가 힘을 전달한다는 생각처럼 더 나은 설명이 나오면 대체되기도 한다.

43 갈릴레오의 등가원리 Galilean Equivalence Principle 또는 약한 등가

원리 Weak Equivalence Principle라고 부르기도 한다. 아인슈타인의 등가 원리가 먼저 제창되었지만, 갈릴레오의 이 원리와 본질적으로는 다르지 않고 아인슈타인의 등가 원리가 더 강한 확신이 담겨 있을 뿐이다.

44 빛은 질량이 없기 때문에 뉴턴의 중력 이론에 따라 떨어지는 것이 불가능하다. 이에 대해서는 4부를 보라.

45 만약 달의 크기가 지금보다 2/3만 작았어도 해를 충분히 가리지 못할 것이며, 아인슈타인의 상대성이론 검증은 수 십년을 더 기다려야 했을 것이다.

46 상대성이론 이전에도 뉴턴 중력의 확장을 통해 빛이 휘는 것을 예측하는 아이디어들이 많이 있었다. 36장의 솔드너의 계산에 대한 설명을 참조하라. 따라서 일반 상대성이론을 검증하는 것은 빛이 휘는 것을 예측하는 것으로는 충분치 못하며, 정량적으로 정확한 예측을 해야만 한다. 일반 상대성이론이 예측하는 것은 솔드너가 계산한 각도보다 두 배 크다. 에딩턴의 측정 자료가 오차 범위 안에서 일반 상대성이론과 일치하는 결과를 주었는가에 대한 논란이 있었으나, 에딩턴이 충분히 검증하였다는 의견이 우세하다. Ball (2007)을 참조하라.

47 위험한 실험이니 절대 해보지 마시라.

48 물론 지구처럼 적당한 온도가 유지되고 산소가 충분히 공급된다고 가정한다.

49 이 결론은 갈릴레오가 제창한 것, 즉 모든 것이 같은 가속도로 떨어진다는 것과 관계있다. 여기에서는 빛이라는 요소가 더 들어가 있다. 등가 원리라고 하는 것은 이 원리를 말하지만,

다른 등가 원리와 구별하기 위하여 아인슈타인의 등가 원리
Einstein Equivalence Principle 라고 부른다. 4부를 참조하라.

50 전기, 자기, 핵폭발, 원자 결합, 물체를 떨어뜨리거나 가속시
키는 등 지금까지 알려진 모든 힘을 통한 실험을 통해서도 구
별할 수 없다는 것이다.

51 사실은, 인간은 아직 중력의 영향을 받지 않거나 무시할 정도
로 미미한 우주 공간에 있어본 적이 없다. 지구에서 꽤 떨어진
궤도를 인공위성이 돌고 있지만, 이것은 엄밀히 말하면 지구
로 떨어지는 것과 같다. 앞서 달이 지구로 떨어지는 것도, 사
과가 지구로 떨어지는 것과 똑같은 중력이라고 보인 바 있다.

52 밖에서 수평으로 빛을 쏘아 준다는 것을, 빛만을 보면서 확인
할 수 없다는 것을 알았다. 가장 첫 번째 경우, 수평으로 빛이
들어오는 경우에는, 빛을 쏘는 사람도 멈추어 있고 나도 멈추
어 있다고 확신할 수 있을 것인가. 엘리베이터가 자유낙하하
고 있고, 빛을 쏘는 사람도 자유낙하하면서 빛을 쏘면 멈추어
있는 것과 똑같으므로 구별할 수 없다.

53 이를 만족하지 못할 때 현실적인 문제가 생긴다. 그림 86-2의
오른쪽 그림에서, 위아래 있는 물체들은 서로 밀어내고 좌우
로 있는 물체들은 서로 당기는 것처럼 보인다. 모든 물체에는
중력이 작용하므로 서로 끌어당기는 것은 당연하다. 그러나
이 끌어당기는 효과가 진정한 중력 때문인지 앞의 가정이 성
립하지 않아 조석의 힘 때문에 끌어당기는지를 구별하기가 힘
들다. 따라서 중력을 미치는 물체들 끼리에도 등가 원리가 작
용하는지를 밝히기는 힘들고 현실적으로는 거의 불가능하다.
그럼에도 불구하고 아인슈타인의 등가 원리가 중력도 생각해

야 하는 이 상황에도 성립한다고 믿는 원리를, 강한 등가 원리[Strong Equivalence Principle 이라고 부른다.

54 이 설명은 Vesselin Petkov. (1999). Propagation of light in non-inertial reference frames. Chap. 7 of "Relativity and the Nature of Spacetime," 2nd ed. Springer. http://arxiv.org/abs/gr-qc/9909081v7.을 따랐다.

55 일반적으로, 동시성이 파괴되었으므로, 두 빛이 한꺼번에 만나는 것을 보더라도 빛을 쏜 순간이 같으리라는 법은 없다고 생각할 수도 있다. 그러나 엘리베이터가 떨어지기 시작하는 순간은 두 관찰자(낙하와 기준이) 모두 서로를 기준으로 가만히 있는 관찰자이다. 다만, 이후에 낙하하는 관찰자는 가속도를 받아 점점 속도가 빨라질 뿐이다.

56 첫번째 빛이 발사되어 바닥에 떨어지는 시간간격 Δt_1 과 두 번째 빛의 해당 시간간격 Δt_2는 언제나 일정한 비율을 갖는다.

$$\Delta t_2 = \left(1 - \frac{gh}{c^2} \right) \Delta t_1$$

두 번째 빛과 세 번째 빛이 떨어지는 시간간격도 마찬가지이다.

57 에너지의 개념을 빌어 말하면, 높이 올라갈수록 중력의 위치에너지는 높아진다. 주의할 것은, 엘리베이터의 아래쪽이나 위쪽이나 중력은 똑같은 크기로 작용한다는 것이다. 그럼에도 불구하고 중력은 물체를 아래쪽으로 보내려고 한다. 따라서 이 엘리베이터 안의 모든 곳에 대등한 것이 아니다.

원칙적으로, 엘리베이터의 아래쪽에 지구가 있어, 바닥 쪽이 지구와 더 가까워서 그런 것이 아니다. 지구가 아래쪽에 있다면, 그 효과는 조석힘으로 나타난다.

58 이를 직접 확인할 수 있을까? 파운드Pound와 레브카Rebka Jr.는 1958년 하버드 대학의 제퍼슨 연구소 꼭대기에서 정말 빛을 떨어뜨려 바닥에서 시간 간격이 길어진다는 것을 보였다. 본문에서 설명한 것과 같이 중력 때문에 시간간격이 느려지기 때문에 빛의 진동수가 낮아진다. 진동수가 낮은 빛이 무지개의 빨강색 쪽으로 가는 방향이라 이를 적색이동라고 한다. 파운드와 레브카는 상대성이론에서 예측하는 적색 편이를 계산한 후 정확히 이 진동수의 빛만 흡수하는 고체물질에 흡수시켜 보았다. 양자역학의 공명이라고 하는 현상 때문에 어떤 고체는 특정한 진동수를 갖는 빛만 흡수하게 되어 있고 진동수가 많이 다르면 흡수하지 않는다. 이는 마치 네모난 (소리굽쇠 밑에 달린) 공명통이 특정한 진동수를 가진 음높이만 크게 만드는 것과 같다.

59 달이 일그러지는 모양을 지구가 만든 그림자라고 생각하고 확인해볼 수도 있다. 그러나 달과 같이 큰 물체가 가까이에 있고, 태양 빛을 지구와 달 모두 골고루 받는 상황은 기적에 가까운 상황이다.

60 지구가 비행기를 당기거나 해서 곡선으로 날아간 것도 아니다. 지구가 비행기를 당기면 고도가 달라질 뿐, 지도위에 표시한 경로를 바꾸지는 않는다.

61 구 위의 지도를 평면에 옮기는 방법은 많이 있는데 흔히 쓰는 방식은 공을 감싸는 원통에 지도를 투영하여 펼치는 방법이다. 이를 메르카토르 도법이라고 한다. 적도 지방은 별로 차이가 없지만 극지방은 상당히 크기가 왜곡된다. 그린란드는

생각보다 훨씬 작고, 아프리카는 생각보다 훨씬 크다.

 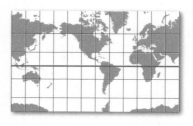

출처: National Atlas of the United States. http://www.nationalatlas.gov/
articles/mapping/IMAGES/mercator.gif

62 두 점을 잇는 가장 짧은 선을 측지선이라고 한다. 지구와 같
은 공에서, 중심을 지나도록 자르는 큰 원을 대원great circle이
라고 한다. 지구의 측지선은 시작점과 도착점을 포함하는 대
원 위에 있다.

63 거리의 제곱에 반비례한다는 것은 증명할 수 없는 원리이다.
뉴턴의 중력은, 거리의 제곱(2승)에 반비례하는 것이 아니라
1.99999998승에 반비례하더라도 지상의 물체 운동과 천체를
설명하는데 아무런 문제가 없다. 실제 실험을 통하여 이를 확
인할 수 있을까? 물체를 두 배 떼어 놓으면 힘이 1/4 또는 0.25
배로 줄어든다는 것을 확인하면 될 것이다. 그러나 실제로는
측정 장치의 오차 때문에 힘이 0.249998배 아니면 2.500001
배 줄어들었다는 결과를 얻을 것이다. 0.25배로 줄어들었다
는 것을 영원히 판단할 수 없을 것이다.

64 이 운동량 4벡터를 일반화한 양을 에너지-운동량 텐서라고
한다. 리치 텐서와 같이 이 양은 텐서 양이고 성분이 열 가
지이다.

65 길이를 나타내는 양을, 시공간에 대해 두 번 미분한 것이다. 두 번 미분했다는 것이 중요하다. 우리는 외부의 영향을 받는 것은 가속도로 알 수 있으며 이동거리(변위)를 시간에 대해 두 번 미분한 것이라는 것을 안다. 마찬가지로 두 번 미분한다.

길이를 나타내는 양은 계량 텐서metric tensor, 거리잡기 텐서 라고 부르는 g_{ab} 이다. 일반 상대성이론에서 거리잡기 텐서가 바로 중력 포텐셜 Φ의 역할을 한다. 가령, 빛의 속력보다 느리게 이동하는 물체가 느끼는 중력은 $g_{00}-1$이라는 것을 보일 수 있다. 이를 시공간에 대해 두 번 미분한 양은 리만 곡률, 리치 텐서, 리치 스칼라가 있다.

66 사실은 공간이 변형된 것과 물질의 분포가 일치하는가만 따질 수 있다. 하지만 아주 작은 물체는 공간을 크게 변형시키지 않기 때문에 주어진 공간(지구나 태양이 주변에 있을 때) 안에서 작은 물체가 어떻게 영향을 받아 움직이는지를 알 수 있다. 이 경우 아인슈타인 방정식은 주어진 공간을 따라 자연스럽게 날아간다는 측지선 방정식과 같다.

67 빛의 속력과 지구의 반지름이 어떻게 관계가 있을 수 있을까? 둘의 단위를 보면 다른 양이다. 시간 단위를 갖는 양이 이 둘을 변환해야만 관계 지을 수 있다. 뉴턴의 중력 상수 G가 필요하다. 37장을 보라.

68 Schwarzschild의 해. 이 상황을 기술하는 아인슈타인 방정식의 여러가지 해가 있으나, 이 해는 아무 것도 없는 공간의 구형 대칭 성질을 가진 해이다. 39장에서 구체적인 식을 통해 간단히 기술한다.

69 원래 사건 지평선의 뜻은, 현재 내가 있는 위치에서 빛의 속력의 유한함 때문에 신호를 전달받을 수 없는 영역을 이야기한다. 블랙홀 바깥 관찰자가 볼 때 블랙홀의 안쪽이 그런 성질을 갖는다.

70 질량만을 생각했는데, 전하를 생각하거나 회전하는 블랙홀을 생각할 수도 있다. 어쨌든 질량을 가진 블랙홀은 특별한 성질이 있어서 3차원에서는 모양은 구형밖에 가질 수 없다. 아무리 블랙홀 안에 우주 쓰레기를 던져 넣더라도 블랙홀은 구형을 유지한다.

71 회전하지 않고, 전하도 없는 블랙홀의 경우만으로 제한된다. 회전하거나 전하가 있으면 점 하나와 같은 특이점이 아니라 모양을 가지는 입체가 된다. 특이점이 생기고 나면, 새로이 블랙홀 안으로 떨어지는 물체들도 모두 특이점으로 떨어지며 점으로 뭉친다. 일반 상대성이론은 여기까지 기술할 수 있다. 특이점에 도달한 이후에 무슨 일이 일어나는지는 알 수 없다. 재미있게도, 상식적인 몇 가지를 가정하면 특이점은 언제나 블랙홀 지평선 안에만 있다는 것을 보일 수 있다. 적어도 블랙홀 바깥에, 우리가 관찰할 수 있는 우주에서는 이런 문제가 생기지 않는다는 것이다. 더 복잡한 모든 블랙홀에 대해서도 특이점(또는 공간)이 지평선 안쪽에 있을 것이라는 가설을 우주 가림 가설cosmic censorship hypothesis라고 한다.

72 뒤에 인용되는 와인버그의 말과 같은 1977년에 리더스 다이제스트에 처음 등장하는데 원 출처에 대해서는 여러 가지 추정이 있다.

73 과학의 명제는 확인verify할 수 있다고 할 수 있겠다. 그러나

논리라는 관점에서 생각해보면 어떤 명제를 확인하는 것은 불가능하다. '모든 백조는 희다'는 것을 확인하기 위해 전 세계의 모든 백조를 검사해보면 될 것 같으나, 우리가 아직 찾지 못한 백조가 있을 수 있고, 설사 모든 백조를 다 확인한다고 하더라도 내일 태어나는 백조가 희다는 것을 보장할 수 없다. 포퍼는 이를 보완하기 위하여 반증가능성falsifiability을 제시한다. 희지 않은 백조 단 한 마리만 발견하면 이 명제는 틀린 것이라고 확인할 수 있기 때문이다(여기에서도 희다는 것이 백조의 정의에 들어가느냐, 또는 희다는 기준은 어떻게 세우느냐 하는 문제가 생긴다). 그러나 반증가능성도 만능은 아니다. 희지 않은 백조가 발견되었더라도 이것이 어두운 방에서 발견되었는지, 측정 장치가 오류가 있는지를 확인해야 하기 때문이다. 따라서 사람이 개입되지 않는 과학적 판단 방법은 없다고 주장하는 사람들도 있다(뒤엠과 콰인의 주장). 과학자들 다수가, 이 실험이 합리적이며, 명제를 반증했다고 판단하면 그것을 과학적 판단이라고 보아야 한다는 것이다(토머스 쿤 등). 그러나 이 방식이 인간이 개입된 사회적인 것이라는 것을 비판하는 사람들도 있다. 이 사실의 확인은 과학철학의 가장 중요한 문제 가운데 하나이다. 더 궁금한 사람은 차머스 (2003)를 보라.

74 과학의 대상이 검증 가능한 것이라는 것이지, 과학적으로 검증할 수 없는 것이 좋거나 나쁘다는 가치 판단은 들어있지 않다.

75 여기에서 논의한 문제는 Ethan. (2008). The Story of Neptune. http://scienceblogs.com/startswithabang/2008/05/06/the-story-

of-neptune/을 참조하였다. 지금은 천왕성이 태양 주위를 약 84년마다 한 바퀴씩 돈다는 것을 알고 있다. 지구는 태양 주위를 1년에 한 바퀴씩 돈다. 이 시간 간격이 오랫동안 1초의 정의로 쓰였다.

76 애덤스가 더 빨리 계산했다는 주장도 만만치 않으며 과학사의 논쟁거리가 되었다. 애덤스는 자신의 계산을 정정하면서 여러 다른 결과를 얻었는데, 그 가운데 하나는 애덤스 계산보다 더 정확한 위치를 예측한 것이었다. 문제는 이 계산이 최종 결론이 아니라는 것이다. 그렇다고 하더라도 이 계산이 맞으므로 애덤스에게 공적이 돌아가야 할까? 애덤스는 이 답이 틀리다고 생각하고 다른 답을 최종 결론으로 내었다면, 이 계산은 버려지고 르베리에게 공적이 돌아가야 할까? 이에 대해서는 위키백과의 항목 Discovery of Neptune, https://en.wikipedia.org/wiki/Discovery_of_Neptune을 참조하라.

77 1998년 국제천문학회International Astonomical Union에서 명왕성과 그 밖의 행성을 태양계 행성에서 제외하기는 했다. 태양의 영향을 받아 (타)원 궤도를 그리는 큰 덩어리는 무수히 많다. 화성과 목성 사이에는 행성보다는 크기가 작지만 상당히 많은 소행성들이 태양의 영향을 받아 일정한 궤도를 돌고 있다. 어쨌든, 태양에서 가까운 네 개의 행성은 작고 단단하며, 그 바깥쪽 네 개의 행성은 크고 무르다. 이들은 충분히 크기가 커서 태양계의 행성이라고 부르는 데 어려움이 없다.

그러나 명왕성은 너무 작고 궤도도 크며, 다른 행성처럼 균일한 궤도를 만드는 것이 아니라 혜성처럼 멀리 움직이며 일그러진 궤도를 그린다. 명왕성 바깥에 열 번째, 열한 번째 행성이 발견되었으며 역시 이들도 너무 작아서 혜성이나 소행성 보다 더 뚜렷한 특징을 이야기하기 힘들었다. 그래서 국제천 문학회는 해왕성 바깥에 있는 모든 '행성'을 태양계 행성에서 제외하기로 합의하였다.

78 지금까지 지구와 사과가 당기는 것을 계산할 때, 지구의 모든 질량이 지구 중심의 한 점에 모여 있는 것처럼 계산하고, 사과 의 모든 질량이 사과의 중심 한 점에 모여 있는 것처럼 계산했 다. 이것을 정당화할 수 있을까? 정말 정확히 계산하려면, 지 구를 이루고 있는 모든 부분과 사과를 이루고 있는 모든 부분 부분이 서로 당기는 효과를 더해야 한다(적분).

그러나 뉴턴의 법칙의 특별한 성질, 즉 힘이 거리의 제곱에 반 비례한다는 특별한 성질 때문에, 만약 지구가 완전한 공이고, 질량도 균일하게 담겨있다면, 지구의 모든 질량이 지구 중심 에 있는 것과 정확히 같은 결과를 준다는 것을 보일 수 있다. 뉴턴은 이를 보이기 위해 십 년을 고민했다. 이것을 해결하지 않으면, 태양과 지구, 달을 한 점으로 취급할 수 없기 때문이다.

79 만일 시간이 존재하지 않는다면, 또는 이 세상에 단 한 순간 만이 있다면, 모든 일이 한꺼번에 일어날 것이며 우주는 가 득 찰 것이다(?).

80 물론 물체가 놓여 있지 않은 공간이 있지만 거기에는 공기가 차 있다. 공기를 뽑아낸 진공을 유리병을 통해 볼 수 있지만, 우리는 언제나 그 공간 사이를 통과한 빛을 본다.

81 이것이 가능하다면 인류는 다음 도구를 만들어 에너지 걱정을 하지 않고 행복하게 살 수 있다. 공 대신 매끄러운 바닥에 물을

흘려도 물이 계속 왔다 갔다 하면서 더 높이 올라갈 수 있을 것이다. 물은 무한히 높이 올라간다. 중간에 아주 작은 물레방아를 설치하면 이를 돌리면서 올라가야 하기 때문에 물레방아가 없을 때보다는 높이 올라가지 못할 것이나, 그래도 여전히 꽤 높이 올라갈 수 있다. 이 물레방아로 전기를 만들든지 한다면, 이 매끄러운 비탈을 이용해서 영원히 에너지를 얻을 수 있을 것이다. 아무것도 없는 무에서 유를 얻는 것과 같은 일이 일어난다. 이런 일이 일어나지 않는다. '공짜는 없다'는 것을 믿고 있는데 이 생각을 에너지 보존 법칙이라고 부른다.

82 함수가 미분이 잘 되면 언제나 일정한 범위에서 다항식으로 근사 함수를 얻을 수 있다. 이를 테일러 전개라고 한다. 여기에서 전개는

$$\frac{1}{\sqrt{1-x}} = 1 + \frac{1}{2}x + \frac{3}{8}x^2 + \frac{5}{16}x^3 + \cdots$$

인데, 첫 항은 $x = 0$을 넣어 0!로 나눈 것, 두 번째 항의 계수는 함수를 한 번 미분하여 $x = 0$을 넣어 1!로 나눈 것, 세 번째 항의 계수는 함수를 두 번 미분하여 $x = 0$을 넣어 2!로 나눈 것, 네 번째 항의 계수는 함수를 세 번 미분하여 $x = 0$을 넣어 3!으로 나눈 것이다. 이를 기계적으로 반복하면 우리가 원하는 만큼 정확한 근사를 할 수 있다. 여기에서 0! = 1, 1! = 1, 2! = 2·1 = 2, 3! = 3·2·1 = 6을 줄인 것이다.

83 모든 원자는 자연적으로 붕괴decay하는데, 붕괴가 느린 원자를 조작하여 붕괴가 잘 되는 상태로 만들 수도 있다. 원자가 붕괴하여 더 작은 원자가 되면, 붕괴 전과 후의 질량이 정확

히 똑같지 않다. 원자를 형성하는 구성 입자들의 결합력이 다르기 때문인데 이 때문에 질량 차가 생긴다. 질량 차가 생긴다는 말은 에너지 차이가 있다는 말이고, 붕괴 과정에서 열, 빛, 소리, 입자의 운동 에너지로 바뀐다. 이 열을 이용하여 원자력 발전을 한다.

84 여기에서는 Peres (1987)의 유도를 따랐다.

85 빛의 속력이 아주 느려 시속 10km인 세상에서는 상대성이론적 효과를 잘 볼 수 있을까? 시속 5km로 자전거만 타도 빛의 속력의 반으로 이동하는 것이므로 시간이 느려지는 현상을 충분히 볼 수 있을 것이다. 그런데 앞으로 보겠지만, 바로 지금 내가 이 몸 그대로를 가지고 그러한 세상에 가면, 그만큼 사람도 움직이기 힘들 것이다. 또 내 몸이 버티는 힘이 약해져서 금방 파괴되고 말 것인데, 물질과 물질 사이를 결합해주는 힘이 빛의 속력과 상대적인 관계를 가지고 있기 때문이다. 따라서, 자전거를 그만큼 가속시키는 것은, 빛의 속력이 초속 30만 킬로미터일 때 자전거의 속도가 초속 15만 킬로미터인 것과 같은 상황이다.

86 이 대칭성을 게이지 대칭성이라고 한다. 양자 마당 이론에서는 중력을 제외한 자연의 기본 힘(전자기력, 약한 핵력, 강한 핵력)이 게이지 대칭성으로 기술되고, 힘이 다르다는 것은 이 대칭성이 얼마나 크냐일뿐이다. 양자역학적인 효과를 생각하면 질량은 작은 크기로 갈수록 다르게 보이는데, 이 게이지 대칭성이 있으면 빛의 질량을 다르게 보이는 효과가 없다.

87 이 부분은 Mahajan (2002)를 요약한 것이다.

88 진공 vacuum 은 고전적으로는 아무것도 들어 있지 않은 공간이라는 뜻으로 쓰지만, 양자역학적인 효과를 고려하면 물질이아주 짧은 순간동안 생겼다가 사라지며 요동하는 상태라고 할수 있다. 세상을 기술하는 이론이 주어지면 언제나 진공 에너지를 구할 수 있다. 진공 에너지를 관측할 수도 있는데 이는아주 작다. 문제는 우리가 알고 있는 어떤 이론도 이 작은 진공 에너지를 설명할 수 없다는 것이다. 이를 우주 상수 문제the cosmological constant problem 라고 부른다.

89 우주 저 멀리에 있는 별들을 볼 수 있는 기술이 발전하였고,별의 진화에 대해 더 잘 이해하게 되었다. 특히 별의 마지막순간에 버티는 힘은 중력인데, 이 일반 상대성이론을 통해 일정한 조건에서만 별이 붕괴하는 것을 알고 있다. 별이 폭발하여 붕괴하는 것을 초신성 supernova 이라고 하는데, 'Ia'형이라고분류되는 특별한 초신성들은 따라서 일정한 밝기를 가지고 있다. 절대 밝기를 알기 때문에, 상대적으로 이 초신성들이 겉보기에 얼마나 어둡게 보이나를 통하여 초신성들이 얼마나 멀리 있는지를 알 수 있다. 이들이 어둡게 보이면 멀리 있는 것이고 밝게 보이면 가까이 있는 것이다. 초신성을 관측한 최근결과는, 우주가 미세하게나마 가속 팽창하고 있다는 것이다.